普通高等教育"十二五"规划教材

数控技术

主　编　樊军庆

副主编　张信禹　张宝珍

参　编　蒋世应　孙　磊

主　审　汪娟娟

机 械 工 业 出 版 社

本书从理论和实践两方面全面系统地讲述了数控机床的编程技术、基本结构及其控制技术。全书共分 6 章，分别介绍数控机床的分类及其发展、数控加工工艺设计、数控加工程序编制、数控机床的操作与加工、数控机床的机械结构及数控系统。

本书内容清晰，结构紧凑，实用性强，可作为高等院校机电工程类专业的教材，也可作为培训教材供各数控培训机构使用。

本书配有免费电子课件，欢迎选用本书作教材的老师发邮件到 jinacmp@163.com 索取，或登录 www.cmpedu.com 注册下载。

图书在版编目（CIP）数据

数控技术/樊军庆主编 . —北京：机械工业出版社，2012.7（2023.1 重印）
普通高等教育"十二五"规划教材
ISBN 978-7-111-38158-7

Ⅰ. ①数…　　Ⅱ. ①樊…　　Ⅲ. ①数控技术 – 高等学校 – 教材
Ⅳ. ①TP273

中国版本图书馆 CIP 数据核字（2012）第 162871 号

机械工业出版社（北京市百万庄大街 22 号　邮政编码 100037）
策划编辑：吉　玲　责任编辑：吉　玲　章承林
版式设计：石　冉　责任校对：姜艳丽
责任印制：单爱军
北京虎彩文化传播有限公司印刷
2023 年 1 月第 1 版第 7 次印刷
184mm×260mm・17 印张・417 千字
标准书号：ISBN 978-7-111-38158-7
定价：48.00 元

电话服务　　　　　　　　网络服务
客服电话：010-88361066　　机　工　官　网：www.cmpbook.com
　　　　　010-88379833　　机　工　官　博：weibo.com/cmp1952
　　　　　010-68326294　　金　书　网：www.golden-book.com
封底无防伪标均为盗版　　机工教育服务网：www.cmpedu.com

前　言

　　本书是高等学校机械工程及其自动化、机电一体化专业的专业课教材。数控技术是现代制造技术的基础，已被世界各国列为优先发展的关键工业技术，成为当代国际间科技竞争的重点，对现代制造业有着极为重大的影响。数控技术是综合运用了计算机、自动控制、电气传动、精密测量、机械制造等多门技术而发展起来的，它是机械自动化系统、机器人、柔性制造系统（FMS）、计算机集成制造系统（CIMS）等高新技术的基础，同时也是 21 世纪机械制造业进行技术更新与改造，向机电一体化方向发展的主要途径和重要手段。

　　全书结构严谨，内容取材新颖，注重系统性与实用性相结合。在编写中力求反映目前大中型企业中普遍应用的数控技术，注重工程实践能力的培养，并对数控机床的基础知识、核心技术和最新成果给予全面的阐述。全书共分 6 章，第 1 章绪论，介绍了数控机床的组成、特点、分类及其产生和发展过程；第 2 章数控加工工艺基础，对数控车削、数控铣削及加工中心的加工工艺进行了介绍；第 3 章数控加工程序编制，结合实例介绍了数控编程的基础知识；第 4 章数控机床的操作与加工，重点介绍了数控车、数控铣及加工中心的实际操作；第 5 章数控机床的机械结构，对数控机床机械结构的各组成部分——主传动系统、进给传动系统、基础支撑件（导轨）、辅助装置（自动换刀装置、回转工作台）等结构原理进行介绍；第 6 章数控系统，主要介绍了数控装置、检测装置及数控机床的伺服系统。

　　本书由海南大学樊军庆教授统稿并任主编，宜宾职业技术学院张信禹副教授和海南大学张宝珍副教授任副主编。参加本书编写老师的分工如下：海南大学张宝珍（第 1 章、第 2 章），樊军庆（第 3 章部分内容、第 4 章），河北科技师范学院孙磊（第 3 章部分内容），宜宾职业技术学院张信禹、蒋世应（第 5 章、第 6 章）。本书由华南理工大学汪娟娟博士主审，对本书提出了许多宝贵意见，在此表示衷心的感谢。

　　由于编者水平有限，书中难免有不少缺点和错误，恳请广大读者批评指正。

编　者

目　　录

第1章 绪 论

1.1 数控机床

1.1.1 数控技术与数控机床

数控是数字控制（Numerical Control）的简称，是近代发展起来的用数字化信息进行控制的自动控制技术。在机床领域是指用数字信号对机床运动及其加工过程进行控制的一种方法。定义中的"机床"不仅指金属切削机床，还包括其他各类机床，如线切割机床、三坐标测量机等。为了说明方便，本书仍以金属切削机床为例来介绍数控技术，所有内容均适用于其他机床。

采用数字控制技术的控制系统称为数控系统，装备了数控系统的机床称为数控机床或NC 机床。以前数控机床的数控功能是用专用计算机的硬件结构来实现的，所以称为硬件数控，简称 NC，现在主要以计算机的系统控制程序来实现部分或全部数控功能，所以称为软件数控或计算机数控，简称 CNC。

1.1.2 数控机床的组成

数控机床在加工零件时，首先由编程人员按照零件的几何形状和加工工艺要求将加工过程编成加工程序，然后将数控程序输入到数控系统，数控系统读入加工程序后，将其翻译成机器能够理解的控制指令，再由伺服系统将其变换和放大后控制机床上的主轴电动机和进给伺服电动机转动，并带动机床的工作台移动，从而加工出形状、尺寸与精度符合要求的零件，实现加工过程，如图 1-1 所示。

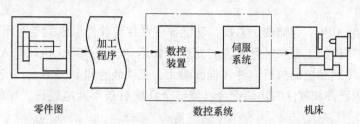

图 1-1 数控机床加工过程

图 1-2 所示是数控机床的组成框图。数控机床一般由输入/输出设备、数控装置、主轴和进给轴伺服单元、位置检测装置、可编程序控制器（PLC）及其接口电路和机床本体等几部分组成。图中除机床本体以外的部分构成了数控系统，其中数控装置是其核心部分。

1. 输入/输出装置

数控机床在进行加工前，必须接受由操作人员输入的零件加工程序，然后才能根据输入的程序进行加工。在加工过程中，操作人员要向机床数控装置输入操作命令，数控装置要为操作人员显示必要的信息，如坐标值、报警信号等。此外，输入的程序并非全部正确，有时

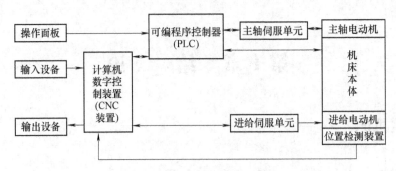

图 1-2　数控机床的组成框图

需要编辑、修改和调试。以上工作都是机床数控系统和操作人员进行信息交流的过程，要进行信息交流必须具备输入/输出装置。

操作者利用机床上的显示器及键盘输入加工程序指令，控制机床的运动。输入加工程序指令有两种方式。一种是手动数据输入（MDI），它适用于一些比较短的程序，只能使用一次，机床动作后程序就消失。一般手动进行简单加工时的自动换刀等场合常使用这种方式。另一种是在控制装置的编辑（EDIT）状态下，用键盘输入加工程序，存入控制装置的内存中。用这种方式可以对程序进行编辑，程序可重复使用。一般手工编制的程序采用这种方法。

此外，在具有会话编辑功能的数控装置上，可以按照显示屏上提出的问题，选择不同的菜单，只需将图样上指定的有关尺寸数字等输入，就可自动生成加工程序。这种输入方式虽然是手动输入，但应属于自动编程方法。

输出设备主要的功能为显示、打印、输出加工程序、控制参数、补偿参数等。

现代的数控系统除采用输入/输出设备进行信息交换外，一般都具有用通信技术进行信息交换的能力，它们是实现 CAD/CAM 的集成、FMS 和 CIMS 的基本技术。采用的方式有：串行通信（RS—232 等串口）、自动控制专用接口和规范（DNC 方式、MAP 协议等）、网络技术（Internet、LAN 等）。

2. 数控装置

数控装置是由 CPU、存储器、总线、功能部件和相应软件组成的专用计算机。其基本功能是根据输入的零件加工程序进行相应的处理（如运动轨迹处理、机床输入/输出处理等），然后输出控制命令到相应的执行部件（伺服单元、驱动装置和 PLC 等），所有这些工作都是通过 CNC 装置内硬件和软件的协调配合，使整个系统有条不紊地进行工作的。CNC 装置是CNC 系统的核心。

3. 伺服系统

伺服系统包括主轴伺服单元和进给伺服系统两部分，伺服系统由伺服放大器和伺服电动机组成。主轴伺服单元主要接收来自 PLC 的转向和转速指令，驱动主轴电动机转动。进给伺服系统的作用，是把来自数控装置的位置控制移动指令转变成机床工作部件的运动，使工作台按规定轨迹移动或精确定位，加工出符合图样要求的工件，即把数控装置送来的微弱指令信号放大成能驱动伺服电动机的大功率信号。

在数控机床的进给伺服驱动机构中，常用的驱动元件有步进电动机、直流伺服电动机和交流伺服电动机，后两者都带有感应同步器、编码器等位置检测元件。

4. 位置检测装置

位置检测装置将机床移动的实际位置、速度参数检测出来，转换成电信号，并反馈到CNC装置中，使CNC能随时判断机床的实际位置、速度是否与指令一致，并发出相应指令，纠正所产生的误差。对于一个设计完善的闭环数控系统，其定位精度和加工精度主要由位置检测装置的精度决定。

5. 可编程序控制器（PLC）

PLC控制辅助装置完成机床的相应开关动作，如工件的装夹、刀具的更换、切削液按钮的开关等，实现数控设备的辅助功能、主轴转速功能、刀具功能的译码和控制。

6. 机床本体

数控机床的机械部件包括：主运动部件（如主轴部件、变速箱等）、进给运动执行部件（如工作台、滑板等）和支承部件（如床身、立柱等），此外，还有冷却、润滑、排屑、转位和夹紧等辅助装置。对于加工中心类的数控机床，还有自动换刀装置、自动交换工作台装置等部件。

1.1.3 数控机床的加工特点

1. 柔性好

所谓的柔性即适应性，是指数控机床随生产对象变化而变化的适应能力。数控系统取代了通用机床的手工操作，具有充分的柔性，只要重新编制零件程序，更换相应工装，就能加工出新的零件。用数控机床生产，准备周期短，灵活性强，特别适合小批量、单件零件的加工，有利于产品的升级和新产品的试制。

2. 零件加工精度高，加工质量稳定

数控机床有较高的加工精度，而且数控机床的加工精度不受零件形状复杂程度的影响。另外，数控机床是按预先编制好的加工程序进行工作的，加工过程中无须人的参与与调整，消除了操作者的人为误差，提高了同批零件加工的一致性，使产品加工质量稳定。数控机床可以通过在线自动补偿（实时补偿）技术消除或减少热变形、力变形和刀具磨损的影响，使加工精度的一致性得到了保证。

3. 可加工复杂形状的零件

数控机床可加工复杂形状的零件，如二维轮廓或三维轮廓加工，可以完成普通机床难以完成或根本不能加工的复杂零件的加工。

4. 生产效率高

数控机床的加工效率一般比普通机床高2～3倍，尤其在加工复杂零件时，生产效率可提高到普通机床的十几倍甚至几十倍。一方面是其自动化程度高，具有自动换刀和其他辅助操作自动化功能，而且工序集中，在一次安装中能完成较多表面的加工；另一方面数控加工可以采用较大的切削用量，有效地减少了加工切削时间。

5. 易于建立计算机通信网络

由于数控机床是使用数字信息，易于与计算机辅助设计和制造系统连接，形成计算机辅助设计和制造紧密结合的一体化系统；数控机床还可以与远程网络连接，通过远程网络进行调度和控制，进行异地管理。

当然数控机床在某些方面也有不足之处：

1）数控机床价格较贵，设备初期投资大，加工成本高。

2）技术复杂，增加了电子设备的维护，维修困难。

3）对工艺和编程要求较高，加工中难以调整，对操作人员的技术水平要求较高。

由于系统本身的复杂性，增加了维修的技术难度和维修费用。

由于数控机床的上述特点，数控机床最适合加工以下零件：

1）几何形状复杂的零件。特别是形状复杂、加工精度要求高或用数学方法定义的复杂曲线、曲面轮廓。

2）多品种、小批量生产的零件。用通用机床加工时，要求设计制造复杂的专用工装或需很长的调整时间。

3）必须严格控制公差的零件。

4）贵重的、不允许报废的关键零件。

当对以上零件采用数控加工时，才能最大限度地发挥出数控加工的优势。

1.1.4 数控机床的主要性能指标

数控装置的性能指标反映了数控系统的基本性能，是选择数控系统的主要依据，概括起来如下：

1. 精度指标

（1）分辨率（脉冲当量） 表示数控装置每发出一个控制脉冲，机床的移动部件所移动的距离。反映了数控装置的运动控制精度。

（2）定位精度 指实际位置与指令位置的一致程度。

（3）重复定位精度 指在相同的条件下，操作方法不变，进行规定次数的操作所得到的实际位置的一致程度。

2. 可控轴数与联动轴数

可控轴数说明数控装置最多可以控制多少个坐标轴，包括移动坐标轴和回转坐标轴。联动轴数表示数控装置可按一定规律同时控制其运动的坐标轴数。联动轴数越多，说明数控装置加工复杂空间曲面的能力越强。

3. 运动性能指标

（1）行程 表示数控装置的控制范围和加工范围，反映了机床的加工能力。

（2）主轴转速 以每分钟的转数的形式给定，是影响零件表面加工质量、生产率、刀具寿命的主要因素。

（3）进给速度 刀具的进给速度以每分钟或每转进给距离的形式给定。进给速度可以用机床控制面板上倍率旋钮在一定范围内调节。进给速度也是影响零件表面加工质量、生产率、刀具寿命的主要因素。

1.2 数控机床的分类

目前，数控机床的品种齐全，规格繁多。为了研究方便起见，可以从不同的角度对数控机床进行分类，常见的有以下几种分类方法：

1.2.1 按工艺用途分类

按工艺用途的不同，数控机床可分为以下几类：

1. 金属切削类机床

包括数控车床、数控钻床、数控铣床、数控磨床、数控镗床及加工中心。

2. 金属成形类机床

包括数控折弯机、数控组合压力机、数控弯管机、数控回转头压力机等。

3. 特种加工机床

包括数控线切割机床、数控电火花加工机床、数控火焰切割机、数控激光切割机床、专用组合机床等。

4. 其他类型的数控设备

非加工设备采用数控技术，如自动装配机、三坐标测量机、自动绘图机和工业机器人等。

1.2.2 按功能水平分类

根据以下功能指标，将各种类型的数控系统分为低、中、高档三类。

1. 分辨率和进给速度

分辨率为 $10\mu m$，进给速度在 $8 \sim 15m/min$ 为低档；分辨率为 $1\mu m$，进给速度在 $15 \sim 24m/min$ 为中档；分辨率为 $0.1\mu m$，进给速度在 $15 \sim 100m/min$ 为高档。

2. 伺服进给类型

采用开环、步进电动机进给系统的为低档数控机床；中、高档则采用半闭环或闭环的直流伺服系统或交流伺服系统。

3. 联动轴数

低档数控机床最多联动轴数为 $2 \sim 3$ 轴，而中、高档则为 $3 \sim 5$ 轴以上。

4. 通信功能

低档数控机床一般无通信功能，中档的可以有 RS—232 或 DNC 接口，高档的还可以有 MAP 通信接口，具有联网功能。

5. 显示功能

低档的数控机床一般只有简单的数码管显示或简单的 CRT 字符显示；而中档数控机床则具有较齐全的 CRT 显示，不仅有字符显示，而且有图形显示、人机对话、自诊断功能等；高档数控机床还有三维图形显示。

6. 内置 PLC

低档数控机床一般无内置 PLC，中高档都有内置 PLC，高档数控机床具有功能强大的内置 PLC，并具有轴控制的扩展功能。

7. 主 CPU

低档数控机床一般采用 8 位或 16 位 CPU，中档及高档的已经逐步由 32 位 CPU 向 64 位 CPU 过渡。

1.2.3 按机床控制的运动轨迹分类

1. 点位控制数控机床

机床的运动部件只能够实现从一个位置到另一个位置的精确运动，在运动和定位过程中不进行任何加工工序，如数控钻床（见图1-3）、数控冲剪床等。

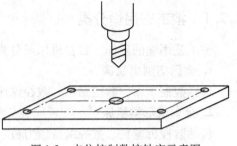

图1-3　点位控制数控钻床示意图

2. 直线控制数控机床

除控制点到点的准确位置之外，还要保证两点之间移动的轨迹是直线，而且对移动的速度也要进行控制，以便适应随工艺因素变化的不同需要。

这类机床有简易数控车床、数控镗铣床，一般有 2～3 个可控坐标轴，但同时控制的坐标轴只有一个。

3. 轮廓控制数控机床

这类数控机床的特点是能够对两个或两个以上运动坐标的位移及速度进行连续相关的控制，因而可进行曲线或曲面的加工，如图1-4 所示。

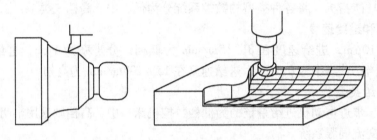

图1-4　轮廓控制数控机床示意图

轮廓控制数控机床主要有数控车床、数控铣床、数控磨床、加工中心等。

1.2.4　按伺服系统的控制方式分类

1. 开环控制数控机床

这类数控机床不带位置检测反馈装置。CNC 装置输出的指令脉冲经驱动电路的功率放大，驱动步进电动机转动，再经传动机构带动工作台移动，如图1-5 所示。

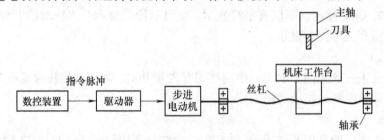

图1-5　数控机床开环控制示意图

开环控制的数控机床调试方便，维修简单，但控制精度低，这类数控机床多为经济型。

2. 闭环控制数控机床

闭环控制数控机床的进给伺服驱动是按闭环反馈控制方式工作的，其驱动电动机可采用直流或交流两种伺服电动机，并需要配置位置反馈和速度反馈，在加工中随时检测移动部件的实际位移量，并及时反馈给数控系统中的比较器进行比较，其差值又作为伺服驱动的控制信号，进而带动位移部件以消除位移误差。按位置反馈检测元件的安装部位和反馈装置的不同，它又分为全闭环和半闭环两种控制方式。

（1）全闭环控制 其位置反馈装置采用直线位移检测元件（目前一般采用光栅尺），其安装在机床的床鞍部位，即直接检测机床坐标的直线位移量。

该类机床数控装置中插补器发出的位置指令信号与工作台上检测到的实际位置反馈信号进行比较，根据其差值不断控制运动，进行误差修正，直至差值为零时停止运动。其控制示意图如图1-6所示。

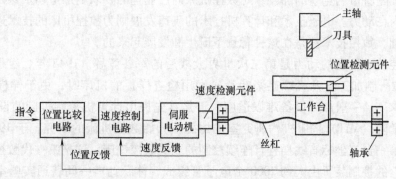

图1-6 数控机床全闭环控制示意图

通过反馈可以消除从电动机到机床床鞍的整个机械传动链中的传动误差，得到很高的机床静态定位精度。由于在整个控制环内包含了很多机械传动环节，而许多机械传动环节的摩擦特性、刚性和间隙均为非线性，并且整个机械传动链的动态响应时间与电气响应时间相差又非常大，直接影响系统的调节参数。这为整个闭环系统的稳定性校正带来很大困难，系统的设计和调整也都相当复杂。

全闭环控制方式主要用于精度要求很高的数控坐标镗床、数控精密磨床和大型数控机床等。

（2）半闭环控制 其位置反馈采用转角检测元件（目前主要采用编码器等），直接安装在伺服电动机或丝杠端部，检测转角位移。其控制示意图如图1-7所示。

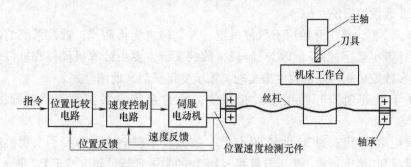

图1-7 数控机床半闭环控制示意图

由于大部分机械传动环节没有包括在系统闭环环路内，因此可获得较稳定的控制特性。丝杠等的机械传动误差不能通过反馈来随时校正，但是可采用软件定值补偿方法来适当提高其精度。目前，大部分数控机床采用半闭环控制方式。

1.3　数控机床的产生和发展

1.3.1　数控机床的产生和发展

数控机床是在普通机床的基础上发展起来的，军事工业需求是数控机床发展的原始动力，军事工业的发展不断促进数控机床升级，而民用工业对高精度、高效率、柔性化及批量生产的要求，随着市场竞争的加剧，对数控机床的产业化的要求更加迫切。这是数控机床产生和发展的内在动力。电子技术和计算机技术的飞速发展则为数控机床的技术进步提供了坚实的技术基础，数控技术正是在这种背景下诞生和发展起来的。

促进数控技术发展的动力是第二次世界大战后的军备竞赛。1948 年，美国帕森（Parsons）公司在研制加工直升机螺旋桨叶片轮廓用检查样板的机床时，由于样板形状复杂多样，精度要求高，一般加工设备难以适应，于是首先提出计算机控制机床的设想。1949 年在麻省理工学院（MIT）伺服机构研究室的协助下开始数控机床的研究，于 1952 年研制成功了世界上第一台三坐标直线插补且连续控制的立式数控铣床。这是第一代数控系统，即电子管时代，它的控制装置由大约 2000 个电子管组成，体积约有一间普通实验室那么大。尽管现在看来这套控制系统体积庞大、功能简单，但它在制造技术的发展史上却有着划时代的意义。

1959 年，晶体管器件的出现使电子设备的体积大大减小，数控系统中广泛采用晶体管和印制电路板，数控技术的发展进入第二代——晶体管时代。1959 年，美国克耐·杜列克公司（Keaney & Trecker）首次成功开发了带有自动换刀装置的数控机床，称为"加工中心"（Machining Center）。从 1960 年开始，数控技术进入实用阶段，工业发达的国家如美国、德国、日本等开始开发、生产和使用数控机床。

1965 年，出现了小规模集成电路。由于其体积小、功耗低，使数控系统的可靠性得到进一步提高，数控系统从而发展到第三代——集成电路时代。

以上三代数控机床的控制系统，所有功能都是靠硬件实现的，是数控系统发展的第一阶段，称之为普通数控系统（NC）。

1970 年，小型计算机开始用于数控系统，人们称之为第四代，数控系统的发展进入第二阶段，即计算机数字控制（CNC）阶段，数控系统主要由计算机硬件和软件组成，其突出特点是许多数控功能可以由软件来实现，系统变得灵活、通用性好。

从 1974 年微处理器开始用于数控系统，数控系统发展到第五代，即微型机数控（MNC）系统。

自 20 世纪 70 年代末到 20 世纪 80 年代，数控技术在全世界得到了大规模的发展和应用。从 20 世纪 90 年代开始，个人计算机（PC）的发展日新月异，基于 PC 平台的数控系统（称为 PC 数控系统）应运而生，数控系统的发展进入第六代。现在市场上流行和企业普遍使用的仍然是第五代数控系统，其典型代表是日本的 FANUC-0 系列和德国的 SINUMERIK810 系列数控系统。

1.3.2 我国数控机床的发展概况

我国的数控机床行业起步于1958年，由清华大学和北京第一机床厂合作研制了我国第一台数控铣床。1966年研制成功晶体管并用于数控系统，1972年研制成功集成电路数控系统，并出现了线切割机、数控铣床等代表性产品。但由于历史的原因，一直没有取得实质性成果。数控机床的品质和数量都很少，稳定性和可靠性也比较差，只在一些复杂的、特殊的零件加工中使用。

20世纪80年代初，国内先后从日本、德国、美国等国引进了一些CNC装置及主轴、伺服系统的生产技术，并陆续投入了批量生产，这些数控系统性能比较完善，稳定性和可靠性都比较好，在数控机床上采用后，得到了用户的认可，从而结束了数控机床发展徘徊不前的局面，推动了数控机床的发展。到20世纪90年代初，国内的数控机床及数控系统的生产具有了一定的规模。2003年开始，中国已成为全球最大的机床消费国，也是世界上最大的数控机床进口国。

1. 国产数控机床与国际先进水平差距逐渐缩小

国产数控机床的发展经历了30年的发展，已经由成长期进入了成熟期，覆盖了超重型机床、高精度机床、特种加工机床、锻压设备、前沿高技术机床等领域，产品种类可与日、德、意、美等国并驾齐驱。特别是在五轴联动数控机床、超重型数控机床、立式和卧式加工中心、数控车床、数控齿轮加工机床领域，部分技术已经达到世界先进水平。

2. 国产数控机床存在的问题

由于国内技术水平和工业基础还比较落后，数控机床的性能、水平和可靠性与工业发达国家相比，差距还很大，尤其是数控系统的控制可靠性还较差，数控产业尚未真正形成，核心技术严重缺乏。统计数据表明，数控机床的核心技术——数控系统，包括显示器、伺服控制器、伺服电动机和各种开关、传感器，90%需要从国外进口。国内能生产的中、高端数控机床，更多处于组装和制造环节，普遍未掌握核心技术。国产数控机床的关键零部件和关键技术主要依赖进口，国内真正大而强的企业并不多。目前世界最大的3家厂商是：日本法那克公司、德国西门子和日本三菱公司。其余还有法国扭姆公司、西班牙凡高公司等。国内有华中数控、航天数控、广州数控等。国内的数控系统刚刚开始产业化，水平、质量一般，高档次的系统全都依赖进口。

数控功能部件是另外一个薄弱环节。国产数控机床的主要故障大多出在功能部件上，它是影响国产数控机床使用的主要根源。特别是数控刀具滞后现象反映相当强烈。国产数控刀具在寿命、可靠性等方面差距明显，无论在品种、性能和质量上都远远不能满足用户要求。

1.3.3 数控机床的发展趋势及研究方向

1. 高速高精加工技术

高速、高精度控制是数控技术发展的永恒主题。速度和精度是数控机床的两个重要指标，直接关系到加工效率和产品的质量，特别是在超高速切削、超精密加工技术的实施中，对速度和精度提出了更高的要求。进给速度和快速进给速度已达100~240m/min。数控金切机床的加工精度已从原来的丝级（0.01mm）提升到目前的微米级（0.001mm），有些品种已达到0.05μm左右。超精密数控机床的微细切削和磨削加工，精度可稳定达到0.05μm左右，形状精度可达 $0.01\mu m$ 左右。采用光、电、化学等能源的特种加工精度可达到纳米级（$0.001\mu m$）。通过机床结构设计优化，机床零部件的超精加工和精密装配，采用高精度的全闭环控制及温度、振动等动态误差补偿技术，提高了机床加工的几何精度，降低了几何误差、表面粗糙度值等，从而进入亚微米、纳米级超精加工时代。

2. 复合加工

随着数控机床技术的进步，复合加工技术日趋成熟，复合加工的精度和效率大大提高。"一台机床就是一个加工厂"、"一次装卡，完全加工"等理念正在被更多人接受，复合加工机床的发展正呈现多样化的态势。

多功能复合加工数控机床简称复合机床，或称为多功能加工或完全加工机床。复合机床的含义是在一台机床上实现或尽可能完成从毛坯至成品的全部加工。从 20 世纪 70 年代以来，出现了以旋转刀具作主切削运动的主要用于镗铣加工的加工中心和以工件旋转作主运动的主要用于车加工的车削中心，这两类多功能的数控机床在推进数控机床的工序集中的工艺方法上发挥了重要的作用。

3. 可靠性

数控机床的故障率一直是影响数控机床品质的一个重要问题。尤其是用于批量生产的自动生产线上，对数控机床的可靠性更为重视，通常用平均无故障时间（以 MTBF 表示）的长短来衡量它的可靠性。

数控机床与传统机床相比，由于增加了数控系统、伺服控制单元以及自动化功能部件和相应的监控装置等，所以应用了大量的电气、液压、气动元件和机电装置。由于元器件和装置数量的增多导致出现失效概率的增大。

因此，为了保证数控机床有高的可靠性，设计时不仅要考虑其功能和力学特性，还要进行可靠性设计。

4. 智能化、开放式、网络化成为当代数控系统发展的主要趋势

（1）智能化 智能化的内容主要包括以下几个方面：

1）应用自适应控制技术。数控系统能检测过程中一些重要信息，并自动调整系统的有关参数，达到改进系统运行状态的目的。

2）引入专家系统指导加工。将熟练工人和专家的经验、加工的一般规律和特殊规律存入系统中，以工艺参数数据库为支撑，建立具有人工智能的专家系统。由于有了小型工艺数据库，使得在线程序编制过程中可以自动选择最佳切削用量和适合的刀具。

3）引入故障诊断专家系统。

（2）开放式。虽然传统的数控系统已经实现了非常复杂的功能并达到了相当的精度，但由于传统的数控系统采用专用计算机系统，其实现过程对用户来讲是封闭的，并且它的各个模块功能固定，各厂商的软硬件互不兼容，用户无法对系统进行重新定义和扩展，系统与外部缺乏有效的通信功能，这增加了用户的投资风险和成本。为改变这种状况，迫切需要能开发一种可以方便扩展、功能柔性并且对用户开放的数控系统。开放式数控系统便应运而生。

所谓开放式数控系统，就是数控系统的开发可以在统一的运行平台上，面向机床厂家和最终用户，可方便地将用户的特殊应用和技术诀窍集成到控制系统中，快速实现不同品种、不同档次的开放式数控系统，形成具有鲜明个性的品牌产品。

（3）网络化 机床联网便于远距离操作和监控，也便于远程诊断故障和进行调整，不仅利于数控系统生产厂对其产品的监控和维修，也适于大规模现代化生产的无人化车间；实行网络管理，还适于在操作人员不宜到现场的环境（如对环境要求很高的超精密加工和对人体有害的环境）中工作。数控装备的网络化将极大地满足生产线、制造系统、制造企业对信息集成的需求，也是实现新的制造模式（如敏捷制造、虚拟企业、全球制造）的基础单元。

（4）并联机床 并联机床（Parallel Machine Tools）是世界上近年来逐渐兴起的一种新型制造设备，又称并联结构机床（Parallel Structured Machine Tools）、虚拟轴机床（Virtual Axis Machine Tools），也称为六条腿机床、六足虫（Hexapods）机床。国际上一般称为 Parallel Kinematic Machine（PKM）。

并联机床是基于空间并联机构 Stewart 平台原理开发的，是并联机器人机构与机床结合的产物，是空间机构学、机械制造、数控技术、计算机软硬技术和 CAD/CAM 技术高度结合的高科技产品。传统的串联机构机床，是属于数学简单而机构复杂的机床，并联机构机床则是机构简单而数学复杂，整个平台的运动牵涉相当庞大的数学运算，可实现多坐标联动数控加工、装配和测量多种功能，更能满足复杂特种零件的加工。这种新型机床完全打破了传统机床结构的概念，抛弃了固定导轨的刀具导向方式，采用了多杆并联机构驱动，大大提高了机床的刚度，使加工精度和加工质量都有较大的改进。由于这种机床具有高刚度、高承载能力、高速度、高精度以及质量轻、机械结构简单、制造成本低、标准化程度高等优点，在许多领域都得到了成功的应用，因此受到学术界的广泛关注。并联机床有着巨大的市场潜力，但目前其加工精度还不能与传统高精度机床相比拟，还有许多问题需要深入研究，这为机床行业带来了新的机遇和挑战。

复 习 题

1.1 什么叫数控？什么叫计算机数控？什么叫数控机床？

1.2 数控机床由哪几部分组成？各组成部分的功能是什么？

1.3 和普通机床相比，数控机床有哪些特点？

1.4 说明点位控制与轮廓控制数控机床的区别。

1.5 简述闭环数控系统与开环数控系统的区别。

1.6 数控技术的发展趋势主要体现在哪几个方面？

第2章 数控加工工艺基础

2.1 数控车削加工工艺

2.1.1 概述

数控车床是数控机床中应用最广泛的一种机床，是一种高精度、高效率的自动化机床。数控车床具有广泛的加工性能，可自动完成内外圆柱面、圆锥面、成形表面、螺纹和端面等工序的切削加工，并能进行车槽、钻孔、扩孔、铰孔等加工。车削加工中心则可在一次装夹中完成更多的加工工序。数控车床主要用于加工轴类和盘类等回转体零件，特别适合于复杂形状回转类零件的加工。

1. 数控车床的类型

（1）按主轴的配置形式分类

1）立式数控车床。立式数控车床简称数控立车，其车床主轴垂直于水平面，用一个直径很大的圆形工作台来装夹工件。这类机床主要用于加工径向尺寸大、轴向尺寸相对较小的大型复杂零件。

2）卧式数控车床。卧式数控车床又分为数控水平导轨卧式车床和数控倾斜导轨卧式车床。档次较高的数控卧式车床一般都采用倾斜导轨，其倾斜导轨结构可以使车床具有更大的刚性，并易于排除切屑。

（2）按数控系统功能分类

1）经济型数控车床。采用步进电动机和单片机对普通车床的进给系统进行改造后形成的简易型数控车床。成本较低，自动化程度和功能都比较差，车削加工精度也不高，适用于要求不高的回转类零件的车削加工。

2）普通数控车床。根据车削加工要求在结构上进行专门设计并配备通用数控系统而形成的数控车床。数控系统功能强，自动化程度和加工精度也比较高，适用于一般回转类零件的车削加工。

3）车削加工中心。在普通数控车床的基础上，增加了 C 轴和动力头，更高级的数控车床带有刀库，可控制 X、Z 和 C 三个坐标轴，实现 3 轴 2 联动。由于增加了 C 轴和铣削动力头，这种数控车床的加工功能大大增强，除可以进行一般车削外，还可以进行径向和轴向铣削、曲面铣削以及中心线不在零件回转中心的孔和径向孔的钻削等加工。

（3）按刀架数量分类

1）单刀架数控车床。数控车床一般都配置有各种形式的单刀架，如四工位卧式转位刀架或多工位转塔式自动转位刀架。

2）双刀架数控车床。这类车床的双刀架配置为平行分布，也可以是相互垂直分布。

按数控系统的不同控制方式，数控车床可以分很多种类，如直线控制数控车床、两主轴控制数控车床等；按特殊或专门工艺性能，数控车床可分为螺纹数控车床、活塞数控车床、曲轴数控车床等多种。

2. 数控车床的加工对象

与普通车床相比，全功能数控车床的加工对象有其突出的特点。

（1）加工精度要求高的零件 数控车床的传动系统和机床结构具有很高的精度、刚度、动刚度和热稳定性，机床本身的零部件具有很高的制造精度，特别是在数控车床上能精确对刀，刀具磨损以后可以进行补偿，因此能够加工形状和尺寸精度要求较高的零件。数控车床的加工精度一般可达 0.001mm。

（2）表面粗糙度值要求小的零件 对于车削加工，在工件材料、精车余量和刀具几何参数一定的条件下，被加工表面的粗糙度值取决于切削速度和进给量。在卧式车床上车削圆锥面或端面时，由于主轴转速在切削过程中是恒定的，使得切削速度随切削直径的变化而变化，因此加工出的表面粗糙度值不一致。而在数控车床上利用系统的恒线速控制功能，可以使切削过程保持最佳的切削速度，加工出的整个表面粗糙度值既小又一致。

（3）轮廓形状复杂的零件 数控车床具有直线和圆弧插补功能，部分车床还有某些非圆曲线插补功能，所以可加工由任意平面曲线所组成的轮廓回转零件，既能加工可用方程描述的曲线，也能加工列表曲线。对于由直线和圆弧组成的轮廓，直接利用直线和圆弧插补功能；对于由非圆曲线组成的轮廓，可以用非圆曲线插补功能。若数控系统没有非圆曲线插补功能，可通过拟合计算处理后再用直线和圆弧插补功能进行插补切削。

（4）带一些特殊类型螺纹的零件 由于数控车床进给传动系统是由伺服驱动系统来控制的，可以任意调节进给速度，因此数控车床不仅能车削任何等导程直、锥螺纹和端面螺纹，还能加工变导程螺纹以及要求等导程与变导程之间平滑过渡的螺纹。

3. 数控车削刀具

数控车床一般使用标准的机夹可转位刀具。机夹可转位刀具的刀片和刀体都有标准，刀片材料采用硬质合金、涂层硬质合金以及高速钢。

数控车床机夹可转位刀具类型有外圆刀具、外螺纹刀具、内圆刀具、内螺纹刀具、切断刀具、孔加工刀具（包括中心孔钻头、镗刀、丝锥等）。图 2-1 所示为数控车床及车削中心常用刀具。

2.1.2 数控车削加工工艺

数控车削工艺制订得合理与否，对程序编制、数控车床的加工效率和零件的加工精度都有直接影响。

1. 对零件图样进行工艺分析

在制订车削工艺之前，必须首先对被加工零件的图样进行分析，分析零件图样的结果将直接影响到加工程序的编制及加工效果，主要包括以下内容：

1）仔细阅读图样，明确加工内容。分析组成零件轮廓的几何元素的特征，确定是否存在直线或圆弧之外的其他曲线，如果存在，可以考虑自动编程。

2）分析图样上的几何条件是否充分，保证编程时的数值计算能顺利进行。

3）分析图样上尺寸的标注方法是否适应数控加工的特点。被加工零件的图样应以同一基准标注尺寸。这种标注方法既便于编程，又有利于设计基准、工艺基准、测量基准和编程原点的统一，保证工件的加工精度，同时也方便了编程。

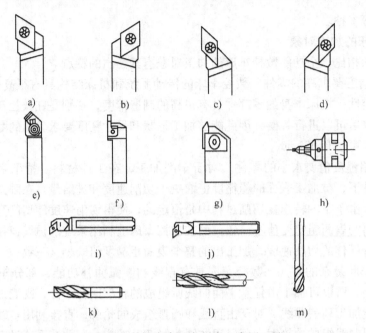

图 2-1　数控车床及车削中心常用刀具

a）外圆右偏粗车刀　b）外圆左偏粗车刀　c）外圆右偏精车刀　d）外圆左偏精车刀
e）端面刀　f）外圆车槽刀　g）外圆螺纹刀　h）中心钻　i）粗镗刀
j）精镗刀　k）麻花钻　l）铣刀　m）球头铣刀

4）详细了解图样的技术要求。了解零件的材料、毛坯类型、生产批量及尺寸精度、几何公差、表面粗糙度等技术要求，这些是合理安排数控车削工艺中各基本参数的主要依据。

2. 工序及装夹方式的确定

（1）划分加工工序　对于需要多台不同的数控机床、多道工序才能完成加工的零件，工序划分自然以机床为单位来进行。而对于需要很少的数控机床就能加工完零件全部内容的情况，数控加工工序的划分一般可按下列方法进行：

1）在数控车床上加工零件，应按工序集中的原则划分工序，即工件在一次安装下尽可能完成大部分甚至全部表面的加工。

对于具有回转刀架的数控车床，沿刀架的圆周方向可以安装刀具的数量一般为 6 把、8 把、12 把、16 把等，刀具的主要类型有车刀、钻头、镗刀。因此，一般只需要 2~4 个切削加工工序就可以满足零件的加工要求。第 1 个工序通常是在普通车床（也可以安排在数控车床）上进行粗加工；第 2~3 个工序安排数控车削内容；第 4 个工序考虑特殊部位达不到精度要求时安排的最后精加工。

2）以一个完整数控程序连续加工的内容为一个工序。有些零件虽然能在一次安装中加工出很多待加工面，但考虑到程序太长，会受到某些限制，如控制系统的限制（主要是内存容量）、机床连续工作时间的限制（如一个工序在一个工作班内不能结束）等。此外，程序太长会增加出错率，查错与检索困难，因此程序不能太长。这时可以以一个独立、完整的数控程序连续加工的内容为一个工序。在本工序内用多少把刀具，加工多少内容，主要根据控制系统的限制、机床连续工作时间的限制等因素考虑。

3）以工件上的结构内容组合用一把刀具加工为一个工序。有些零件结构较复杂，既有回转表面也有非回转表面，既有外圆、平面也有内圆、曲面。对于加工内容较多的零件，按零件结构特点将加工内容组合分成若干部分，每一部分用一把典型刀具加工。这时可以将组合在一起的所有部位作为一个工序。然后再将另外组合在一起的部位换另外一把刀具加工，作为新的一个工序。这样可以减少换刀次数，减少空程时间。

4）以粗、精加工划分工序。对于容易发生加工变形的零件，通常粗加工后需要进行矫形，这时粗加工和精加工作为两个工序，可以采用不同的刀具或不同的数控车床加工。对毛坯余量较大和加工精度要求较高的零件，应将粗车和精车分开，划分成两个或更多的工序。将粗车安排在精度较低、功率较大的数控车床上，将精车安排在精度较高的数控车床上。

综上所述，在数控加工划分工序时，一定要根据零件的结构与工艺性、零件的批量、机床的功能、零件数控加工内容的多少、程序的大小、安装次数，以及本单位生产组织状况灵活掌握。

（2）装夹工件　在数控车床上零件的安装方式与普通车床相似，在确定装夹方式时，力求在一次装夹中应尽可能完成大部分甚至全部表面的加工。工件的装夹应根据零件图样的技术要求和数控车削的特点来选定。根据零件的结构形状不同，通常选择外圆、端面或内孔、端面装夹工件，并力求设计基准、工艺基准和编程原点的统一。

3. 进给路线的确定

数控车削的进给路线是指刀具从起刀点开始到加工结束相对工件运动的路径，其中包括切削加工路径及刀具引入和返回等空行程路径。

编程时，进给路线的确定应保证被加工零件的精度和表面粗糙度能达到零件图样的要求，而且要根据零件的不同特点，尽可能采用以下面几种方法安排进给路线：

（1）最短的空行程路线

1）设置循环起点。图 2-2 所示为采用矩形循环方式进行粗车的一般情况。

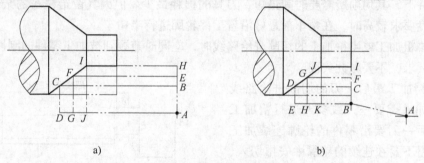

a)　　　　　　　　　　　　　　　b)

图 2-2　用矩形循环方式进行粗车

a）起刀点作为循环起点　b）起刀点与循环起点分离

如图 2-2a 所示，将起刀点 A 作为循环起点，按三刀粗车的进给路线安排如下：

第一刀为 $A \rightarrow B \rightarrow C \rightarrow D \rightarrow A$；

第二刀为 $A \rightarrow E \rightarrow F \rightarrow G \rightarrow A$；

第三刀为 $A \rightarrow H \rightarrow I \rightarrow J \rightarrow A$。

图 2-2b 所示则是将起刀点与循环起点分离，并将循环起点设于图 2-2b 所示 B 点位置，仍按相同的切削用量进行三刀粗车，其进给路线安排如下：

起刀点与循环起点分离的空行程为 $A \rightarrow B$；

第一刀为 $B \rightarrow C \rightarrow D \rightarrow E \rightarrow B$；

第二刀为 $B \rightarrow F \rightarrow G \rightarrow H \rightarrow B$；

第三刀为 $B \rightarrow I \rightarrow J \rightarrow K \rightarrow B$。

显然，图 2-2b 所示的进给路线短。该方法也可用在其他循环切削（如螺纹车削）的加工中。

2）设置换（转）刀点。为了考虑换刀的方便和安全，有时将换刀点设置在离工件较远的位置处（如图 2-2a 中的 A 点），那么，当换第二把刀后，进行精车时的空行程路线必然较长。如果将第二把刀的换刀点设置在图 2-2b 中的 B 点位置上，则可缩短空行程距离。

（2）最短的切削进给路线 切削进给路线短，可有效地提高生产率，降低刀具的损耗。图 2-3 所示为粗车某工件时三种不同的粗车切削进给路线。其中，图 2-3a 所示为利用程序循环功能沿着工件轮廓进行进给的路线，刀具切削进给的路线较长，但给精车留下的余量均匀，背吃刀量相同；图 2-3b 所示为利用程序循环功能的三角形进给路线，刀具切削进给的路线较短，但留给精车的余量不均匀，背吃刀量不同；图 2-3c 所示为利用矩形循环功能的进给路线，切削进给的路线最短，背吃刀量相同，但留给精车的余量不均匀。

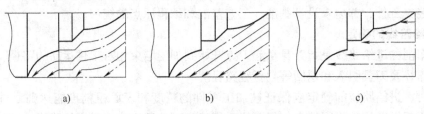

a)　　　　　　　　　　b)　　　　　　　　　　c)

图 2-3　粗车进给路线实例

综合分析上述三种切削进给路线可以看出：图 2-3c 所示进给路线的进给长度总和最短，在同等条件下，其切削所需要时间最短，刀具的损耗最少。但因其留给精车的余量不均匀，所以当精度要求较高时，在精车前最好沿着工件轮廓进行半精车。

在安排粗加工或半精加工的切削进给路线时，应同时兼顾到被加工零件的刚性及加工的工艺性等要求，不要顾此失彼。

（3）精加工最后一刀的切削进给路线要连续 如果需要一刀或多刀进行精加工时，其最后一刀要沿零件的轮廓连续加工而成，尽量不要在连续的轮廓中安排切入、切出、换刀或停顿，以免因切削力突然变化而造成弹性变形，使光滑连接的轮廓上产生刀痕等缺陷。

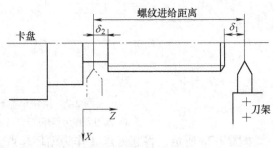

图 2-4　切削螺纹时的引入与超越距离

（4）车削螺纹的引入与超越 在数控车床上车削螺纹，沿螺距方向的 Z 向进给必须和机床主轴的旋转保持严格的速比关系，应避免在进给机构加减速过程中车削。因此车螺纹时，螺纹切削应注意在两端设置足够的升速进刀段 δ_1 和降速退刀段 δ_2，如图 2-4 所示。δ_1 称为引入距离，δ_2 称为超越距离，由经验公式可以计算：

$$\delta_1 = 3.605nL/1800 , \quad \delta_2 = nL/1800$$

式中　　n——主轴转速（r/min）；

　　　　L——螺纹导程。

（5）车槽之后的退刀路线要合理　车槽加工结束时，要注意合理地安排退刀路线，避免车刀与工件发生碰撞，造成刀具的损坏。图 2-5a 所示为沿斜线退刀路线，刀具与工件右侧的台阶会发生碰撞；图 2-5b 所示为刀具先沿 X 轴退至安全位置，再沿 Z 轴退至起始点的退刀路线是合理的。

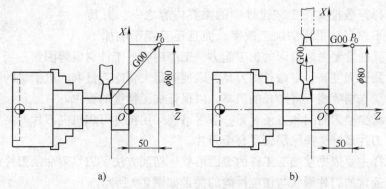

图 2-5　合理安排车槽退刀路线的实例

（6）特殊的进给路线　在数控车削中，一般情况下，Z 轴方向的进给运动都是沿着负方向进给的，但有时按其常规的负方向安排进给路线并不合理，甚至可能车坏工件。

例如，当采用尖形车刀加工大圆弧内表面零件时，安排两种不同的进给方法，如图 2-6 所示，其结果也不相同。

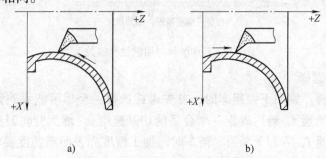

图 2-6　两种不同的进给方法

a）−Z 向进给　b）+Z 向进给

对于图 2-6a 所示的第一种进给方法（−Z 向），因切削时尖形车刀的主偏角为 $100°\sim 105°$，这时切削力在 X 向的较大分力 F，将沿着图 2-6a 所示的 +X 方向作用，当刀尖运动到圆弧的换象限处，即由 −Z、−X 向 −Z、+X 变换时，背向力 F_P 与传动横滑板的传动力方向相同，若螺旋副间有机械传动间隙，就可能使刀尖嵌入零件表面（即扎刀），其嵌入量在理论上等于其机械传动间隙量 e（见图 2-7）。

即使该间隙量很小，由于刀尖在 X 方向换向时，横向滑板进给过程的位移量变化也很小，加上处于动摩擦与静摩擦之间呈过渡状态的滑板惯性的影响，仍会导致横向滑板产生严重的爬行现象，从而大大降低零件的表面质量。

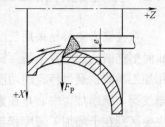

图 2-7　扎刀现象

对于图 2-6b 所示的第二种进给方法，因为刀尖运动到圆弧的换象限处，即由 $+Z$、$-X$ 向 $+Z$、$+X$ 方向变换时，背向力 F_p 与丝杠传动横向滑板的传动力方向相反，不会受螺旋副机械传动间隙的影响而产生扎刀现象，如图 2-8 所示，所以图 2-6b 所示进给方案是较合理的。

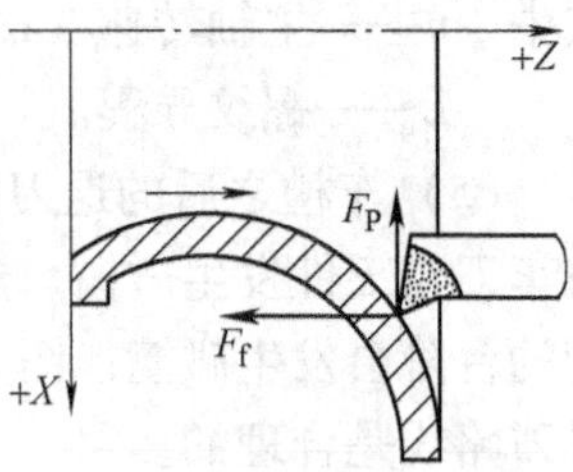

图 2-8   合理的进给路线

4. 刀具的选择

刀具的选择是数控加工工艺设计中的重要内容之一。刀具选择合理与否不仅影响机床的加工效率，而且还直接影响加工质量。选择刀具通常要考虑机床的加工能力、工序内容、工件材料等因素。

粗车时，要选强度高、寿命长的刀具，以便满足大背吃刀量和大进给量的要求。

精车时，要选精度高、寿命长的刀具，以保证加工精度的要求。

此外，为减少换刀时间和方便对刀，应尽可能采用机夹刀和机夹刀片。夹紧刀片的方式要选择合理，刀片最好选择涂层硬质合金刀片。

刀片的选择主要依据被加工工件的表面形状、切削方法、刀具寿命及刀片的转位次数等因素来选择。通常的刀片形状与切削性能的关系如图 2-9 所示。

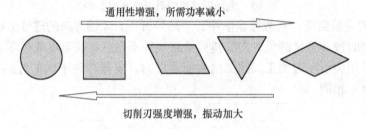

图 2-9   刀片形状与切削性能的关系

5. 切削用量的选择

切削用量的选择原则如下：粗车时，首先考虑选择一个尽可能大的背吃刀量 a_p，其次选择一个较大的进给量 f，最后确定一个合适的切削速度 v。增大背吃刀量 a_p，可使进给次数减少；增大进给量 f，有利于断屑。精车时，加工精度和表面粗糙度要求较高，加工余量不大且较均匀，选择精车的切削用量时，应着重考虑如何保证加工质量，并在此基础上尽量提高生产率。因此，精车时应选用较小的背吃刀量 a_p 和进给量 f，并选用切削性能高的刀具材料和合理的几何参数，以尽可能提高切削速度 v。

2.2   数控铣削加工工艺

数控铣床主要是采用铣削方式加工工件的数控机床。它能够进行外形轮廓铣削、平面或曲面型铣削及三维复杂型面铣削，如凸轮、模具、叶片、螺旋桨等。另外，数控铣床还具有孔加工功能，通过特定的功能指令可进行一系列孔的加工，如钻孔、扩孔、铰孔、镗孔和攻螺纹等。铣削加工中心是在数控铣床的基础上发展起来的，它和数控铣床有很多相似之处，主要区别在于增加了刀库和自动换刀装置。随着工业的发展，铣削加工中心正逐渐取代数控铣床成为一种主要的加工机床。

2.2.1　数控铣削的加工对象和工艺特点

1. 数控铣削的加工对象

数控铣床与普通铣床相比，具有加工精度高，加工零件的形状复杂，加工范围广等特点。它除了能铣削普通铣床所能铣削的各种零件表面外，还能铣削普通铣床不能铣削的、需要 2~5 坐标轴联动的各种平面轮廓和立体轮廓。数控铣床加工内容与铣削加工中心加工内容有许多相似之处，但从实际应用效果来看，数控铣削加工更多地用于复杂曲面的加工，而铣削加工中心更多地用于有多工序内容零件的加工。

适合数控铣削加工的零件主要有以下几种：

（1）平面曲线轮廓类零件　平面曲线轮廓类零件是指有内、外复杂曲线轮廓的零件，特别是由数学表达式等给出其轮廓为非圆曲线或列表曲线的零件。平面曲线轮廓类零件的加工面平行或垂直于水平面，或加工面与水平面的夹角为定角，各个加工面是平面，或可以展开成平面，如图 2-10 所示。

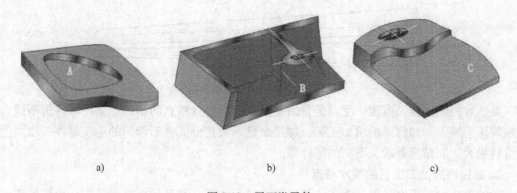

a)　　　　　　　　　　　　b)　　　　　　　　　　　　c)

图 2-10　平面类零件

a) 带平面曲线轮廓的平面零件　b) 带正圆台和斜筋的平面零件　c) 带倾斜平面的平面零件

目前在数控铣床上加工的大多数零件属于平面轮廓类零件。

平面类零件是数控铣削加工中最简单的一类零件，一般只需用三坐标数控铣床的两坐标联动（两轴半坐标联动）就可以把它们加工出来。

（2）曲面类（立体类）零件　曲面类零件一般指具有三维空间曲面的零件，曲面通常由数学模型设计出，因此往往要借助于计算机来编程。曲面的特点是加工面不能展开为平面，加工时，铣刀与加工面始终为点接触，一般采用三坐标数控铣床加工曲面类零件，如图 2-11 所示。

常用曲面加工方法主要有下列两种：

1）采用三坐标数控铣床进行两轴半坐标控制加工，加工时只有两个坐标联动，另一个坐标按一定行距周期性进给。这种方法常用于不太复杂的空间曲面的加工。

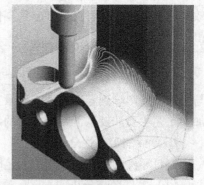

图 2-11　曲面类零件的加工

2）采用三坐标数控铣床三坐标联动加工空间曲面。所用铣床必须能进行 X、Y、Z 三坐标联动，进行空间直线插补。这种方法常用于发动机及模具等较复杂空间曲面的加工。

（3）其他在普通铣床难加工的零件

1）形状复杂，尺寸繁多，划线与检测均较困难，在普通铣床上加工又难以观察和控制的零件。

2）尺寸精度、几何精度和表面粗糙度等要求较高的零件。

3）一致性要求好的零件。在批量生产中，由于数控铣床本身的定位精度和重复定位精度都较高，能够避免在普通铣床加工中因人为因素而造成的多种误差，故数控铣床容易保证成批零件的一致性，使其加工精度得到提高，质量更加稳定。

4）变斜角类零件。加工面与水平面的夹角呈连续变化的零件称为变斜角类零件。这类零件特点是加工面不能展开为平面，但在加工中，铣刀圆周与加工面接触的瞬间为一条直线。图 2-12 所示是飞机上的一种变斜角梁椽条。变斜角类零件一般采用 4 轴或 5 轴联动的数控铣床加工，也可以在 3 轴数控铣床上通过两轴联动用鼓形铣刀分层近似加工，但精度稍差。

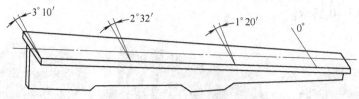

图 2-12　飞机上的变斜角梁椽条

虽然数控铣床加工范围广泛，但是因受数控铣床自身特点的制约，某些零件仍不适合在数控铣床上加工，如简单的粗加工面，加工余量不太充分或很不均匀的毛坯零件，以及生产批量特别大，而精度要求又不高的零件等。

2. 数控铣床加工工艺的基本特点

数控铣床加工程序与普通铣床工艺规程有较大差别，涉及的内容也较广。数控铣床加工的程序是数控铣床的指令性文件。数控铣床受控于程序指令，加工的全过程都是按程序指令自动进行的。数控铣床加工程序不仅要包括零件的工艺过程，而且还要包括切削用量、进给路线、刀具尺寸及铣床的运动过程。因此，要求编程人员对数控铣床的性能、特点、运动方式、刀具系统、切削规范及工件的装夹方法都要非常熟悉。工艺方案的好坏不仅会影响铣床效率的发挥，而且将直接影响到零件的加工质量。

2.2.2　数控铣削加工工艺

制订零件的数控铣削加工工艺是数控铣削加工的一项重要工作。数控铣削加工工艺合理与否，直接影响到零件的加工质量、生产率和加工成本。根据数控加工实践，制订数控铣削加工工艺主要涉及以下几个方面的内容：

1. 零件的工艺性分析

制订零件的数控铣削加工工艺时，首先要对零件图进行工艺性分析，其主要内容包括：

（1）零件图样分析

1）零件图样尺寸的正确标注。由于加工程序是以准确的坐标点来编制的，因此各图形几何要素间的相互关系（如相切、相交等）应明确，各种几何要素的形成条件要充分，且无引起矛盾的多余尺寸或影响工序安排的封闭尺寸等。如果条件不充分，手工编程时无法计算基点坐标，自动编程时则无法对构成零件的几何元素进行定义。

2）零件技术要求分析。零件技术要求主要指零件材料及热处理、尺寸精度、表面质量、加工表面之间的相对位置精度要求等。这些要求在保证零件使用性能的前提下，应尽可能地经济合理，避免造成加工困难或成本提高。

3）尺寸标注是否符合数控加工的特点。通常零件设计人员在尺寸标注中往往较多地考虑装配等使用特性方面的因素，因而采用局部分散的标注方法。这样，对工序安排和数控加工会带来不便。事实上，由于数控铣床的加工精度和重复定位精度较高，不会产生较大的累积误差，因此在数控加工的零件图中，常常采用同基准标注法，或更为适合数控编程所需要的坐标标注法。这样会方便编程，使设计基准、工艺基准、测量基准与编程零点的设置、计算相协调。

（2）零件结构工艺性分析　零件结构工艺性分析是指所设计的零件在满足使用要求的前提下，对制造的可靠性和经济性进行分析。良好的结构工艺性，可以使零件加工容易，节省工时和材料。而较差的零件结构工艺性，会使零件加工困难，浪费工时和材料，有时甚至无法加工。因此，零件加工部位的结构工艺性应符合数控加工的特点。

1）尽量统一零件外轮廓、内腔的几何类型和有关尺寸。零件外轮廓、内腔的类型和有关尺寸统一，可以减少刀具规格和换刀次数，使编程方便，提高生产率。

2）零件的内转接圆弧半径不宜过小。如图 2-13 所示，如工件的被加工轮廓高度低，转接圆弧半径大，可以采用较大直径的铣刀来加工，加工其腹板面时，进给次数也相应减少，表面加工质量也会好一些，因此工艺性较好。

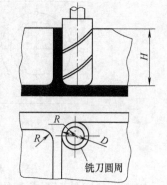

图 2-13　零件的内转接圆弧

3）零件底面圆角半径不宜过大。零件的槽底圆角半径或腹板与缘板相交处的圆角半径 r 对平面的铣削影响较大。r 越大，铣刀端刃铣削平面的能力越差，效率也越低，如图 2-14 所示。

4）保证基准统一。当零件需要多次装夹才能完成加工时，应保证多次装夹的定位基准尽量一致，以减少二次装夹产生的误差。

5）分析零件的变形情况。零件在数控铣削加工时的变形，不仅影响加工质量，而且当变形较大时，将使加工不能继续进行下去。这时就应当考虑采取一些必要的措施进行预防，如对钢件进行调质处理，对铸铝件进行退火处理，对不能用热处理方法解决的，也可考虑粗、精加工及对称去余量等常规方法。

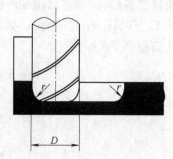

图 2-14　零件底面圆角半径

（3）零件毛坯的工艺性分析　对零件图进行了工艺分析后，还应结合数控铣削的特点，对所用毛坯进行工艺分析。

1）毛坯的加工余量是否充分，批量生产时的毛坯余量是否稳定。在数控铣削中，除板料外，不管是锻件、铸件还是型材，只要准备采用数控铣削加工，其加工面均应有较充分的余量。

2）分析毛坯在安装定位方面的适应性。分析毛坯在安装定位方面的适应性主要考虑毛坯在加工时安装定位方面的可靠性与方便性，以便充分发挥数控铣削在一次安装中加工出多个待加工面。考虑要不要另外增加装夹余量或工艺凸台来定位与夹紧，什么地方可以制出工艺孔或要不要另外准备工艺凸台来特制工艺孔。

3）分析毛坯的余量大小及均匀性。主要是考虑在加工时要不要分层切削，分几层切削，分析加工中与加工后的变形程度，考虑是否应采取预防性措施与补救措施。

2. 进给路线的确定

确定进给路线时，要在保证被加工零件获得良好的加工精度和表面质量的前提下，力求计算容易，进给路线短，空刀时间少。进给路线的确定与工件表面状况、要求的零件表面质量、机床进给机构的间隙、刀具寿命以及零件轮廓形状等有关。

（1）定位控制数控机床的进给路线　定位控制数控机床的进给路线包括在 XY 平面上的进给路线和 Z 向的进给路线。欲使刀具在 XY 平面上的进给路线最短，必须保证各定位点间的路线的总长最短。图2-15a 所示点群零件的加工，经计算发现图2-15c 所示的进给路线总长比图2-15b 所示的短。

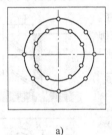 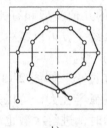 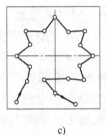

a)　　　　　　　　　　b)　　　　　　　　　　c)

图2-15　最短进给路线设计

a）点群零件　b）较短进给路线　c）最短进给路线

对于孔位置精度要求高的零件，在精镗孔系时，镗孔路线一定要注意各孔的定位方向要一致，即采用单向趋近定位点的方法，以避免传动系统反向间隙误差或测量系统的误差对定位精度的影响。如图2-16a 所示的孔系加工路线，在加工孔 D 时，X 方向的反向间隙将会影响 C、D 两孔的孔距精度。如果改为图2-16b 所示的加工路线，可使各孔的定位方向一致，从而提高了孔距精度。

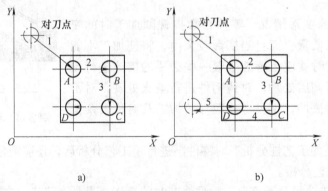

a)　　　　　　　　　　　　b)

图2-16　孔系加工路线方案比较

（2）轮廓控制数控机床进给路线　对于轮廓控制数控机床，最短进给路线是以保证零件加工精度和表面粗糙度要求为前提的。因此，在选择进给路线时，一般应保证零件的最终轮廓是连续加工获得的。

图 2-17 所示是一个铣凹槽的实例。图 2-17a 所示的进给路线最短，加工表面粗糙度最差；图 2-17b 所示的进给路线最长；图 2-17c 所示的进给路线方案最佳。

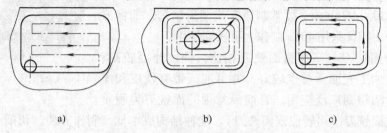

　　　　　　a)　　　　　　　　　　　　b)　　　　　　　　　　　c)

图 2-17　铣凹槽的三种进给路线

a）最短进给路线　b）最长进给路线　c）最佳进给路线

（3）确定进给路线注意事项　在数控铣床上加工零件，为获得较低的表面粗糙度和较高的加工精度，还应注意以下几点：

1）合理设计切入、切出程序段。对于平面轮廓，一般是利用立铣刀周刃进行切削的，为了避免在轮廓的切入和切出处留下刃痕，刀具应沿零件轮廓的延长线切向切入和切出（见图 2-18）。若受结构、尺寸等限制，平面轮廓内形不允许沿其切向切入、切出时，则应沿零件轮廓的法向切入和切出，而切入、切出点要尽可能选用零件轮廓相邻两个几何元素的交点。

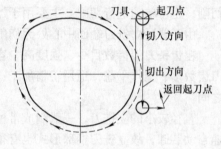

图 2-18　切入、切出方式

2）避免在切削过程中进给停顿，否则会在轮廓表面留下刀痕。若在被加工表面范围内垂直进刀和退刀，也会划伤表面。例如用立铣刀周刃铣削平面轮廓，就应避免在铣削表面范围内沿刀具轴线进刀和退刀。

3）采用多次进给和顺铣加工。因为在相同切削条件下，顺铣能获得较小的表面粗糙度值。

4）选择工件在加工后变形小的进给路线。对横截面积小的细长零件或薄板零件，应采用多次进给加工达到最后尺寸，或采用对称去余量法安排进给路线。

铣削曲面时，常用球头刀采用"行切法"进行加工。所谓行切法是指刀具与零件轮廓的切点轨迹是一行一行的，而行间的距离是按零件加工精度的要求确定的。

总之，确定进给路线的原则是在保证零件加工精度和表面粗糙度的条件下，尽量缩短加工路线，以提高生产率。

3. 铣削刀具的选择

（1）铣削刀具的基本要求

1）铣刀刚性要好。一是满足提高生产率而采用大切削用量的需要，二是要适应数控铣床加工过程中难以调整切削用量的特点。

2）铣刀的寿命要长。尤其是当一把铣刀加工的内容很多时，如刀具寿命短而磨损很快，就会影响工件的表面质量与加工精度，而且会增加换刀引起的调刀与对刀次数，也会使工件表面留下因对刀误差而形成的接刀台阶，降低了工件的表面质量。

（2）常用铣刀的种类　铣刀的种类有很多，这里仅介绍几种在数控机床上常用的铣刀。

1）面铣刀。面铣刀的圆周表面和端面上都有切削刃，端部切削刃为副切削刃，如图 2-19 所示。由于面铣刀的直径一般较大，为 $\phi50 \sim \phi500mm$，故常制成套式镶齿结构，即将刀齿和刀体分开，刀体采用 40Cr 制作，可长期使用。

图 2-19　面铣刀

硬质合金面铣刀与高速钢面铣刀相比，铣削速度较高、加工效率高、加工表面质量也较好，并可加工带有硬皮和淬硬层的工件，故得到广泛应用。目前最常用的面铣刀为硬质合金可转位式面铣刀（可转位式面铣刀）。这种结构成本低，制作方便，切削刃用钝后，可直接在机床上转换切削刃和更换刀片。

2）立铣刀。

① 立铣刀的一般结构。立铣刀是数控机床上用得最多的一种铣刀，如图 2-20 所示。立铣刀的圆柱表面和端面上都有切削刃，它们可同时进行切削，也可单独进行切削。主要用于加工凸轮、台阶面、凹槽和箱口面。

由于普通立铣刀端面中心处无切削刃，所以立铣刀不能作轴向进给。

粗齿铣刀刀齿数目少、强度高、容屑空间大，适用于粗加工；细齿铣刀齿数多、工作平稳，适用于精加工；中齿铣刀介于粗齿铣刀和细齿铣刀之间。

直径较小的立铣刀，一般制成带柄形式。由于数控机床要求铣刀能快速自动装卸，故立铣刀柄部形式也有很大不同，一般是由专业厂家按照一定的规范设计制造成统一形式和尺寸的刀柄。直径大于 $\phi40 \sim \phi60mm$ 的立铣刀可做成套式结构。

图 2-20　立铣刀

② 特种立铣刀。为提高生产效率，除采用普通高速钢立铣刀外，数控铣床或加工中心普遍采用硬质合金螺旋齿立铣刀与波形刃立铣刀；为加工成形表面，还经常要用球头铣刀。

硬质合金螺旋齿立铣刀如图 2-21a 所示，通常这种刀具的硬质合金切削刃可做成焊接、机夹及可转位三种形式，它具有良好的刚性及排屑性能，可对工件的平面、阶梯面、内侧面及沟槽进行粗、精铣削加工，生产效率可比同类型高速钢铣刀提高 2~5 倍。

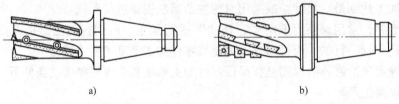

a)　　　　　　　　　　　　b)

图 2-21　硬质合金螺旋齿立铣刀
a）每齿单条刀片　b）每齿多个刀片

当铣刀的长度足够时，可以在一个刀槽中焊上两个或更多的硬质合金刀片，并使相邻刀齿间的接缝相互错开，利用同一刀槽中刀片之间的接缝作为分屑槽，如图 2-21b 所示。这种铣刀俗称"玉米铣刀"，通常在粗加工时选用。

③ 波形刃立铣刀。波形刃立铣刀与普通立铣刀的最大区别是其切削刃为波形，如图

2-22所示。采用这种立铣刀能有效降低铣削力，防止铣削时产生振动，并显著地提高铣削效率。它能将狭长的薄切屑变为厚而短的碎块切屑，使排屑顺畅。由于切削刃为波形，使它与被加工工件接触的切削刃长度较短，刀具不易产生振动；波形切削刃还能使切削刃的长度增大，有利于散热。它还可以使切削液较易渗入切削区，能充分发挥切削液的效果。波形刃立铣刀特别适合切削余量大的粗加工，效率很高。

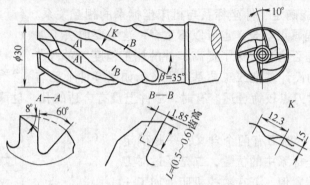

图 2-22　波形刃立铣刀

　　3）模具铣刀。铣削加工中还常用到一种由立铣刀变化发展而来的模具铣刀，主要用于加工模具型腔或凸凹模成形表面。模具铣刀可分为圆锥形立铣刀、圆柱形球头立铣刀和圆锥形球头立铣刀三种，其柄部有直柄、削平型直柄和莫氏锥柄。它的结构特点是球头或端面上布满了切削刃，圆周刃与球头刃圆弧连接，可以作径向和轴向进给。图 2-23 所示为高速钢制造的模具铣刀。

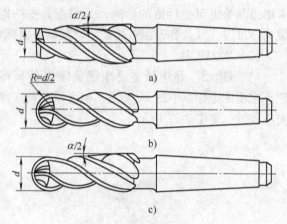

图 2-23　高速钢模具铣刀
a）圆锥形立铣刀　b）圆柱形球头立铣刀
c）圆锥形球头立铣刀

　　4）键槽铣刀。键槽铣刀如图 2-24 所示，它有两个刀齿，圆柱面和端面都有切削刃，端面刃延至中心，既像立铣刀，又像钻头。加工时先轴向进给达到槽深，然后沿键槽方向铣出键槽全长。

图 2-24　高速钢键槽铣刀

　　5）鼓形铣刀。图 2-25 所示是一种典型的鼓形铣刀，它的切削刃分布在半径为 R 的圆弧面上，端面无切削刃。加工时控制刀具的上、下位置，相应改变切削刃的切削部位，可以在工件上切出从负到正的不同斜角。R 越小，鼓形铣刀所能加工的斜角范围越广，但所获得的表面质量越差。这种刀具的缺点是刃磨困难，切削条件差，而且不适于加工有底的轮廓。

4. 数控铣削加工的对刀与换刀

（1）数控铣削对刀点的确定　对刀点是工件在机床上找正、装夹后，用于确定工件坐标系在机床坐标系中位置的基准点。

1）对刀点的选择原则。在机床显著位置上，对刀误差小，使程序编制方便、简单，加工过程中检查方便、可靠。

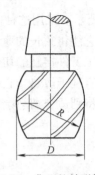

图 2-25　典型的鼓形铣刀

对刀点可以设在被加工的零件上，也可以设在夹具上，但都必须与零件的编程原点有一定的坐标尺寸联系，如图 2-26 所示中的 x_0 和 y_0，这样才能确定工件坐标系与机床坐标系的相互关系。对刀点既可以与编程原点重合，也可以不重合，这主要取决于加工精度要求和对刀是否方便。为了提高零件的加工精度，对刀点应尽可能选在零件的设计基准或工艺基准上。例如以零件上已加工孔的中心作为对刀点较为合适。有时，零件上没有合适的孔，也可以加工工艺孔来对刀。

2）对刀的概念。对刀有两个含义：一是确定工件坐标系在机床坐标系中的位置，二是通过对刀来计算刀具偏置的偏置值。若在数控机床上加工一个零件需用几把刀，各刀的长短不一，编程时不必考虑刀具长短对坐标值的影响，只要把其中一把刀设为标准刀，其余各刀相对标准刀设置偏置值即可。

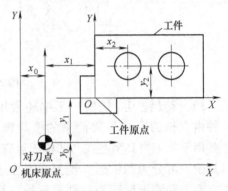

图 2-26　对刀点的设定

（2）对刀工具

1）寻边器。寻边器主要用于确定工件坐标系原点在机床坐标系中的 x、y 值，也可以测量工件的简单尺寸，如图 2-27 所示。

a)

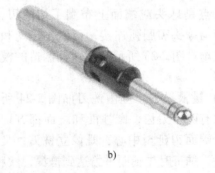

b)

图 2-27　寻边器

a）偏心式寻边器　b）光电式寻边器

寻边器有偏心式和光电式等类型，其中以光电式较为常用。光电式寻边器的测头一般为 10mm 的钢球，用弹簧拉紧在光电式寻边器的测杆上，碰到工件时可以退让，并将电路导通，发出光信号，通过光电式寻边器的指示和机床坐标位置即可得到被测表面的坐标位置。

2）Z 轴设定器。Z 轴设定器主要用于确定工件坐标系原点在机床坐标系的 Z 轴坐标，即确定刀具在机床坐标系中的高度。

Z 轴设定器有光电式和量表式等类型，通过光电指示或指针判断刀具与对刀器是否接触，对刀精度一般可达 0.005mm。Z 轴设定器带有磁性表座，可以牢固地附着在工件或夹具上，其高度一般为 50mm 或 100mm，如图 2-28 所示。

（3）对刀实例 如图 2-29 所示的零件，采用寻边器和 Z 轴设定器对刀，其详细步骤如下：

1）X、Y 向对刀。

① 将工件通过夹具装在机床工作台上，装夹时，工件的四个侧面都应留出寻边器的测量位置。

图 2-28 Z 轴设定器
a）量表式 b）光电式

② 快速移动工作台和主轴，让寻边器测头靠近工件的左侧。

③ 改用微调操作，让测头慢慢接触到工件左侧，直到寻边器发光，记下此时机床坐标系中的 X 坐标值，如 −310.300。

④ 抬起寻边器至工件上表面之上，快速移动工作台和主轴，让测头靠近工件右侧。

⑤ 改用微调操作，让测头慢慢接触到工件右侧，直到寻边器发光，记下此时机械坐标系中的 X 坐标值，如 −200.300。

⑥ 若测头直径为 10mm，则工件长度为 $[-200.300 - (-310.300) - 10]$ mm = 100mm，据此可得工件坐标系原点 W 在机床坐标系中的 X 坐标值为 $(-310.300 + 100/2 + 5) = -255.300$。

⑦ 同理可测得工件坐标系原点在机床坐标系中的 Y 坐标值。

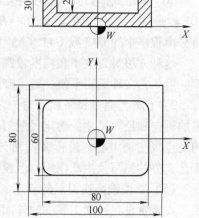

图 2-29 内轮廓型腔零件图

2）Z 向对刀。

① 卸下寻边器，将加工所用刀具装上主轴。

② 将 Z 轴设定器（或固定高度的对刀块，以下同）放置在工件上平面上。

③ 快速移动主轴，让刀具端面靠近 Z 轴设定器上表面。

④ 改用微调操作，让刀具端面慢慢接触到 Z 轴设定器上表面，直到其指针指示到零位。

⑤ 记下此时机床坐标系中的值，如 −250.800。

⑥ 若 Z 轴设定器的高度为 50mm，则工件坐标系原点 W 在机械坐标系中的 Z 坐标值为 $-250.800 - 50 - (30 - 20) = -310.800$。

3）将测得的 X、Y、Z 值输入到机床工件坐标系存储地址中（一般使用 G54 ~ G59 代码存储对刀参数）。

（4）加工中心的对刀 由于加工中心刀具较多，每把刀具到 Z 坐标零点的距离都不相同，这些距离的差值就是刀具的长度补偿值，因此需要在机床上或专用对刀仪上测量每把刀具的长度（即刀具预调），并记录在刀具明细表中，供机床操作人员使用。

加工中心的 Z 向对刀一般有两种方法：

1）机上对刀。这种方法是采用 Z 向设定器依次确定每把刀具与工件在机床坐标系中的相互位置关系，其操作步骤如下：

① 依次将刀具装在主轴上，利用 Z 向设定器确定每把刀具到工件坐标系 Z 向零点的距离，如图 2-30 所示的 A、B、C，并记录下来。

② 找出其中最长（或最短）、到工件距离最小（或最大）的刀具，如图中的 T03（或 T01），将其对刀值 C（或 A）作为工件坐标系的 Z 值，此时 T03 = 0。

③ 确定其他刀具的长度补偿值，即 $T01 = \pm |C - A|$，$T02 = \pm |C - B|$，正负号由程序中的 G43 或 G44 来确定。

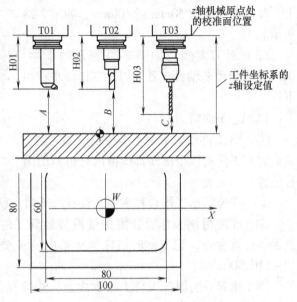

图 2-30　加工中心对刀中刀具长度补偿的设定

这种方法对刀效率和精度较高，投资少，但工艺文件编写不便，对生产组织有一定影响。

2）机外刀具预调 + 机上对刀。这种方法是先在机床外利用刀具预调仪精确测量每把刀具的轴向和径向尺寸，确定每把刀具的长度补偿值，然后在机床上以主轴轴线与主轴前端面的交点（主轴中心）进行 Z 向对刀，确定工件坐标系。这种方法对刀精度和效率高，便于工艺文件的编写及生产组织，但投资较大。

（5）数控铣削换刀点的确定　在加工过程中进行手动或自动换刀时，就要设置换刀点。换刀点常常设在被加工零件的外面，换刀点位置应以换刀时不发生相关动作部件的干涉为原则。加工中心的换刀点一般是固定的。

5. 切削用量的选择

切削用量包括切削速度、进给速度、背吃刀量和侧吃刀量，如图 2-31 所示。从刀具寿命出发，切削用量的选择方法是：先选取背吃刀量或侧吃刀量，其次确定进给速度，最后确定切削速度。

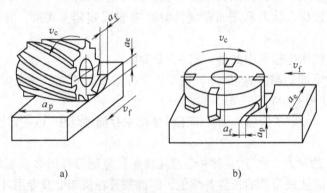

a)　　　　　　　　　　　　b)

图 2-31　数控铣削切削用量

a）圆周铣　b）端铣

　　数控加工的多样性、复杂性以及日益丰富的数控刀具，决定了选择刀具时不能再主要依靠经验。刀具制造厂在开发每一种刀具时，已经做了大量的试验，在向用户提供刀具的同时，提供了详细的使用说明。操作者对自己常用牌号的刀具，应该能够熟练地使用该产品的厂商提供的技术手册，通过手册选择合适的刀具，并根据手册提供的参数合理使用数控刀具。

复　习　题

2.1　数控车削加工工序是如何划分的？

2.2　安排数控车削进给路线时要考虑哪些方面的问题？

2.3　数控铣削加工工艺分析包括哪些内容？

2.4　数控铣削进给路线选择的特点和注意事项有哪些？

第3章 数控加工程序编制

3.1 数控编程基础

3.1.1 数控编程的基本概念

1. 数控编程

所谓数控编程，就是把零件的加工工艺路线、工艺参数、刀具的运动轨迹、位移量、切削参数（主轴转速、进给量、背吃刀量等）以及辅助功能（换刀，主轴正、反转，切削液开、关等），按照数控系统规定的指令代码及程序格式编写成加工程序，再把这一程序中的内容输入到数控机床的数控系统中，从而指挥机床加工零件。

数控机床要按照程序来加工零件。编程人员编制好程序以后，要输入到数控系统中来指挥机床工作。程序的输入一般是通过 EDIT 或通信方式实现的。

2. 数控编程的内容与步骤

（1）数控编程的内容　数控编程的主要内容有：分析零件图样，进行工艺处理和数值计算，编写零件加工程序，校对程序及首件试切。

（2）数控编程的步骤

1）分析图样。零件程序编制一般从分析零件图样入手，对被加工零件的图样进行细致的分析，包括几何形状和尺寸、加工精度、表面质量、使用材料和热处理等内容，以便正确地对零件进行工艺处理。

2）工艺处理。工艺处理除了确定加工方案等一般工艺规程设计内容外，还要正确选择工件坐标原点，确定机床对刀点或换刀点，选择合理的进给路线等。具体工作内容如下：

① 确定加工方案。编程人员根据图样的技术要求，选择适合的数控机床，选择或设计夹具及工件装卡方法，合理选择刀具及切削用量，这些内容与普通机床的零件加工工艺设计的内容基本相似。

② 正确选择工件坐标原点。也就是建立工件坐标系，确定工件坐标系与机床坐标系的相对尺寸，便于刀具轨迹和有关几何尺寸的计算，并且要考虑零件几何公差的要求，避免产生累积误差等。

③ 确定机床的对刀点和换刀点。对刀点是在数控机床上加工零件时，刀具相对于工件运动的起点。

对刀点的选择原则是：便于用数字处理和简化程序编制；在机床上找正容易，加工中便于检查；引起的加工误差小。

对刀点可选在工件上，也可选在工件外面（如选在夹具或机床上），但必须与零件的定位基准有一定的尺寸关系。

换刀点是指刀架转位换刀时的位置。该点可以是某一固定点（如加工中心机床，其换刀机械手的位置是固定的），也可以是任意的一点（如车床）。换刀点应设在工件或夹具的外部，以刀架转位时不碰工件及其他部件为准。其设定值可用实际测量方法或计算确定。

④ 选择合理的进给路线。所谓进给路线就是整个加工过程中刀具相对工件的运动路径，包括切削加工路径和刀具切入切出时的空行程路径。选择进给路线时应尽量缩短进给路线，减少空行程，提高生产率；保证加工零件的精度和表面粗糙度要求；有利于简化数值计算、减少程序段数目和编程工作量。

⑤ 确定有关辅助装置。如切削液的先后起动要求，确定加工中对重要尺寸的自动或停机检测等。

3）数值计算。根据零件图的几何尺寸，按已确定的坐标系和进给路线，计算零件粗、精加工各运动轨迹，得到刀位数据。对于点定位控制的数控机床（如数控压力机），一般不需要计算；对于形状比较简单的零件（如直线和圆弧组成的零件）的轮廓加工，需要计算出几何元素的起点、终点、圆弧的圆心、两几何元素的交点或切点的坐标值，有的还计算刀具中心的运动轨迹坐标值；对于形状比较复杂的零件（如非圆曲线、曲面组成的零件），需要用直线段或圆弧段逼近，根据要求的精度计算出其节点坐标值。这种情况一般要用计算机来完成数值计算的工作。

4）编制加工程序清单。利用进给路线的计算数据和已确定的切削用量，便可根据 CNC 系统的加工指令代码和程序段格式，逐段编写出零件加工程序清单。多数 CNC 系统的基本数控加工指令和程序段格式尚未做到完全标准化，因此编写具体 CNC 系统的加工程序时，还必须严格参照有关编程说明书进行，不允许有丝毫的差错。

5）程序的输入、校验与首件试切。目前的数控加工程序大多在 EDIT 的方式下利用数控面板的键盘输入到 CNC 系统的存储器中。在输入过程中，系统要进行一般的语法检验。程序应进行空运行检验或图形仿真检验，发现错误要进行修改，最后进行首件试切。在已加工零件被检测无误后，数控编程工作才算正式结束。数控程序也可在其他编程计算机上完成，通过串行接口由编程计算机输入到 CNC 系统，或通过软盘输入。

从以上内容来看，作为一名编程人员，不但要熟悉数控机床的结构、数控系统的功能及标准，而且还必须是一名好的工艺人员，要熟悉零件的加工工艺、装卡方法、刀具、切削用量的选择等方面的知识。

3. 数控编程的方法

数控编程的方法目前有两种，即手工编程与计算机辅助编程。

(1) 手工编程 手工编程是指编程人员根据加工图样和工艺，采用数控程序指令和指定格式进行程序编写，然后输入数控系统内，再进行调试、修改等。

对于加工形状简单的零件，计算比较简单，程序不多，采用手工编程较容易完成，而且经济、及时。因此在点定位加工及由直线与圆弧组成的轮廓加工中，手工编程仍广泛应用。对于形状复杂的零件，特别是具有非圆曲线、列表曲线及曲面的零件，用手工编程就有一定的困难，有的甚至无法编出程序，因此必须用自动编程的方法编制程序。

(2) 计算机辅助编程 又称自动编程，是利用计算机进行辅助编制数控加工程序的过程。采用计算机辅助编程，由计算机系统完成大量的数字处理运算、逻辑判断与检测仿真，可以大大提高编程效率和质量。对于复杂型面的加工，若需要 3~5 个坐标轴联动加工，其坐标运动计算十分复杂，很难用手工编程，一般必须采用计算机辅助编程方法。

目前使用最多的计算机辅助编程方法是人机交互图形编程。所谓人机交互图形编程就是直接利用计算机辅助设计系统所生成的零件图形，利用图形显示器的光标在零件图形上选择加工部位，定义进给路线，输入有关工艺参数后，便自动生成数控加工程序，而且还可方便地进行图形仿真检验，具有直观、高效，能实现信息集成等优点。许多商业化的 CAD/CAM 软件都具有这种功能，如 UG、PRO/E、Master CAM、CAXA/制造工程师（数控铣床和加工中心）、数控车和线切割等。

3.1.2 数控机床的坐标系统

1. 机床坐标系

为了便于编程时描述机床的运动和说明空间位置，要明确数控机床的坐标轴和运动方向的问题。关于数控机床的坐标轴与运动方向在 GB/T 19660—2005《工业自动化系统与集成 机床数值控制 坐标系和运动命名》标准中已有明确规定，该标准中采取的坐标轴和运动方向命名的规则如下所述：

（1）刀具运动而工件静止的原则 在机床上，始终认为工件静止，而刀具是运动的。这样编程人员在不考虑机床上工件与刀具具体运动的情况下，就可以依据零件图样，确定机床的加工过程。

（2）机床坐标系的规定 为了确定机床上的成形运动和辅助运动，必须先确定机床上运动的方向和运动的距离，这就需要一个坐标系才能实现，这个坐标系就称为机床坐标系。

1）机床坐标系的规定。标准机床坐标系中 X、Y、Z 坐标轴的相互关系用右手笛卡儿直角坐标系确定，如图 3-1 所示。

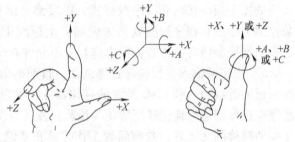

图 3-1 右手直角笛卡儿坐标系

① 伸出右手的大拇指、食指和中指，并互为 90°，则大拇指代表 X 坐标，食指代表 Y 坐标，中指代表 Z 坐标。

② 大拇指的指向为 X 坐标的正方向，食指的指向为 Y 坐标的正方向，中指的指向为 Z 坐标的正方向。

③ 围绕 X、Y、Z 坐标旋转的旋转坐标分别用 A、B、C 表示，根据右手螺旋定则，大拇指分别指向 X、Y、Z 坐标轴的正向，则其余四指的旋转方向即为旋转坐标 A、B、C 的正向。

2）运动方向的确定。数控机床的某一部件运动的正方向规定为增大刀具与工件之间距离的方向。即刀具离开工件的方向便是机床某一运动的正方向。

① Z 坐标的确定。与主轴轴线平行的坐标轴即为 Z 坐标。如机床无主轴（如数控龙门刨床），则 Z 坐标垂直于工件装夹平面。

② X 坐标的确定。X 坐标一般是水平的。在工件旋转的机床（如车床、磨床）上，X 轴的方向是在工件的径向上，且平行于横滑座，刀具离开工件旋转中心的方向为 X 轴正向，如图 3-2 所示。在刀具旋转的机床（如铣床、镗床、钻床）上，若 Z 轴是水平方向，从主轴后向前看，X 轴正向指向右边；若 Z 轴是垂直的，从前向立柱看，X 轴正向指向右边（见

图 3-3）。

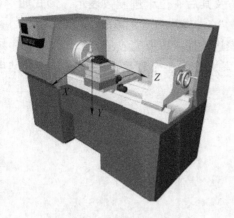

图 3-2 卧式车床坐标系

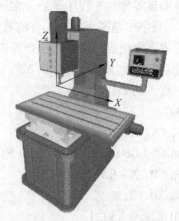

图 3-3 立式铣床坐标系

③ Y 坐标的确定。根据 X 和 Z 坐标，按照右手笛卡儿坐标即可确定 Y 坐标的正向。

④ 旋转运动坐标。A、B、C 的正向为在相应 X、Y、Z 坐标正向上，按照右手螺旋法则取右旋螺旋前进的方向。

3）机床坐标系的原点。也称为机床零点，通过机床参考点间接确定，机床制造厂在机床装配时要使用行程开关和位置检测装置等精确地确定机床参考点的坐标尺寸。

对于多数采用增量式位置检测装置的数控机床，每次机床上电后，必须进行回参考点（也称回零）的运行操作，以建立机床坐标系；对于少数采用绝对式位置检测装置的，可省去这个操作。

2. 工件坐标系

如果直接使用机床坐标系计算被加工工件的坐标点会感到很麻烦。因为零件的形状和尺寸均以有关基准来标注，并未在零件图样上反映出它在数控机床加工空间中的位置，所以需要在与工件有确切位置关系且易于编程的空间点处建立工件坐标系。

工件坐标系是人为设定的，用于确定工件几何图形上各几何要素的位置，为编程提供数据基础，所以又称为编程坐标系。该坐标系的原点称为编程原点，可以设定在工件（或夹具）的适当位置上。当工件安装在机床上之后要使工件坐标系原点与机床坐标系原点建立起尺寸联系，工件坐标系的坐标轴及运动方向与机床坐标系保持一致。

工件坐标系的原点由编程人员在工件图样上确定。数控车床上加工工件时，工件原点一般设在主轴中心线与工件右端面（或左端面）的交点处。数控铣床或加工中心加工工件时，工件原点一般设在进刀方向一侧工件外轮廓表面的某个角或对称中心上。

3.2 数控加工程序与指令代码

3.2.1 程序结构与程序段格式

1. 程序的结构

一个完整的数控加工程序由程序号、程序段和程序结束三部分组成。

在加工程序的开头要有程序号，以便进行程序检索。程序号就是给零件加工程序一个编号，并说明该零件加工程序开始，常用字符"O"及其后4位十进制数表示，形式如"O×××"，数字中前零可省略，有的系统也用字符"%"或"P"打头编号。

多个程序段组成加工程序的全部内容，用以表达数控机床要完成的全部动作。程序结束是以辅助功能指令 M02、M30 或 M99（子程序结束）作为整个程序的结束符号，来结束零件加工过程。例如：

O0001；

N002 G92 X40.0 Y30.0；

N004 G90 G00 X28.0 T01 S800 M03；

N006 G01 X − 8.0 Y8.0 F200；

N008 X0 Y0；

N010 X28.0 Y30.0；

N012 G00 X40.0；

N014 M02；

2. 程序段格式

零件加工程序是由程序段组成的，每个程序段又由若干个数据字组成，每个字是控制系统的具体指令，它是由表示地址的英文字母、特殊文字和数字集合而成。

程序段格式是指一个程序段中字、字符、数据的安排形式，下面以常用的字-地址程序段格式说明。

字-地址程序段格式是由语句字、数据字和程序段结束符组成。各字前有地址，各字的排列顺序要求不严格，数据的位数可多可少，不需要的字以及与上一程序段相同的续效字可以不写。其形式如下：

N__ G__ X__ Y__ Z__ F__ S__ T__ M__；

其中，N__为语句号字；G__为准备功能字；X__ Y__ Z__及U__ V__ W__ I__ J__ K__等为坐标字；F__为进给功能字；S__为主轴转速功能字；T__为刀具功能字；M__为辅助功能字；";"为程序段结束符。

这种格式的优点是程序段中所包含的信息可读性高，便于人工修改，为数控系统解释执行数控加工程序提供了一种便捷的方式。

地址符定义见表3-1。

表 3-1　地址符定义表

功能	地址	取值范围	含义
程序号	O	1 ~ 9999	程序号
程序段号	N	1 ~ 9999	程序段号
准备功能	G	00 ~ 99	指定数控功能
坐标字	X，Y，Z	±99999.999mm	坐标位置值
	R		圆弧半径、圆角半径
	I，J，K	±9999.9999mm	圆心坐标
进给速率	F	1 ~ 100000mm/min	进给速率

（续）

功能	地址	取值范围	含义
主轴转速	S	1～4000r/min	主轴转速
选刀	T	0～99	指定刀具号
辅助功能	M	0～99	辅助性动作控制
刀具偏置号	H，D	1～200	指定刀具偏置号
暂停时间	P，X	0～99999.999s	暂停时间（ms）
指定子程序号	P	1～9999	调用子程序用
重复次数	P，L	1～999	调用子程序用
参数	P，Q	P 为 0～99999.999 Q 为 ±99999.999mm	固定循环参数

3. 程序段中的"功能字"的意义

（1）程序段序号　由字母 N 和其后三位或四位数字组成，用来表示程序执行的顺序，用作程序段的显示和检索。有的数控系统也可没有程序段序号。

（2）准备功能字　准备功能也称为 G 功能（或机能、代码、指令），由字母 G 和其后两位或三位数字组成。G 功能是基本的数控指令代码，用于指定数控装置在程序段内准备某种功能。

（3）坐标字　也称为尺寸字，用来给定机床各坐标轴的位移量和方向。

注意：数值带小数点时，小数点前一位的单位为 mm，不使用小数点时，以系统分辨率（或脉冲当量）为单位。

（4）进给功能字　F 功能，表示刀具相对于工件的运动速度，单位为 mm/min 或 mm/r。

（5）主轴转速功能字　S 功能，用以设定主轴速度。一般采用直接指定法，单位为 r/min；当在恒线速度指定时，单位为 m/min。

（6）刀具功能字　T 功能，在更换刀具时用来指定刀具号和刀具长度补偿。

（7）辅助功能字　也称为 M 功能，指定主轴的起停、冷却液通断等规定的辅助功能（开关量功能）。

（8）程序段结束符　程序段的末尾必须有一个程序段结束符号，不同的系统使用的符号不同，有的用"*"表示，有的用"；"或其他符号表示。

根据需要，程序段还会有插补参数 I、J、K，补偿参数 D、H 代码等。

为了指明不同的程序，在程序的开头加上程序号。如 O1235、%1235 等。

3.2.2　G 功能代码介绍

准备功能指令，也称为"G 功能指令"，简称 G 功能、G 指令或 G 代码。该指令的作用主要是指定数控机床的加工方式，为数控装置的插补运算、刀补运算、固定循环等做好准备。

为了更好地设计、制造、维修和使用数控机床，我国根据实际情况在 ISO 及 EIA 有关标准的基础上制定了相应的数控标准。

标准中虽已规定了准备功能指令 G 的功能，但在编制加工程序时，由于有些国家或集团所制定的 G、M 代码的功能含义不完全相同，所以必须按照用户使用说明书中的规定进行编程。根据 JB/T 3208—1999 标准，G 指令由字母 G 和后续的 2 位数字组成，从 G00 到 G99 共有 100 种，见表 3-2。

表 3-2　准备功能 G 代码及功能

代码	组别	功能仅在出现段内有效	功　能	代码	组别	功能仅在出现段内有效	功　能
G00	a		点定位	G50	#（d）	#	刀具偏置 0/ −
G01	a		直线插补	G51	#（d）	#	刀具偏置 +/0
G02	a		顺时针圆弧插补	G52	#（d）	#	刀具偏置 −/0
G03	a		逆时针圆弧插补	G53	f		直线偏移，注销
G04		*	暂停	G54	f		直线偏移 X
G05	#	#	不指定	G55	f		直线偏移 Y
G06	a		抛物线插补	G56	f		直线偏移 Z
G07	#	#	不指定	G57	f		直线偏移 XY
G08		*	加速	G58	f		直线偏移 XZ
G09		*	减速	G59	f		直线偏移 YZ
G10 ~ G16	#	#	不指定	G60	h		准确定位 1（精）
G17	c		XY 平面选择	G61	h		准确定位 2（中）
G18	c		XZ 平面选择	G62	h		快速定位（粗）
G19	c		YZ 平面选择	G63		*	攻螺纹
G20 ~ G32	#	#	不指定	G64 ~ G67	#	#	不指定
G33	a		螺纹切削，等螺距	G68	#（d）	#	刀具偏置，内角
G34	a		螺纹切削，增螺距	G69	#（d）	#	刀具偏置，外角
G35	a		螺纹切削，减螺距	G70 ~ G79	#	#	不指定
G36 ~ G39	#	#	永不指定	G80	e		固定循环注销
G40	d		刀具补偿、偏置注销	G81 ~ G89	e		固定循环
G41	d		刀具补偿 − 左	G90	j		绝对尺寸
G42	d		刀具补偿 − 右	G91	j		增量尺寸
G43	#（d）	#	刀具补偿 − 正	G92		*	预置寄存
G44	#（d）	#	刀具偏置 − 负	G93	k		时间倒数，进给率
G45	#（d）	#	刀具偏置 +/ +	G94	k		每分钟进给
G46	#（d）	#	刀具偏置 +/ −	G95	k		主轴每转进给
G47	#（d）	#	刀具偏置 −/ −	G96	i		恒线速度
G48	#（d）	#	刀具偏置 −/ +	G97	i		每分钟转数（主轴）
G49	#（d）	#	刀具偏置 0/ +	G98 ~ G99	#	#	不指定

注：1. #号表示：如选作特殊用途，必须在程序格式解释中说明。

2. 指定功能代码中，程序指令类型标有 a、b、c 等的，为同一类型。程序中，这种指令为模态指令，可以被同类型的指令所注销或代替。

3. 在表中第二栏括号中的字母（d）表示：可以被同栏中没有括号的字母 d 的类型指令所注销或代替，也可被有括号的字母（d）的类型指令所注销或代替。

4. *号表示功能仅在所出现的程序段内有效。

G 指令有两种，即非模态指令和模态指令。

（1）非模态指令　这种指令只在被指定的程序段执行中才起作用，如 G04 指令。

（2）模态指令　这种指令在同组其他的 G 指令出现并被执行以前一直有效。不同组的 G 指令，在同一程序段中可以指定多个。如果在同一程序段中指定了两个或两个以上的同一组 G 指令，则最后指定的有效。G 指令通常位于程序段中坐标字之前。

准备功能 G 代码指令非常丰富，下面以 FANUC 系统指令为例，说明 G 代码的功能、格式和应用。

1. 与坐标系有关的 G 代码

在增量测量系统中，机床坐标系用开机后手动返回参考点来设定，参考点的坐标值预先由参数设置。机床坐标系一经设定就保持不变，直到关机。

（1）选择机床坐标系指令（G53）

功能：刀具以快速进给速度运动到机床坐标系中 IP 指定的坐标值位置。

指令格式：

$$（G90）\ G53\ X\ \alpha\ Y\ \beta;$$

其中，α、β 数值为绝对坐标值，增量值无效，且其尺寸均为负值。在绝对测量系统中不需要该指令，该指令为非模态指令。执行时，应取消刀具半径补偿、刀具长度补偿和刀具位置偏置，而且必须在返回参考点之后才能使用。

例如：　　　　　　　　 G53 G90 X − 100.0 Y − 100.0 Z − 20.0；

则执行后刀具在机床坐标系中的位置如图 3-4 所示。

（2）使用预置的工件坐标系（G54 ~ G59）　在机床中，可以预置六个工件坐标系，通过在 CRT – MDI 面板上的操作，设置每一个工件坐标系原点相对于机床坐标系原点的偏移量，然后使用 G54 ~ G59 指令来选用它们，G54 ~ G59 都是模态指令，分别对应 1# ~ 6#预置工件坐标系，如图 3-5 所示。

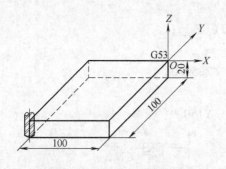

图 3-4　G53 选择机床坐标系

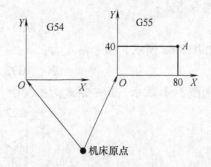

图 3-5　选择工件坐标系

例如：

预置 1#工件坐标系偏移量：X − 150.000　Y − 210.000　Z − 90.000。

预置 4#工件坐标系偏移量：X − 430.000　Y − 330.000　Z − 120.000。

程序段内容	终点在机床坐标系中的坐标值	注　释
N1 G90 G54 G00 X50. Y50. ；	X − 100, Y − 160	选择 1#工件坐标系，快速定位

N2 Z – 70. ；	Z – 160	
N3 G01 Z – 72.5 F100；	Z – 162.5	直线插补，F 值为 100
N4 X37.4；	X – 112.6	（直线插补）
N5 G00 Z0；	Z – 90	快速定位
N6 X0 Y0 ；	X – 150, Y – 210	
N7 G53 X0 Y0 Z0；	X0, Y0, Z0	选择使用机床坐标系
N8 G57 X50. Y50. ；	X – 380, Y – 280	选择 4#工件坐标系
N9 Z – 70. ；	Z – 190	
N10 G01 Z – 72.5；	Z – 192.5	直线插补，F 值为 100（模态值）
N11 X37.4；	X – 392.6	
N12 G00 Z0；	Z – 120	
N13 G00 X0 Y0 ；	X – 430, Y – 330	

从上例可以看出，G54 ~ G59 指令的作用就是将 NC 所使用的坐标系的原点移动到机床坐标系中坐标值为预置值的点。

在机床的数控编程中，插补指令和其他与坐标值有关的指令中的 IP 除非有特指外，都是指在当前坐标系中（指令被执行时所使用的坐标系）的坐标位置。大多数情况下，当前坐标系是 G54 ~ G59 中之一（G54 为上电时的初始模态），直接使用机床坐标系的情况不多。

（3）工件坐标系设定指令（G92 或 G50）

功能：通过确定对刀点距工件坐标系原点的距离，而设定工件坐标系。

加工时，因工件的装夹位置是相对于机床而固定的，所以工件原点在机床坐标系中的位置也就确定了。通过对刀，获得工件原点在机床坐标系中的位置数据，用指令（G92 或 G50）的方式确定工件坐标系与当前刀具位置的关系。这样在工件坐标系中编制的程序便能在机床坐标系中运行了。

指令格式：

$$（G90）G92（G50）IP \underline{\quad}；$$

如图 3-6a 所示，指令格式为：

$$N \underline{\quad} G92 \quad X400.0 \quad Z250.0；$$

如图 3-6b 所示，指令格式为：

$$N \underline{\quad} G92 \quad X180.0 \quad Y150.0；$$

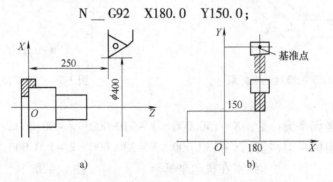

图 3-6 选择工件坐标系

a）数控车床 b）数控铣床

该指令建立一个新的工件坐标系，使得在这个工件坐标系中，当前刀具所在点的坐标值为 IP __指令的值。G92 指令是一条非模态指令，但由该指令建立的工件坐标系却是模态的。实际上，该指令也是给出了一个偏移量，这个偏移量是间接给出的，它是新工件坐标系原点在原来的工件坐标系中的坐标值。从 G92 的功能可以看出，这个偏移量也就是刀具在原工件坐标系中的坐标值与 IP __指令值之差。如果多次使用 G92 指令，则每次使用 G92 指令给出的偏移量将会叠加。对于每一个预置的工件坐标系（G54 ~ G59），这个叠加的偏移量都是有效的。例如：

预置 1#工件坐标系偏移量：X – 150　Y – 210　Z – 90。

预置 4#工件坐标系偏移量：X – 430　Y – 330　Z – 120。

程序段内容	终点在机床坐标系中的坐标值	注　　释
N1 G90 G54 G00 X0 Y0 Z0；	X – 150，Y – 210，Z – 90	选择 1#工件坐标系，快速定位到坐标系原点
N2 G92 X70. Y100. Z50. ；	X – 150，Y – 210，Z – 90	刀具不运动，建立新坐标系，新坐标系中当前点坐标值为 X70，Y100，Z50
N3 G00 X0 Y0 Z0；	X – 220，Y – 310，Z – 140	快速定位到新坐标系原点
N4 G57 X0 Y0 Z0；	X – 500，Y – 430，Z – 170	选择 4#工件坐标系，快速定位到坐标系原点（已被偏移）
N5 X70. Y100. Z50. ；	X – 430，Y – 330，Z – 120	快速定位到原坐标系原点

（4）局部坐标系（G52）　G52 可以建立一个局部坐标系，局部坐标系相当于 G54 ~ G59 坐标系的子坐标系，如图 3-7 所示。

指令格式：

G52 IP __；

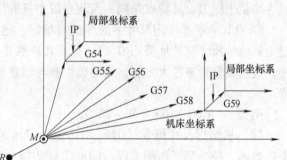

该指令中，IP __给出了一个相对于当前 G54 ~ G59 坐标系的偏移量，也就是说，IP __给定了局部坐标系原点在当前 G54 ~ G59 坐标系中的位置坐标。取消局部坐标系的方法也非常简单，使用 G52 IP0 即可。

图 3-7　设定局部坐标系

（5）坐标平面设定指令（G17、G18、G19）　这一组指令用于选择进行圆弧插补以及刀具半径补偿所在的平面。G17 用来选择 XY 平面，G18 用来选择 ZX 平面，G19 用来选择 YZ 平面。使用方法如图 3-8 所示。

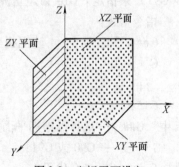

图 3-8　坐标平面设定

2. 坐标值尺寸 G 代码

（1）绝对值和增量值编程指令（G90，G91）　在编程时，表示刀具（或机床）运动位置的方式通常有两种：一种是绝对坐标，另一种是增量（相对）坐标。所谓绝对坐标是表示刀具（或机床）运动位置的坐标值，都是相对于固定的坐标原点给出的。增量坐标所表示的刀具（或机床）运动位置的坐标值是相对于前一位置的，而不是相对于固定的坐标原点给出的。

指令格式：

$$G90 \ IP \ \underline{\quad} ; \ 绝对指令$$

$$G91 \ IP \ \underline{\quad} ; \ 相对指令$$

相对坐标与运动方向有关，有的系统也使用第二坐标 U、V、W 表示增量坐标，且 U、V、W 分别与 X、Y、Z 平行且同向。在图 3-9a 中，A、B、C 三点的绝对坐标值分别为 $X_A = 10$，$Y_A = 15$，$X_B = 25$，$Y_B = 26$，$X_C = 18$，$Y_C = 35$，而图 3-9b 中，相对坐标分别为 $U_A = 0$，$V_A = 0$，$U_B = 15$，$V_B = 11$，$U_C = -7$，$V_C = 9$。

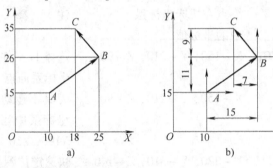

图 3-9　绝对坐标系与增量（相对）坐标

数控机床编程时，可采用绝对值编程、增量值编程或两者混合编程。

SIEMENS 数控系统及 FANUC 系统铣床用 G90 指定尺寸值为绝对坐标值，G91 指定尺寸值为增量坐标值。其特点是同一条程序段中只能用一种，不能混用。

FANUC 系统车床用尺寸字的地址符指定：绝对坐标值的尺寸字地址符用 X、Y、Z，增量坐标值的尺寸字地址符用 U、V、W。其特点是同一程序段中绝对坐标和增量坐标可以混用，这给编程带来很大方便。绝对值编程与增量值编程混合起来进行编程的方法称为混合编程。

例如：　G00 X100. 0 W − 20. 0；

（2）极坐标尺寸指令（G15，G16）　刀具运动所达到点的坐标值可用半径和角度的极坐标表示。极坐标平面用 G17、G18 或 G19 指令选择，例如 XY 平面，第一轴（X）指令半径，第二轴（Y）指令角度。角度的方向以所选择坐标平面第一轴的正方向为基准，逆时针方向旋转为正，顺时针方向旋转为负。半径和角度都可以用绝对值指令和增量值指令（G90 或 G91）来指定。G16 为建立极坐标指令，G15 为取消极坐标指令。

指令格式：

G##G ○○ G16；　　建立极坐标指令方式

G × × IP ＿；

…；

G15；

其中　G##——选择极坐标平面；

　　　G ○○——G90 或 G91；

　　　G × ×——指令代码；

IP＿——指定所选极坐标平面的轴地址，第一轴指令半径，第二轴指令角度。

用 G90 时，工件坐标系的零点是极坐标系的原点，并以此度量半径。用 G91 时，刀具当前的位置作为极坐标系的原点，并以此度量半径。

极坐标系的原点为工件坐标系零点（见图 3-10）时，被编程的半径用工件坐标系零点到指令点的距离表示。当用局部坐标系（G52）时，局部坐标系的原点成为极坐标系的中心点（极点），被编程的半径用局部坐标系的中心点到指令点的距离表示。在极坐标系原点为工件坐标系零点或极坐标系中心点的情况下，极坐标角度编程可用绝对值或增量值（见图 3-10）。

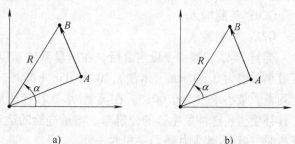

图 3-10 极坐标系的原点为工件坐标系
（或局部坐标系）零点时的编程
a）α 为用绝对值指令的角度 b）α 为用相对值指令的角度
R—半径 A—现在位置 B—指令位置

极坐标系的原点为当前位置点（见图 3-11）时，被编程的半径用指令位置点 B 到当前位置点 A 的距离表示。在这种情况下，极坐标角度编程可以用绝对值指令或增量值指令，如图 3-11 所示。

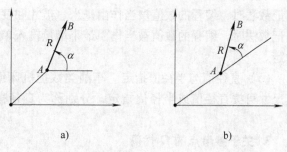

图 3-11 极坐标系的原点为现在位置时编程
a）α 为用绝对值指令的角度 b）α 为用相对值指令的角度
R—半径 A—现在位置 B—指令位置

极坐标编程举例：加工圆周上的三个孔（见图 3-12），已知角度分别为 30°、150°、270° 和半径 R = 100mm，试用绝对值指令编程。

极坐标系原点设置在工件坐标系原点上，选择 XY 平面，用绝对位指令编程如下：

N1　G17 G90 G16；

N2　G81 X100. 0 Y30. 0 Z - 20. 0 R5. 0 F200；

N3　Y150. 0；

N4　Y270. 0；

N5　G15 G80；

用角度和半径相对值指令的程序为：

N1　G17 G90 G16；

N2　G81 X100. 0 Y30. 0 Z - 20. 0 R5. 0 F200；

N3　G91 Y120. 0；

N4　Y120. 0；

N5　G15 G80；

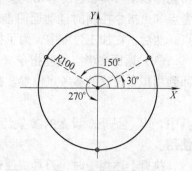

图 3-12 极坐标编程

注意：在极坐标指令方式下，规定圆弧插补指令、螺旋线切削指令的半径用 R。下面指令不能作为极坐标指令的一部分：暂停（G04）、编程数据输入（G10）、设置局部坐标系（G52）、改变工件坐标系（G92）、选择机床坐标系（G53）、存储行程校验（G22）和比例缩放（G51）。

（3）英制/米制转换指令（G20，G21）　英制、米制输入功能，分别用 G20、G21 代码选择。该指令在程序的开始，坐标系设置之前，用单独的程序段设定。其指令格式：

G20；英制输入

G21：米制输入

英制/英制转换指令设定之后，在增量系统，以最小增量单位输入数据。一般系统的长度最小单位为 0.001mm（米制），0.0001in（英制，1in = 0.0254m）；公制/米制的角度都用度测量，最小单位为 0.001°。在英制/米制转换之后，进给速度、位置、工件零点偏移量、刀具补偿值、脉冲发生器的分辨率、增量进给的运动距离和若干参数的测量单位都要改变。开机时，英制/米制代码与关机时一样。

（4）小数点编程　数控编程时，可以输入带小数点的数字。在输入距离、时间和速度时，使用小数点。但小数点要由地址 X、Y、Z、U、V、W、A、B、C、I、J、K、Q、R 和 F 设定。

小数点的标识方法有两种：计算器型小数点和标准型小数点记数法。使用计算器型小数点记数法时，编程的数值被当作由毫米、英寸和度设定的没有小数点的数。使用标准型小数点记数法时，编程的数值被当作由最小增量输入单位设定的数。这两种记数法的选择由参数设定。

（5）直径值与半径值指定　车削类数控机床编程时，因为工件横断面一般为圆形，故其尺寸可按直径值或半径值指定，分别称为直径指定和半径指定。两种指定方法用参数选择。

3. 关于参考点的 G 代码

参考点是机床上的固定点。它是用参数在机床坐标系中设置参考点坐标的方法而设定的，最多可以设置四个参考点。一般作为换刀点和坐标系测量零点等使用，通过参考点返回功能可以使刀具很容易移动到参考点上。有两种方法可以使刀具移动到参考点：手动返回参考点和由指令控制的自动返回参考点。一般来说，数控机床接通电源后，先手动返回参考点。然后，在加工过程中，为了换刀，就需要有自动返回参考点功能。

（1）返回参考点校验指令（G27）　返回参考点校验功能指令是校验刀具是否正确地返回到用指令设置的参考点位置。指令格式：

G27IP ___；

其中，IP ___是指令设置的参考点位置（各轴的参考点坐标），增量值指令和绝对值指令均可使用。

执行上述指令时，刀具快速运动，在被指令的位置上定位。如果到达的位置是参考点，则返回参考点指示灯亮；如果只有一个轴正确地返回到参考点，则相对应轴的参考点指示灯亮。若刀具到达的位置不是参考点，在定位之后报警显示。

（2）自动返回参考点指令（G28）　该指令使刀具经过中间点按指令的坐标轴自动返回到参考点。指令格式：

G28IP ___；

其中，IP ___是返回到参考点前的中间点坐标，用绝对值指令或用增量值指令指定。G28 指令使各轴以快速定位到指令轴的中间点，然后再按快速移到参考点位置。这个指令一般在自动换刀时使用。为了安全，在执行这个指令之前，取消刀具半径补偿和刀具长度补偿。

G28 指令中的坐标值将被 NC 作为中间点存储，另一方面，如果一个轴没有被包含在 G28 指令中，NC 存储的该轴的中间点坐标值将使用以前的 G28 指令中所给定的值。例如：

N1   X20.0 Y54.0；

N2   G28 X – 40.0 Y – 25.0；　　　　中间点坐标值（ – 40.0, – 25.0）

……

N10   G28   Z31.0；　　　　　　　中间点坐标值（ – 40.0, – 25.0, 31.0）

（3）返回到第二、第三或第四参考点指令（G30）　　返回到第二、第三或第四参考点。指令格式：

$$G30 \ P2 \ IP \underline{\quad}；$$

$$G30 \ P3 \ IP \underline{\quad}；$$

$$G30 \ P4 \ IP \underline{\quad}；$$

上面三条指令分别表示自动返回到第二、第三或第四参考点。该指令只能在自动返回第一参考点（G28）或手动返回参考点以后使用。当换刀点位置与第一参考点不同时，G30 指令被用于运动到自动换刀点。

第二参考点也是机床上的固定点，它和机床参考点之间的距离由参数给定，第二参考点指令一般在机床中主要用于刀具交换，因为机床的 Z 轴换刀点为 Z 轴的第二参考点（参数 737#），也就是说，刀具交换之前必须先执行 G30 指令。用户的零件加工程序中，在自动换刀之前必须编写 G30，否则执行 M06 指令时会产生报警。被指令轴返回第二参考点完成后，该轴的参考点指示灯将闪烁，以指示返回第二参考点的完成。机床 X 和 Y 轴的第二参考点出厂时的设定值与机床参考点重合，如有特殊需要可以设定 735#、736#参数。

（4）自动从参考点返回指令（G29）　　该指令使刀具从参考点经过中间点按指令的坐标轴以各轴的快速运动速度自动地返回到设定点。一般在 G28 或 G30 后使用 G29 指令，指令格式：

$$G29 \quad IP \underline{\quad}；$$

其中，IP ___为指令设定的目的点坐标。用增量值编程，G29 指令中指定的值是目的点相对于中间点的增量值。用绝对值编程，G29 指令中指定的值是目的点相对于坐标原点的坐标值。如果用 G28 指令使刀具经过中间点运动到参考点之后工件坐标系改变，则中间点也移到新坐标系中。此后，若执行 G29 指令，则是通过移到新坐标系的中间点，在指令点（目的点）定位。同样的操作对 G30 也适用。

图 3-13 所示为 G28 和 G29 指令应用的例子，程序如下：

G28 G90 X1000.0 Y700.0；

T1111；

G29 X1500.0 Y200.0；

4. 插补功能 G 代码

（1）定位（快速）指令（G00）　　（G00）指令使刀具在工件坐标系中快速定位到用绝对值或增量值指令指定的位置。使用绝对编程指令时，运动的终点

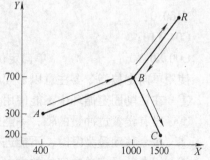

图 3-13　返回参考点和从参考点返回

坐标值被编程。使用增量值指令时，运动的距离被编程。指令格式：

$$G00 \ IP \underline{\quad};$$

其中，IP＿对于绝对编程指令，表示终点坐标值；对于增量编程指令，表示刀具运动的距离。不能用 F 指令快速进给速度。

刀具运动路线可以用参数选择为非插补定位轨迹和直线插补定位轨迹两者之一。非插补定位时，刀具以各轴单独的快速进给速度运动，其轨迹一般是折线（见图 3-14 虚线部分）；直线插补定位时，刀具轨迹同直线插补（G01）一样（见图 3-14 实线部分）。用 G00 定位时，在程序段开始时加速到指定的快进速度，在接近程序段终点时进行减速，并且确认到达定位位置后转入下个程序段。

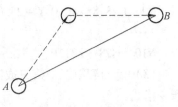

图 3-14　快速定位

使用 G00 指令时要注意，即使有了直线插补定位方式，为了保证刀具不碰撞工件，仍然要使用非插补定位方式。

（2）单方向定位指令（G60）　由于机床间隙的存在，准确定位不易实现。G60 指令使接近运动终点的最后定位方向由一个方向进行，实现准确定位（见图 3-15）。指令格式：

$$G60 \ IP \underline{\quad};$$

其中，IP＿在使用绝对编程指令时，为定位的终点坐标值；在使用增量值指令时，为刀具运动的距离。

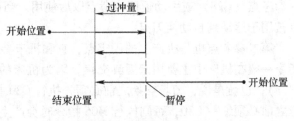

图 3-15　G60 代码的功能

该指令定位的过冲量和定位方向由参数设定。当定位运动方向与参数设定的定位方向不一致时，刀具运动超过定位点有过冲，在过冲点处暂停，然后反向定位。即使指令运动方向与参数设定的定位方向一致，刀具到达终点前，在过冲点处也要暂停一下。

G60 是非模态指令，但它可以通过参数设定，成为模态代码。这样就可以避免在每个程序段都要设定 G60 代码。当作为模态 G60 代码使用时，非模态 G60 代码的功能均保持。模态 G60 代码的应用举例：

G90 G60；　　　　　　单向定位方式开始

X0 Y0；

X100.0；

Y100.0；

G04 X10；

G00 X0 Y0 ；　　　　　单向定位方式取消

使用单向定位指令要注意以下问题：

① 在钻削固定循环中不能使用单向定位指令。

② 没有设置过冲量的轴，不能进行单向定位。

③ 指令移动量为零时，不能进行单向定位。

④ 用参数设定单向定位的方向，不能加镜像功能。

⑤ 在 G76、G87 固定循环中的偏移运动方向，不能进行单向定位。

（3）直线插补指令（G01） 该指令使刀具沿直线进行插补。指令格式：

$$G01\ IP\_\ F\_;$$

其中 IP＿——用绝对值指令时，为终点坐标值；用增量指令时，为刀具运动距离；

F＿——刀具的切削进给速度（直线轴：mm/min；旋转轴：°/min）。

执行 G01 指令时，刀具以设定的进给速度 F 运动到指令的终点。速度 F 为模态指令，一直到新值设定前保持不变，不需要每个程序段都设置速度。速度 F 沿着刀具轨迹方向度量，如果没有 F 指令，被看做是零速度。

直线插补指令的应用举例：图 3-16a 所示为直线轴插补，图 3-16b 所示为旋转插补。程序如下：

直线轴插补 G91G01 X200.0 Y100.0 F200；

旋转轴插补 G91 G01 C－90.0 F300；

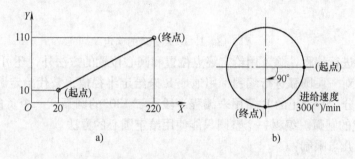

图 3-16 直线插补功能

（4）圆弧插补指令（G02，G03）

圆弧插补指令使刀具沿着圆弧运动。该指令分为顺时针圆弧插补指令（G02）和逆时针圆弧插补指令（G03），同时要用 G17、G18 或 G19 来指定圆弧插补平面。指令格式：

在 XY 平面：

G17 {G02/G03} X＿Y＿ {（I＿J＿）/R＿} F＿；

在 XZ 平面：

G18 {G02/G03} X＿Z＿ {（I＿K＿）/R＿} F＿；

在 YZ 平面：

G19 {G02/G03} Y＿Z＿ {（J＿K＿）/R＿} F＿；

所谓顺时针或逆时针圆弧，就是从垂直于圆弧所在平面的坐标轴的正向往回看，顺时针旋转的圆弧即为顺时针圆弧，反之即为逆时针圆弧，如图 3-17 所示。

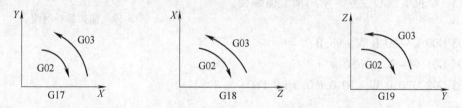

图 3-17 不同坐标平面上的顺时针圆弧和逆时针圆弧

圆弧的终点由地址 X、Y 和 Z 来确定。在绝对值模式下，地址 X、Y、Z 给出了圆弧终点在当前坐标系中的坐标值；在增量值模态下，地址 X、Y、Z 给出的则是在各坐标轴方向上当前刀具所在点到终点的距离。

在 X 方向，地址 I 给定了当前刀具所在点到圆心的距离，在 Y 和 Z 方向，当前刀具所在点到圆心的距离分别由地址 J 和 K 来给定，I、J、K 的值的符号由它们的方向来确定，如图 3-18 所示。

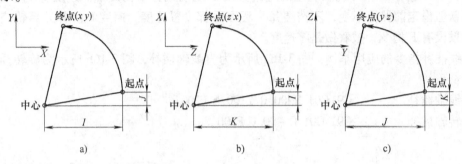

图 3-18   I、J、K 分量的确定

对一段圆弧进行编程，除了用给定终点位置和圆心位置的方法外，还可以用给定半径和终点位置的方法对一段圆弧进行编程，用地址 R 来给定半径值，替代给定圆心位置的地址。R 的值有正负之分，一个正的 R 值用来编程一段小于 180° 的圆弧，一个负的 R 值编程的则是一段大于 180° 的圆弧。编程一个整圆只能使用给定圆心的方法。

圆弧插补的几点限制：

①   当 I、J、K 和 R 同时被指令时，则用 R 指令的圆弧优先，其他被忽略。

②   如果指令了圆弧插补平面不存在的轴，将有报警显示。

③   当指令了一个圆弧的中心角接近 180° 的圆弧时，计算圆心坐标将产生误差，这时圆心要用 I、J 和 K 指令。

例：对图 3-19 所示零件进行数控车削编程。

方法一：

用 I、K 表示圆心位置，采用绝对值编程。

……

N03 G00 X20.0 Z2.0；

N04 G01 Z – 30.0 F80；

N05 G02 X40.0 Z – 40.0 I10.0 K0 F60；

……

用 I、K 表示圆心位置，采用增量值编程。

……

N03 G00 U – 80.0 W – 98.0；

N04 G01 W – 32.0 F80；

N05 G02 U20.0 W – 10.0 I10.0 K0 F60；

……

方法二：用 R 表示圆心位置，采用绝对值编程。

……

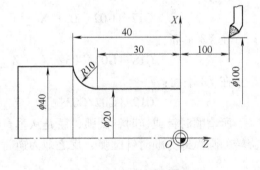

图 3-19   圆弧插补例图

N03 G00 X20. 0 Z2. 0；

N04 G01 Z – 30. 0 F80；

N05 G02 X40. 0 Z – 40. 0 R10. 0 F60；

······

在车圆弧时，不可能用一刀就把圆弧车好，因为这样吃刀量太大，容易打刀。可以先车一个圆锥，再车圆弧。但要注意，车锥时起点和终点的确定，若确定不好则可能损伤圆弧表面，也有可能将余量留得太大。对于较复杂的圆弧，用车锥法较复杂，可用车圆法。车圆法就是用不同半径的圆来车削，最终将所需圆弧车出来，此方法的缺点是计算较麻烦。

（5）螺旋线插补指令（G02，G03）　　螺旋线插补指令与圆弧插补指令相似，都采用G02、G03，分别表示顺时针、逆时针螺旋线插补。顺逆的方向判别方法与圆弧插补相同。

该指令在进行圆弧插补的同时，沿垂直于插补平面的坐标方向作同步运动，构成螺旋线插补运动。螺旋线插补的进给速度 F 为圆弧插补与直线运动的合成速度。

通常设置为数控铣床的选择功能，可用于圆柱螺旋槽的加工。

指令格式：

$$G17 \ G02/G03 \ X \underline{\ \ } Y \underline{\ \ } Z \underline{\ \ } R \ (I、J) \underline{\ \ } K \underline{\ \ } F \underline{\ \ };$$

其中　X、Y、Z——螺旋线的终点坐标；

　　　　I、J——圆心在 X、Y 轴上的坐标，是相对螺旋线起点的增量坐标；

　　　　R——螺旋线半径，与 I、J 形式两者取其一；

　　　　K——螺旋线的导程，为正值。

说明：

①　YZ、XZ 平面内螺旋线插补指令的格式基本相同，但 I、J、K 等表示形式随坐标平面不同，有所改变，其规则与圆弧插补相同。

②　螺旋线的终点坐标 X、Y 必须在螺旋线上。

③　半径补偿对螺旋线插补不起作用。

④　在螺旋线插补的程序段中，刀具长度补偿不能使用。

例如，图 3-20a、b 分别为左、右旋螺旋线，其刀具中心从 A 点到 B 点螺旋线插补的程

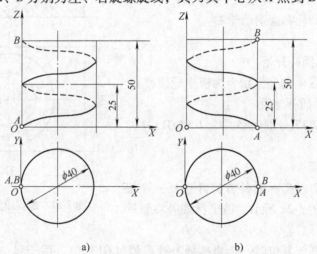

a)　　　　　　　　　　b)

图 3-20　左、右螺旋线

序段如下：

图 3-20a 所示螺旋线用绝对坐标形式编程，程序如下：

G03 X0 Y0 Z50.0 I20.0 J0 K25.0 F80；

图 3-20b 所示螺旋线用绝对坐标形式编程，程序如下：

G02 X40 Y0 Z50.0 I－20.0 J0 K25.0 F80；

值得注意的是，螺旋线插补指令不仅在插补螺旋线时使用，而且可在其他情况下，通过巧妙安排，解决生产中的一些问题。例如，前面曾经提到，立铣刀在加工内腔或沟槽时，由于端面上没有切削刃，在加工中不能进行轴向进给，通常需要用钻头预钻孔或先用键槽铣刀加工。这样，无疑会增加加工时间，影响生产效率。如果在加工要求不太高的情况下，改用立铣刀沿螺旋线进行插补，则会收到"事半功倍"的效果。

例如，加工图 3-21 所示的某工件的深圆槽，不用预钻孔而改用立铣刀以螺旋线插补方式加工，工件安全高度 60mm。程序如下：

O0001；

N0010 G54 G00 X25.0 Y0 S800 M03；

N0020 Z5.0；

N0030 G01 Z0 F100 M08；

N0040 G03 X25.0 Y0 Z－30.0 I－25.0 J0 K2.0 F50；

N0050 G03 X25.0 Y0 I－25.0 J0；

N0060 G00 Z5.0 M09；

N0070 X0 Y0 Z60.0；

N0080 M05；

N0090 M30；

（6）极坐标插补指令（G12.1，G13.1）　极坐标插补指令是将轮廓控制由直角坐标系中编程的指令转换成一个直线轴运动（刀具的运动）和一个回转轴的运动（工件的回转）。这种方法用于在车削中心上铣削端面凸轮和磨削凸轮轴。

1）指令格式：

G12.1；极坐标插补开始

……　　　　（此区间的坐标指令为极坐标插补）

G13.1；极坐标插补结束

可用 G112 和 G113 分别代替 G12.1 和 G13.1。

2）说明：

极坐标插补平面

G12.1 指令启动极坐标插补方式并选择一个极坐标插补平面，如图 3-22 所示。极坐标插补在该平面上完成。

当接通电源或系统复位时，极坐标插补被取消（G13.1）。用于极坐标插补的直线轴和回转轴必须预先设在系统参数中。

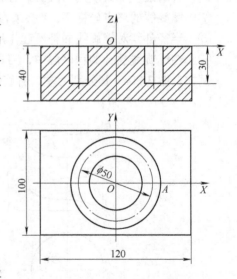

图 3-21　螺旋线插补指令的应用

极坐标插补的移动距离和进给速度

虚拟轴与线性轴坐标单位相同（mm 或 in）。在极坐标插补方式，程序指令是在极坐标平面上用直角坐标指令。回转轴的轴地址作为平面中第二轴（虚拟轴）的地址。平面中的第一轴是用直径值指令还是用半径值指令，对于回转轴都是一样的，即回转轴与平面中第一轴的规格无关。当指定 G12.1 之后虚拟轴处于坐标 0 的位置，极坐标插补的刀具位置从 0 开始。

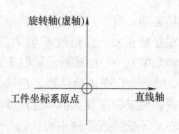

图 3-22　极坐标插补平面

F 指令的进给速度是与极坐标插补平面（直角坐标系）相切的速度（工件和刀具间的相对速度）。

在极坐标插补方式可以指令的 G 代码

G01……直线插补

G02，G03……圆弧插补

G04……暂停

G40，G41，G42……刀尖半径补偿（极坐标插补用于刀具补偿后的轨迹）

G65，G66，G67……用户宏程序指令

G94，G95……每分进给/每转进给

极坐标平面中的圆弧插补

在极坐标插补平面中，圆弧插补（G02 或 G03）指令圆弧中心的地址取决于插补平面中的第一轴（直线轴）。

当直线轴是 X 轴或其平行轴时，在 XY 平面中用 I 和 J。

当直线轴是 Y 轴或其平行轴时，在 YZ 平面中用 J 和 K。

当直线轴是 Z 轴或其平行轴时，在 ZX 平面中用 K 和 I。

圆弧半径也可用 R 指令。

在极坐标插补方式沿非极坐标插补平面中轴的运动

刀具能沿这些轴正常移动而与极坐标插补无关。

极坐标插补方式中的当前位置显示

显示实际坐标值。

3）限制：

用于极坐标插补的坐标系

在指令 G12.1 之前，必须设定一个工件坐标系，回转轴中心是该坐标系的原点。在 G12.1 方式中，坐标系绝对不能改变（G92，G52，G53，G54~G59 等指令不能使用）。

刀尖半径补偿指令

在刀尖半径补偿方式（G41 或 G42）中不能启动或取消（G12.1 或 G13.1）极坐标插补方式。必须在刀尖半径补偿取消方式（G40）中指定 G12.1 或 G13.1。

程序再启动

对于 G12.1 方式中的程序段，不能进行程序的再启动。

回转轴的切削进给速度

极坐标插补将直角坐标系中的刀具运动转换为回转轴（C 轴）和直线轴（X 轴）的刀

具运动。当刀具移动到快接近工件中心时，进给速度的 C 轴分量变大，会超过 C 轴的最大切削进给速度（设定在参数中），产生报警（见图 3-23）。为防止 C 轴分量超过 C 轴最大切削进给速度，应降低 F 地址指令的进给速度，或者编制程序使刀具（当应用刀尖半径补偿时是刀具中心）不能接近工件中心。

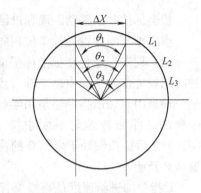

直径和半径编程

即使直线轴（X 轴）用直径编程，回转轴（C 轴）仍用半径编程。

基于 X 轴（直线轴）和 C 轴（回转轴）的极坐标插补程序实例（见图 3-24）：

图 3-23 回转轴的切削进给速度

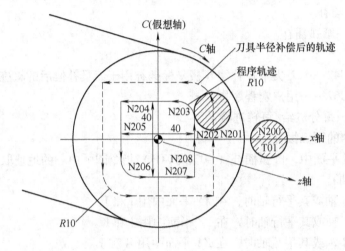

图 3-24 基于 X 轴（直线轴）和 C 轴（回转轴）的极坐标插补程序实例

X 轴用直径编程，C 轴用半径编程。

```
O0001；
……
N010 T0101；
……
N0100 G00 X120.0 C0 Z __ ；          定位到起始位置
N0200 G12.1；                         极坐标插补开始
N0201 G42 G01 X40.0 F __ ；
N0202 C10.0；
N0203 G03 X20.0 C20.0 R10.0；
N0204 G01 X – 40.0；
N0205 C – 10.0；
N0206 G03 X – 20.0 C – 20.0 I10.0 J0；
N0207 G01 X40.0；
N0208 C0；
```

N0209 G40 X120.0；

N0210 G13.1；　　　　　　　　　　极坐标插补注销

N0300 Z ＿＿；

N0400 X ＿＿ C ＿＿；

N0900 M30；

（7）圆柱插补（G07.1）　将圆柱侧面的形状（圆柱坐标系下的形状）在平面上展开，以展开后的形状作为平面的坐标，执行程序指令。在机械加工时，转换为圆柱坐标的直线轴和旋转轴的移动，进行轮廓控制。诸如圆柱凸轮槽之类的程序能够非常容易地编制。

1）指令格式：

G07.1 IP r；　　　　　　　　　起动圆柱插补方式

……　　　　　　　　　　　　　此区间的坐标指令为圆柱坐标系

G07.1 IP 0；　　　　　　　　　圆柱插补方式取消

其中，IP 为回转轴地址；r 为圆柱体半径。

在不同的程序段中指定 G07.1 IP r 和 G07.1 IP 0，可以用 G107 代替 G07.1。

2）说明。

平面选择（G17，G18，G19）

可用 1002 号参数（FANUC 0i 系统）指定回转轴是 X、Y 或 Z 轴。指定 G 代码选择平面，对于该平面，回转轴是指定的直线轴。例如，当回转轴是平行于 X 轴的一个轴，另一个轴是 Y 轴时，用 G17 指定平面，它是由回转轴和 Y 轴定义的平面。圆柱插补只能设定一个回转轴。

进给速度

在圆柱插补方式指定的速度是展开的圆柱表面的速度。

圆弧插补（G02，G03）

在圆柱插补方式中，可以利用回转轴和另外的直线轴完成圆弧插补。半径 R 在指令中的使用与圆弧插补所叙述的方法相同。半径的单位不是度而是毫米或英寸。下面给出 Z 轴和 C 轴间圆弧插补例子。

例如，设定 1022 号参数（FANUC 0i 系统）C 轴为 5（与 X 轴平行的轴），在这种情况下，圆弧插补指令是：

G18 Z ＿＿ C ＿＿；

G02（G03）Z ＿＿ C ＿＿ R ＿＿；

也可代之以设定 1022 号参数 C 轴为 6（与 Y 轴平行的轴），在这种情况下，圆弧插补指令是：

G19 C ＿＿ Z ＿＿；

G02（G03）C ＿＿ Z ＿＿ R ＿＿；

刀具补偿

为了在圆柱插补方式执行刀具补偿，在进入圆柱插补方式之前应注销任何正在进行的刀具补偿方式，然后，在圆柱插补方式中开始和结束刀具补偿。

3）限制。

圆柱插补方式中圆弧半径指定

在圆柱插补方式中，圆弧半径不能用字地址 I、J 或 K 指定。

圆弧插补和刀尖半径补偿

如果圆柱插补方式是在已经应用刀尖半径补偿时开始的，圆弧插补不能在圆柱插补方式中正确地完成。

定位

在圆柱插补方式中，不能指定定位操作（包括产生快速移动循环的定位操作，诸如 G28，G80~G89）。圆柱插补方式必须在指定定位之前取消。圆柱插补（G07.1）不能执行定位方式（G00）。

坐标系设定

在圆柱插补方式，不能指定工件坐标系 G50。

圆柱插补方式设定

在圆柱插补方式中，圆柱插补方式不能被复位。在圆柱插补方式复位前必须清除圆柱插补方式。

在圆柱插补方式期间的钻孔固定循环

在圆柱插补方式期间不能指定钻孔固定循环 G81~G89。

4）圆柱插补编程实例。加工图 3-25 所示的圆柱凸轮槽，加工程序编制如下：

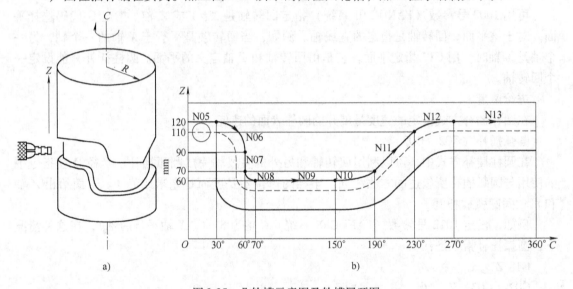

图 3-25   凸轮槽示意图及轮槽展开图

O0001；（CYLINDRICAL INTERPOLATION）

N01 G00 Z100.0 C0；

N02 G18；

N03 G07.1 C57296；

N04 G01 G42 Z120.0 F250；

N05 C30.0；

N06 G03 Z90.0 C60.0 R30.0；

N07 G01 Z70.0；

N08 G02 Z60.0 C70.0 R10.0；

N09 G01 C150.0；

N10 G02 Z70.0 C190.0 R75.0；

N11 G01 Z110.0 C230.0；

N12 G03 Z120.0 C270.0 R75.0；

N13 G01 C360.0；

N14 G40 Z100.0；

N15 G07.1 C0；

N16 M30；

（8）切削螺纹指令（G33）　该指令用于加工固定导程的直螺纹（见图 3-26）。螺纹加工是通过主轴的转动与刀具的进给运动同步合成实现的。螺纹切削指令格式：

$$G33 \quad IP \underline{\quad} \quad F \underline{\quad} ;$$

其中　IP ＿＿——螺纹终点位置；

　　　F ＿＿——螺纹的导程（或螺距）。

例如，加工螺纹的长度 10mm，螺距 1.5mm，则指令为：

G33 G91 Z － 10.0 F1.5；

一般情况下，切削螺纹在粗加工和精加工时，都是沿着同样的刀具轨迹重复进行。即当位置编码器检测到主轴一转信号后，螺纹切削就以固定的速度和工件上同样的刀具轨迹不改变地重复进行。当然，背吃刀量在增加。螺纹加工过程中，主轴速度必须保持恒定，否则将出现不规则螺距。另外，由于伺服系统滞后等原因，也会在螺纹切削的起点和终点产生一小段不规则螺距。为了补偿在起点和终点的不标准螺距，采取比指定的切削长度稍微长一点的办法解决。

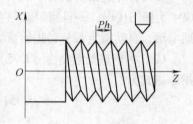

图 3-26　切削螺纹指令

在切削螺纹时要注意以下问题：

①　在螺纹粗加工和精加工的全过程中，不能使用"进给速度倍率"调节速度，进给速度倍率应固定在 100%。

②　螺纹加工时"进给速度保持"无效。此时按下进给保持按钮，使机床在螺纹加工后的下一个程序段终点停止。

FANUC 的某些系统还采用 G32、G34 代码作为等导程螺纹切削指令和变导程螺纹切削指令，指令格式分别为：

G32　IP ＿＿ F ＿＿；

G34　IP ＿＿ F ＿＿ K ＿＿；

其中，IP ＿＿、F ＿＿的意义同上；K ＿＿为主轴每转导程的增减量。

5. 进给功能 G 代码

进给功能控制刀具的进给速度，数控机床有两种进给控制功能：快速进给和切削进给。当使用定位指令（G00）时，刀具以 CNC 参数设定的快速进给速度定位。切削进给时，刀具以编程的切削进给速度运动。这两种速度可以用机床控制面板上的倍率开关进行调节。为了防止机床振动，刀具在运动开始和结束时自动进行加速和减速。当刀具在两个程序之间运动方向改变时，持续的进给速度会产生拐角轨迹。在圆弧插补中，会出现半径误差，所以在运动编程时对刀具的进给速度要进行控制。

在快速进给定位中，当刀具速度变为零，并且伺服电动机经过自动地"在位检测"达到规定的运动精度范围（机床厂设定）后才能执行下一个程序段。每个轴的快速进给速度都是用参数设定的，在程序中不用设置。快速倍率分为 F0%、25%、50%、100%。100%表示每个轴固定的速度，由参数设定。

切削进给速度用于直线插补、圆弧插补等指令中。它的方向总是指向运动轨迹的切线方向。在切削进给时，其速度以最小的变化值由上一个程序段的速度改变到下一个程序段的速度。每个轴切削进给速度的上限用参数设定（只适用于直线插补和圆弧插补），如果实际的切削速度（带倍率）超过了设定的上限，那么速度将保持在上限值（钳位值）。切削进给速度指令主要有 G94、G95。下面介绍这两种进给速度的指令方法。

（1）每分钟进给量指令（G94）　每分钟进给速度用 F 代码和其后的每分钟的进给量表示。指令格式：

G94；每分钟进给 G 代码

F ＿；进给速度指令（mm/min 或 in/min）

在每分钟进给方式中，指令了 G94 后，F 后面的数值直接代表刀具的每分钟进给量。G94 为模态代码，一旦指定就一直有效，直到设置 G95（每转进给量）指令才能改变。机床通电后，自动指定每分钟进给量方式，为默认值。

（2）每转进给量指令（G95）　每转进给速度用 F 代码和其后的主轴每转进给量表示。指令格式为：

G95；每转进给 G 代码

F ＿；进给速度指令（mm/r 或 in/r）

在每转进给方式中，指令了 G95 后，F 后面的数值代表主轴每转刀具的进给量。G95 为模态代码，一旦指定就一直有效，直到设置 G94 指令才能改变。

6. 暂停指令（G04）

指令 G04 代码后，下一个程序段延迟规定的时间后执行。指令格式：

G04X（P）＿；

其中　X ＿——指定的时间（允许带小数点，暂停的时间单位为 s）；

　　　P ＿——指定的时间（不允许带小数点，暂停的时间单位为 ms）。

7. 主运动速度 G 代码

主轴速度用地址 S 和其后的值进行控制。主轴速度指定代码主要有恒表面速度控制指令代码 G96、恒转速控制指令代码 G97 和最大速度钳位指令 G92。

（1）恒表面速度控制指令（G96）　恒表面速度控制又称为"周速恒定控制"。它的意义是 S 后面的数值为恒定的线速度（刀具与工件之间的相对速度）。加工过程中主轴的线速度不变，转速要不断调节和改变。恒表面速度控制指令的格式为：

G96　S ＿；

S 后面的数值表示切削速度，单位为 m/min。例如：G96 S100 表示切削速度是 100m/min。

（2）主轴转速控制指令（G97）　G97 是主轴转速控制指令，也即取消恒线速度控制的指令。系统执行 G97 指令后，S 后面的数值表示主轴每分钟的转数。例如：G97 S800 表示主轴转速为 800r/min，系统开机状态为 G97。

（3）主轴最高速度限定（G50 或 G92）　G50 或 G92 除有坐标系设定功能外，还有主轴最高转速设定功能，用 S 指定的数值设定主轴的最高转速。例如：G50（或 G92）S2000 表示主轴转速最高为 2000r/min，用恒线速度控制加工端面、锥度和圆弧时，由于 X 坐标值不断变化，当刀具逐渐接近工件的旋转中心时，主轴转速会越来越高，工件有从卡盘飞出的危险，所以为防止事故的发生，必须限定主轴的最高转速。

使用时要注意：G96 指令为模态代码。当设定了恒表面速度控制轴，并指定了 G96 代码后，程序进入恒表面速度控制方式。G97 指令能取消已工作的 G96 指令。机床通电后 G97 为默认状态。设定了 G96 或 G97 指令后，只有出现了 M03 或 M04 指令，S 后面的数值才有效。

加工螺纹时，恒表面速度控制无效。因为在这种工作方式时伺服系统不考虑主轴变速。

用 G00 指定的快速进给程序段，由于不进行切削加工，因而在运动过程中不计算与刀具位置相对应的线速度，但要计算程序段终点位置的线速度。

8. 补偿功能 G 代码

刀具补偿功能是数控系统的重要功能，包括刀具长度补偿（G43、G44、G49）刀具长度自动测量（G37）和刀具半径补偿（G40～G42）等。

（1）刀具长度补偿指令（G43、G44、G49）　刀具长度补偿（见图 3-27）也称刀具长度偏移，G43、G44 和 G49 分别为刀具长度的正补偿、负补偿和取消补偿指令。当加工时，所使用的刀具实际长度与编程规定的长度不一致时，可以采用刀具长度补偿消除差值，而不用改变程序。

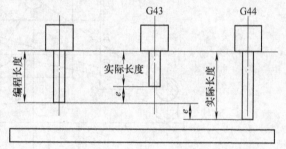

图 3-27　刀具长度补偿指令

当指令为 G43 时，用 H 代码表示的刀具长度偏移值（存储在偏置存储器中）加到程序中指令的刀具终点位置坐标上。当指令了 G44 时，用 H 代码表示的刀具长度偏移值从刀具终点位置坐标上减去。其计算结果为补偿后的终点位置坐标。如果没有运动指令，当刀具长度偏移量为正值时，用 G43 指令使刀具向负方向移动一个偏移量，用 G44 指令使刀具向正方向移动一个偏移量。当刀具长度偏移为负值时，G43、G44 指令使刀具向上面对应的反方向移动一个偏移量。H 为刀具补偿存储器的地址字。如 H01（补偿号或偏置号）即是 01 号存储器单元，该存储器中放置刀具长度偏移值。除 H00 必须放 0 以外，其余均可存放刀具长度偏移值。

G43、G44 是模态指令，即某个程序段用了 G43 或 G44，直到同组的其他 G 代码出现之前的程序段均有效，用 G49 或 H00 可撤销刀具长度补偿。刀具长度补偿的值可以通过 CRT/MDI 操作面板输入到内存中。

使用刀具长度补偿要注意：

①　由于刀具长度偏置号的改变而改变刀具长度补偿值时，新的刀具长度偏移值不能加到旧的刀具长度偏移值上。例如：

H1；刀具长度偏移值为 20.0

H2；刀具长度偏移值为 30.0

　　则　　G90 G43 Z100.0 H1；（刀具将沿 Z 坐标运动到 100.0 的位置，比标准刀具多移动20mm）

　　G90 G43 Z100.0 H3；　　（刀具将沿 Z 坐标运动到 100.0 的位置，比标准刀具多移动30mm）

　　②　如果刀具长度偏移正在使用，同时长度偏移号也作为刀具半径补偿号，那么用 H 代码表示刀具长度偏移，用 D 代码表示刀具半径补偿。

　　③　可以通过在两个或更多的程序段中设置偏移轴的方法来实现沿两个轴方向或更多轴方向进行刀具长度偏移。如刀具偏移在 X 轴和 Y 轴进行，指令方法为：

　　G19 G43 H ＿；（在 X 轴方向偏移）

　　G18 G43 H ＿；（在 Y 轴方向偏移）

　　④　在刀具长度补偿方式下执行 G53、G28 或 G30 指令时，刀具长度偏移量被取消。

　　刀具长度偏移的实例如图 3-28 所示，加工 A、B、C 孔，刀具长度偏移 H ＝ −4.0，程序如下：

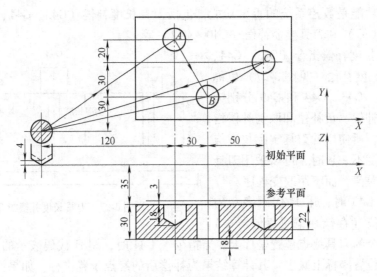

图 3-28　刀具长度偏移

N1 G91G00X120.0Y80.0；	在 XY 平面上快速定位到 A 孔上方（初始平面）
N2 G43Z − 32.0H1；	在 Z 方向快进到工件上方 3mm 处（参考平面）
N3 G01Z − 21.0S200M03F100；	钻削加工 A 孔
N4 G04P2000；	在孔底暂停 2s
N5 G00Z21.0；	快速返回到参考平面
N6 X30.0Y − 50.0；	快速定位到 B 孔上方
N7 G01Z − 41.0；	钻削加工 B 孔
N8 G00Z41.0；	快速返回到参考平面
N9 X50.0Y30.0；	快速定位到 C 孔上方
N10 G01Z − 25.0；	钻削加工 C 孔
N11 G04P2000；	在孔底暂停 2s

N12 G00Z57.0H00；　　　　　　　Z 向快速返回到初始平面（起刀点的 Z 向坐标）

N13 X－200.0Y－60.0；　　　　　X、Y 向快速返回到起刀点

N14 M02；　　　　　　　　　　　程序结束

（2）刀具长度自动测量指令（G37）　G37 指令执行后，刀具开始向测量位置运动。直到刀尖到达测量位置，测量装置发出终点到达信号，刀具停止运动（见图 3-29）。刀具补偿值用下式表示：

　　　　　补偿值 = 当前的补偿值 +（刀具停止点坐标 - 编程的测量位置坐标）

G37 指令格式：

G92 IP __；设置工件坐标系（也可以用 G54 ~ G59 指令）

H××；刀具长度补偿的偏移号

G90 G37 IP __；绝对值指令

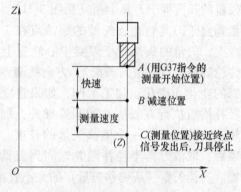

图 3-29　自动刀具长度测量

G37 只在指令的程序段有效；IP __ 表示测量位置坐标。

使用 G37 指令首先要设定工件坐标系，用绝对值指令指定测量到达位置坐标。然后刀具快速运动，中途减速，以测量速度向测量位置移动。最后达到测量位置，并且测量装置发出终点到达信号后，刀具停止运动。测量出差值加到当前刀具长度偏移值上。

使用 G37 指令要注意，在有 G37 指令的程序段不能指定 H 代码，否则将产生报警。指定 H 代码需在 G37 指令程序段之前进行。

G37 指令的应用如图 3-30 所示，其程序如下：

G92 Z550.0 X750.0；用绝对值指令设置的工件坐标系

G00 G90 X600.0；　刀具运动到 X600.0

H01；　　　　　　指定刀具长度偏移号

G37 Z200.0；　　　刀具运动到测量位置

G00 Z204.0；　　　刀具沿 Z 轴回退一个小距离

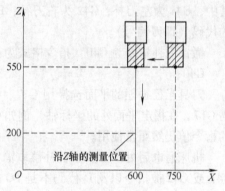

图 3-30　G37 指令的应用

这个例子中，如果刀具移动到 Z = 198.0mm 处发出信号（测量位置），则刀具长度偏移必须修正 2mm。

（3）刀具半径补偿 C 指令（G40 ~ G42）　刀具运动轨迹由刀具中心轨迹确定。加工工件轮廓时，铣刀中心应偏离工件轮廓一个刀具半径值。这个问题有两种解决办法：一种是由编程人员按照零件的几何形状尺寸及刀具半径大小人工计算刀具中心运动轨迹，然后再按刀具中心运动轨迹编制加工程序；另一种方法是编程人员按照零件实际轮廓尺寸编制加工程序，并在程序中指明刀具参数及进给方式，由数控系统自动完成刀具中心运动轨迹的计算。前一种方法繁琐、工作量大，已不采用；第二种方法具有很大的灵活性，既可以减轻编程人员的计算工作量，又允许实际加工中根据具体情况选择适宜的刀具。现代数控系统都具有自

动计算刀具中心运动轨迹功能，这种功能称之为刀具半径补偿（或刀具半径偏移）功能。

刀具半径补偿包括刀具半径偏移与尖角过渡两项工作。与之相关的指令有 G40、G41、G42，分别称为取消刀具半径补偿、设定刀具半径左偏（左刀补）、设定刀具半径右偏（右刀补）指令。现在普遍采用的刀具半径补偿功能是在零件拐角处采用折线进行过渡，且系统可以自动实现尖角过渡，不需对程序进行人工指定，该种刀补称为"半径补偿 C"。

当刀具中心偏离工件达到刀具半径时（建立刀补），CNC 系统首先建立刀具偏移矢量，该矢量的长度等于刀具半径（见图 3-31）。偏移矢量垂直于刀具轨迹，矢量的起始点在工件的边缘上，矢量的头部位于刀具中心轨迹上（即零件轮廓线上点的法向矢量），方向是随着零件轮廓的变化而变化。加工期间，如果建立刀具半径补偿后执行直线插补和圆弧插补，那么刀具轨迹将偏离工件一个偏移矢量的长度。加工结束后，取消刀具半径补偿并返回到刀具起始位

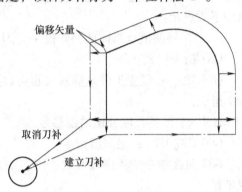

图 3-31　刀具半径补偿 C 与偏移矢量

置。刀偏矢量（或偏移矢量）的大小放在内存中，由 D 代码指定。指令格式为：

G00（或 G01）G41（或 G42）IP＿ D＿；

其中，G41 为左刀补，G42 为右刀补；IP＿指令坐标轴的运动值；D＿表示刀具半径补偿值的代码（即刀偏号）。

撤销刀补指令为 G40，指令格式为：

G40；

刀具半径补偿的平面选择用 G17、G18、G19 指令，称为偏移平面。未指定时默认平面是 G17。在指定平面外的坐标轴，例如 G17 定义下的 Z 轴的坐标值不受偏移的影响，程序中的指令值仍然照常使用。

机床通电后处于刀具半径补偿取消方式，偏移矢量为零，刀具中心轨迹为编程轨迹。当 G41 或 G42 被指令以及 D 代码不是 D0 时，CNC 用 G00 或 G01 运动指令建立刀补，从而进入刀具半径偏移方式。如果使用圆弧插补建立刀具半径补偿，将产生报警。为了处理开始程序段，CNC 需要预先读取两个程序段。

使用刀具半径补偿须注意的问题：

①　假如偏移方式中有两个或更多的程序段没有运动（辅助功能、暂停等），将产生过切或少切现象。

②　如果偏移平面改变，将产生报警，并且停止刀具运动。

③　在刀具半径偏移方式中，指令 G40 或使用 D0 代码，并且在直线运动中 CNC 进入刀具半径偏移取消方式。

④　如果使用 G02 或 G03 指令进入偏移取消方式，CNC 产生报警，并且停止刀具运动。

⑤　当更换刀具需要改变刀具半径补偿值时，一般在偏移取消方式中进行。如果改变刀补在偏移方式中进行，那么程序段终点的偏移量被计算出来，作为新的刀具半径补偿值。图 3-32 所示为偏移量改变的情况。

⑥　如果刀具半径偏移量变为负值，则程序中用以 G41 和 G42 指令的全部程序段都相

互替换，进行图形重新分配，刀具中心轨迹在工件外侧的切削变为内侧切削；刀具中心轨迹在工件内侧的切削变为外侧切削。通常是用偏移量的正值编程。图 3-33a 所示为刀具中心轨迹在工件外侧，若把偏移量变为负值，刀具将沿着图 3-33b 所示的刀具中心轨迹运动。因此同一程序可以同时加工内、外或凹、凸图形。它们程序之间的差距只是调整偏移量的正负。

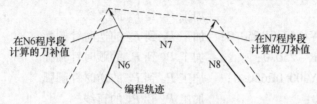

图 3-32　刀补值的改变

D 代码偏移量的设置由 MDI 面板完成。刀具半径补偿值由刀具偏移号表示，D 地址后面的数字为 1 ~ 3 位数。D0 表示刀偏量为零，不能为其他值。D 代码是模态指令，在设定新的 D 代码之前一直保持有效。偏移矢量是二维矢量，其数值等于刀具半径补偿量，由 CNC 内部控制单元计算出来。它的方向随着刀具前进方向改变而改

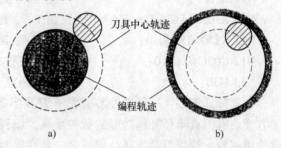

图 3-33　指定正、负偏移量时刀具中心轨迹

变。偏移矢量的计算在 G17、G18 或 G19 指定的偏移平面上进行，没有指定的偏移平面不能计算偏移量。在三个轴同时控制时，刀具轨迹投影到偏移平面上，偏移量按此平面指定和计算。偏移平面在刀具半径补偿取消方式下改变，如果在偏移方式下改变将产生报警并停机。

刀具半径补偿的应用如图 3-34 所示，其程序为：

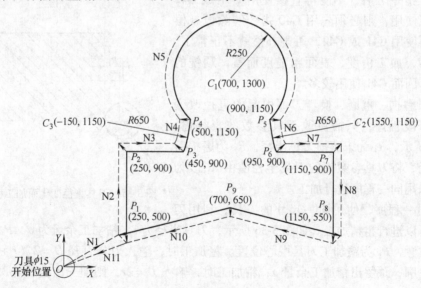

图 3-34　刀具半径补偿应用举例

O0002；

N1 G92 X0 Y0 Z0；　　　　　　　　设定绝对坐标系，刀具位于开始位置 O（X0，Y0，Z0）

N2 G00G41D07X250.0Y550.0；　　建立刀具半径补偿方式（偏移方式），刀具向编程轨
　　　　　　　　　　　　　　　　　迹左边偏离以 D07 指定的距离，即刀具中心偏离工件
　　　　　　　　　　　　　　　　　轮廓一个刀具半径距离

N3 G01Y900.0 F150；　　　　　　加工 P_1 到 P_2 的直线

N4 X450.0；　　　　　　　　　　加工 P_2 到 P_3 的直线

N5 G03X500.0Y1150.0R650.0；　　加工 P_3 到 P_4 的逆时针圆弧

N6 G02X900.0R－250.0；　　　　加工 P_4 到 P_5 的顺时针圆弧

N7 G03X950.0Y900.0R650.0；　　加工 P_5 到 P_6 的逆时针圆弧

N8 G01X1150.0；　　　　　　　加工 P_6 到 P_7 的直线

N9 Y550.0；　　　　　　　　　加工 P_7 到 P_8 的直线

N10 X700.0Y650.0；　　　　　　加工 P_8 到 P_9 的直线

N11 X250.0Y550.0；　　　　　　加工 P_9 到 P_1 的直线

N12 G00G40X0Y0；　　　　　　取消偏移方式，刀具返回到 O 点

N13 M30；　　　　　　　　　　程序结束

　　在实际加工中，一般数控装置都有刀具半径补偿（或称偏置）功能，为编制程序提供了方便。有刀具半径补偿功能的数控系统，编程时不需要计算刀具中心的运动轨迹，只按零件轮廓编程。使用刀具半径补偿指令，并在控制面板上手工输入刀具半径，数控装置便能自动地计算出刀具中心轨迹，并按刀具中心轨迹运动，即执行刀具半径补偿后，刀具自动偏离工件轮廓一个刀具半径值，从而加工出所要求的工件轮廓。操作时还可以用同一个加工程序，通过改变刀具半径的偏移量，对零件轮廓进行粗、精加工。

　　G41、G42 不能重复使用，即在程序中前面有了G41 或 G42 指令之后，不能再直接使用 G41 或 G42指令。若想使用，则必须先用 G40 指令解除原补偿状态后，再使用 G41 或 G42，否则补偿就不正常了。从刀具寿命、加工精度、表面粗糙度而言，顺铣的效果较好，因而 G41 使用较多。

　　刀具因磨损、重磨、换新刀而引起的直径改变后，不需修改程序，只需更改刀具参数的直径值。如图 3-35 所示，R_1 为未磨损刀具半径，R_2 为磨损后的刀具半径，将刀具参数库的刀具半径值由 R_1 改为R_2，即可采用同一程序进行加工。

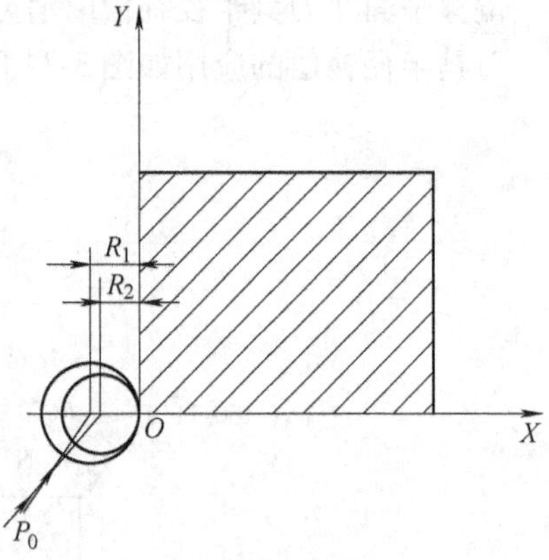

　　应用同一程序，使用同一尺寸的刀具，利用刀

图 3-35　刀具直径变化而加工程序不变

具补偿值可以进行粗精加工。如图 3-36 所示，刀具半径为 r，精加工余量为 a，P_1 为粗加工刀具中心位置，P_2 为精加工刀具中心位置。粗加工时，输入刀具直径 $D = 2(r + a)$，则加工出虚线轮廓，预留出精加工余量 a；精加工时，输入 $D = 2r$，则加工出实线轮廓，即工件实际尺寸。

　　利用刀具补偿值可以控制轮廓的尺寸精度。由于刀具直径的输入值可精确到小数点后 2～4 位（0.01～0.0001），所以可以用来控制轮廓的尺寸精度。如图 3-37 所示，单面加工，若测得尺寸 L 偏大 a 值（实线轮廓），则可将原来的刀补值 $D = 2r$ 改为 $D = 2(r - a)$，即可

获得尺寸 L（虚线轮廓）。图中 P_1 为原来的刀心位置，P_2 为修改刀补值后的刀心位置。

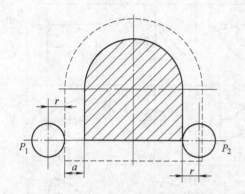

图 3-36　利用刀具补偿进行粗、精加工

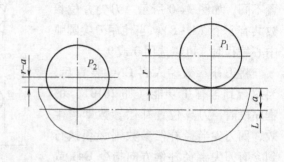

图 3-37　用刀补值控制尺寸精度

（4）刀尖半径补偿指令（G40～G42）　在编制数控车床加工程序时，通常将刀尖看做是一个点。然而，实际的刀具头部是圆弧或近似圆弧，如图 3-38 所示。

常用的硬质合金可转位刀片的头部都制成圆弧形。对于有圆弧的实际刀头，如果以假想的刀尖 P 来编程，数控系统控制 P 点的运动轨迹，而切削时实际起作用的切削刃是圆弧的各切点，这必然会产生加工误差。

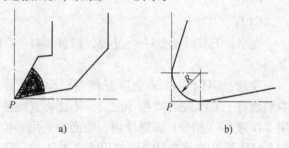

图 3-38　圆头刀尖
a）假想刀尖　b）实际刀尖

当车圆柱面、端面时，不会产生加工误差；而当车锥面和圆弧面时，产生了图 3-39 所示的加工误差。事实上，数控车床用圆头车刀加工时，只要两轴同时运动，如用假想刀尖编程，就会产生误差。而沿一个轴运动时，则不会产生误差。

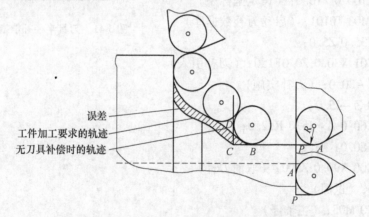

图 3-39　刀尖圆弧半径补偿对加工精度的影响

对于采用刀尖半径补偿的加工程序，在工件加工之前，要把刀尖半径补偿的有关数据（如刀尖半径 R、车刀形状和刀尖圆弧位置）输入到刀补存储器中，以便执行加工程序时，数控系统对刀尖圆弧半径所引起的误差自动进行补偿。

数控车削使用的刀具有很多种，不同类型的车刀其刀尖圆弧所处的位置不同，如图 3-40 所示。刀尖方位参数共有 8 个（1～8），当使用刀尖圆弧中心编程时，可以选用 0 或 9。

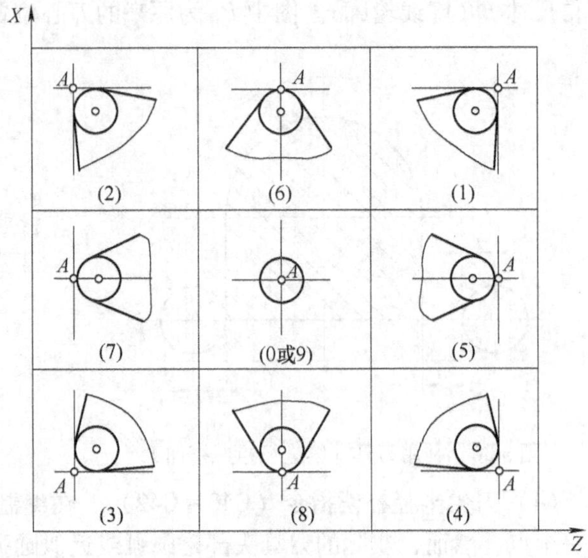

将刀补参数输入到 CNC 装置后，当执行到含有 T 功能（如 T0101）的程序段时，刀具位置补偿参数即可生效，而刀尖半径补偿参数则必须执行到含有刀尖半径补偿方向指令 G41 或 G42 指令时才可生效。指令格式：

G01（或 G00）G41（G42）
X（U）＿ Z（W）＿ F＿；
……

G40；

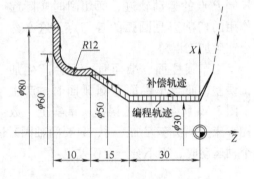

图 3-40　数控车床假想刀尖的位置

说明：刀具补偿是一个过程，因此 G41、G42、G40 程序段中，必须有 G00 或 G01 指令。

注意：G41、G42 不能重复使用，即在程序中前面有了 G41 或 G42 指令之后，不能再直接使用 G41 或 G42 指令；若想使用，则必须先用 G40 指令解除原补偿状态后，再使用 G41 或 G42，否则补偿就不正常了。

例如，对图 3-41 所示零件进行轮廓精车，考虑刀具补偿。其程序编写如下：

N05 G50 X100.0 Z10.0；（设定坐标系）

N10 S600 M03 T0101；（启动刀补数据库）

N15 G00 X35.0 Z5.0；

N20 G42 G01 X30.0 Z0.0F150；（刀补引入）

N25 G01 Z－30.0；（刀补实施）

N30 X50.0 Z－45.0；

N35 G02 X60.0 Z－55.0 R12.0；

N40 G01 X80.0；

N45 G40 G00 X90.0 Z5.0；（取消刀补）

N50 Z10.0；（返回）

N55 X100.0 M05；（主轴停）

N60 M02；（程序结束）

图 3-41　刀具半径补偿指令的应用

9. 固定循环

（1）钻镗类固定循环　有些加工操作的工艺顺序是固定不变的，如钻孔、镗孔、攻螺纹等孔加工工艺，变化的只是坐标尺寸、移动速度和主轴转速等。为了简化编程，系统开发者将这类加工过程编成固定格式的子程序，用 G 指令来调用，称为固定循环。

　　数控铣床（加工中心）配备的固定循环功能主要用于孔加工，包括钻孔、镗孔、攻螺纹等。使用一个程序段就可以完成一个孔的全部加工。如果孔加工的动作无需变更，则程序中所有的模态数据可以不写，因此可以大大简化程序。固定循环本质上是一种标准化级别较高的子程序调用，使用起来非常方便。

　　固定循环的原理基本是一致的，使用格式仍不统一，不同数控系统有不同的规定。下面主要介绍 FANUC 0i 数控系统的固定循环。常用的铣削固定循环见表 3-3。

表 3-3　常用的铣削固定循环

指令	−Z 方向进刀	孔底位置的动作 4	+Z 方向退刀	用途
G73	间歇进给	—	快速移动	高速深孔钻循环
G74	切削进给	主轴停→主轴正转	切削进给	攻左旋螺纹循环
G76	切削进给	主轴定向停	快速移动	精镗循环
G80	—	—	—	取消固定循环
G81	切削进给	—	快速移动	钻孔、钻中心孔循环
G82	切削进给	暂停	快速移动	钻孔、锪镗循环
G83	间歇进给	—	快速移动	深孔钻循环
G84	切削进给	主轴停→主轴正转	切削进给	攻右螺纹循环
G85	切削进给	—	切削进给	铰孔循环
G86	切削进给	主轴停	快速移动	镗孔循环
G87	切削进给	主轴停	快速移动	背镗循环
G88	切削进给	暂停→主轴停	手动移动	镗孔循环
G89	切削进给	暂停	切削进给	镗孔循环

　　孔加工固定循环通常由以下 6 个动作组成，如图 3-42 所示。

　　① 　X 轴和 Y 轴定位——使刀具快速定位到孔加工的位置。

　　② 　快进到 R 点——刀具自初始点快速进给到 R 点。

　　③ 　孔加工——以切削进给的方式执行孔加工的动作。

　　④ 　在孔底的动作——包括暂停、主轴准停、刀具移位等动作。

　　⑤ 　返回到 R 点——继续孔的加工而又可以安全移动刀具时选择 R 点。

　　⑥ 　快速返回到初始点——孔加工完成后一般应选择初始点。

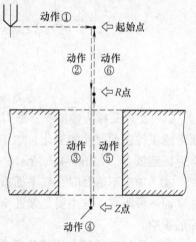

图 3-42　固定循环的动作

　　说明：① 　固定循环指令中地址 R 与地址 Z 的数据指定与 G90 或 G91 的方式选择有关。选择 G90 方式时，R 与 Z 一律取其绝对坐标值；选择 G91 方式时，则 R 是指起始点到 R 点间的距离，Z 是指自 R 点到孔底平面 Z 点的距离，如图 3-43 所示。

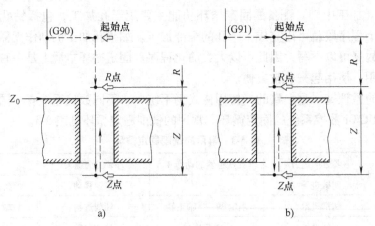

图 3-43　地址 R 与地址 Z 指令
a）绝对方式　b）增量方式

②　起始点是为安全下刀而规定的点。该点到零件表面的距离可以任意设定在一个安全的高度上。当使用同一把刀具加工若干孔时，只有孔间存在障碍需要跳跃或全部孔加工完毕时，才使用 G98 功能使刀具返回到起始点，如图 3-44a 所示。

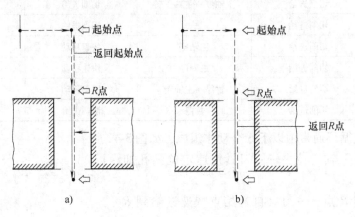

图 3-44　刀具返回指令
a）返回起始点（G98）　b）返回 R 点（G99）

③　R 点又称为参考点，是刀具下刀时由快进转为工进的转换点。距工件表面的距离主要考虑工件表面尺寸的变化，如工件表面为平面时，一般可取 2 ~ 5mm。使用 G99 时，刀具将返回到该点，如图 3-44b 所示。

④　加工不通孔时孔底平面就是孔底的 Z 轴高度；加工通孔时一般刀具还要伸出工件底平面一段距离，这主要是保证全部孔深都加工到规定尺寸。钻削加工时还应考虑钻尖对孔深的影响。

⑤　孔加工循环与平面选择指令（G17、G18 或 G19）无关，即不管选择了哪个平面，孔加工都是在 XY 平面上定位并在 Z 轴方向上加工孔。

孔加工固定循环指令的一般格式为：

G90/G91 G98/G99 G73 ~ G89 X＿ Y＿ Z＿ R＿ Q＿ P＿ F＿ K＿；

说明：

G73 ~ G89 是孔加工固定循环指令。

X、Y 指定孔在 XY 平面的坐标位置（增量或绝对值）。

Z 指定孔底坐标值。增量方式时指 R 点到孔底的距离；绝对值方式时指孔底的绝对坐标值。

R 指定参考点坐标值。在增量方式中指起始点到 R 点的距离；在绝对值方式中指 R 点的绝对坐标值。

在 G73、G83 中，Q 用来指定每次进给的深度；在 G76、G87 中，Q 用来指定刀具位移量。

P 用来指定暂停的时间，单位为 ms。

F 为切削进给的进给量。

K 用来指定固定循环的重复次数。只循环一次时 K 可不指定。加工相同距离的多个孔时，可以指定循环次数 K（最大为 9999）。K 只在指定的程序段有效，第一个孔的位置要用增量值（G91）表示，如用 G90，则在同一位置加工 K 次。指定 K0 只存储数据，不加工。

G73 ~ G89 是模态指令，一旦指定，一直有效，直到出现其他孔加工固定循环指令，或固定循环取消指令（G80），或 G00、G01、G02、G03 等插补指令时才失效。因此，多孔加工时该指令只需指定一次，以后的程序段只需给出孔的位置即可。

固定循环中的参数（Z、R、Q、P、F）是模态的，当变更固定循环方式时，被使用的参数可以继续使用，不需重设。

在使用固定循环编程时一定要在前面程序段中指定 M03（或 M04），使主轴起动。

若在固定循环指令程序段中同时指定一 M 指令代码（如 M05、M09），则该 M 代码并不是在循环指令执行完成后才被执行，而是执行完循环指令的第一个动作（X、Y 轴向定位）后，即被执行。因此，固定循环指令不能和指令 M 代码同时出现在同一程序段。

当用 G80 指令取消孔加工固定循环后，那些在固定循环之前的插补模态（如 G00、G01、G02、G03）指令恢复，M05 指令也自动生效（G80 指令可使主轴停转）。

在固定循环中，刀具半径补偿指令（G41、G42）无效。刀具长度补偿指令（G43、G44）有效。

应该注意：在固定循环中，如果复位，则孔加工方式及孔加工数据保持不变，孔位置数据被取消。因此在固定循环中按了复位按钮，孔加工方式不被取消，再遇到运动指令时仍会自动调用固定循环。

1）高速深孔钻循环指令（G73）。指令格式：

G73 X __ Y __ Z __ R __ Q __ F __ K __;

说明：孔加工动作如图 3-45 所示。分多次工作进给，每次进给的深度由 Q 指定（一般 2 ~ 3mm），且每次工作进给后都快速退回一段距离 d，d 值由参数设定（通常为 0.1mm）。K 是重复次数。这种加工方

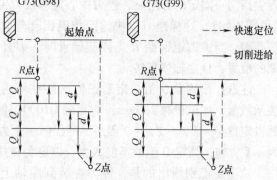

图 3-45　高速深孔钻循环指令（G73）

法，通过 Z 轴的间断进给可以比较容易地实现断屑与排屑，适合于深孔加工。

2）攻左旋螺纹循环指令（G74）。指令格式：

G74 X ___ Y ___ Z ___ R ___ P ___ F ___ K ___；

说明：孔加工动作如图 3-46 所示。图中，CW 表示主轴正转，CCW 表示主轴反转。此指令用于攻左旋螺纹，故需先使主轴反转，再执行 G74 指令，刀具先快速定位至 X、Y 所指定的坐标位置，再快速定位到 R 点，接着以 F 所指定的进给速率攻螺纹至 Z 所指定的坐标位置后，暂停，然后主轴转换为正转且同时向 Z 轴正方向退回至 R 点，退至 R 点后主轴恢复原来的反转。

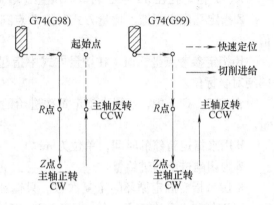

图 3-46　G74 指令的动作

3）精镗循环指令（G76）。指令格式：

G76 X ___ Y ___ Z ___ R ___ Q ___ P ___ F ___ K ___；

说明：孔加工动作如图 3-47 所示。图中，OSS 表示主轴定向准停，Q 表示刀具移动量。采用这种方式镗孔可以保证提刀时不至于划伤内孔表面。

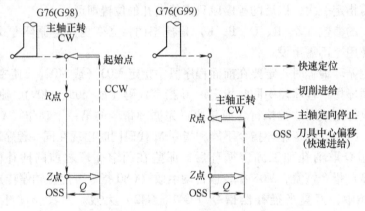

图 3-47　G76 指令的动作

执行 G76 指令时，镗刀先快速定位至 X、Y 指定的坐标点，再快速定位到 R 点，接着以 F 指定的进给速度镗孔至 Z 指定的深度后，主轴定向停止，使刀尖指向一固定的方向后，镗刀中心偏移使刀尖离开加工孔面（见图 3-48），这样镗刀以快速定位退出孔外时，才不至于刮伤孔面。当镗刀退回到 R 点或起始点时，刀具中心回复到原来的位置，且主轴恢复转动。

注意：偏移量 Q 值一定是正值，且 Q 不可用小数点方式表示数值，如欲偏移 1.0mm，应写成 Q1000；偏移方向可用参数设定选择 +X、+Y、−X 及 −Y 的任何一个方向，一般设定为 +X 方向；指定 Q 值时不能太大，以避免碰撞工件。

这里要特别指出的是，镗刀在装到主轴上后，一定要在 CRT/MDI 方式下执行 M19 指令使主轴准停后，检查刀尖所处

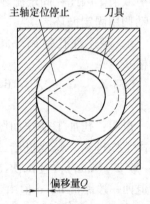

图 3-48　主轴定向停止与偏移

的方向，如图 3-48 所示。若与图中位置相反（相差 180°）时，须重新安装刀具使其按图中定位方向定位。

4）钻孔循环指令（G81）。指令格式：

G81 X ＿ Y ＿ Z ＿ R ＿ F ＿ K ＿；

说明：孔加工动作如图 3-49 所示。本指令属于一般孔钻削加工固定循环指令。

5）钻、镗阶梯孔循环指令（G82）。指令格式：

G82X ＿ Y ＿ Z ＿ R ＿ P ＿ F ＿ K ＿；

说明：与 G81 动作轨迹一样，仅在孔底增加了"暂停"时间，因而可以得到准确的孔深尺寸，表面更光滑，适用于镗孔或镗阶梯孔，如图 3-50 所示。

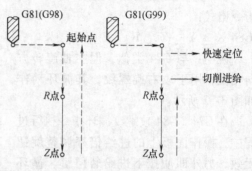

图 3-49　G81 指令的动作

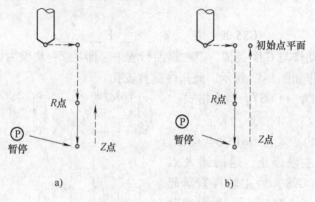

图 3-50　G82 指令的动作
a）G82（G98）　b）G82（G99）

6）深孔加工循环指令（G83）。指令格式：

G83 X ＿ Y ＿ Z ＿ R ＿ Q ＿ F ＿ K ＿；

说明：孔加工动作如图 3-51 所示，本指令适用于加工较深的孔，与 G73 不同的是每次刀具间歇进给后退至 R 点，可把切屑带出孔外，以免切屑将钻槽塞满而增加钻削阻力及切削液无法到达切削区。图中的 d 值由参数设定，一般设定为 1000，表示 1.0mm。当重复进

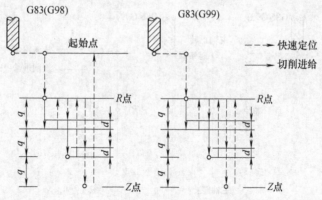

图 3-51　G83 指令的动作

给时，刀具快速下降，到 d 规定的距离时转为切削进给，q 为每次进给的深度。

7）攻右旋螺纹循环指令（G84）。
指令格式：

G84 X__Y__Z__R__P__F__K__；

说明：与 G74 类似，但主轴旋转方向相反，用于攻右旋螺纹，其循环动作如图 3-52 所示。

在 G74、G84 攻螺纹循环指令执行过程中，操作面板上的进给倍率调整旋钮无效，另外即使按下进给暂停键，循环在回复动作结束之前也不会停止。

8）铰孔循环指令（G85）。指令格式：

$$G85\ X\_\_Y\_\_Z\_\_R\_\_F\_\_K\_\_；$$

说明：孔加工动作与 G81 类似，但在返回行程中，即从 $Z \rightarrow R$ 段为切削进给，以保证孔壁光滑，其循环动作如图 3-53 所示。此指令适宜铰孔。

9）镗孔循环指令（G86）。指令格式：

G86 X__Y__Z__R__F__K__；

说明：该指令的格式与 G81 完全类似，但进给到孔底后，主轴停止，返回到 R 点（G99）或起始点（G98）后主轴再重新起动，其循环动作如图 3-54 所示。采用这种方式加工，如果连续加工的孔间距较小，则可能出现刀具已经定位到下一个孔加工的位置而主轴尚未到达规定的转速的情况，为此，可以在各孔动作之间加入暂停指令 G04，以使主轴获得规定的转速。使用固定循环指令 G74 与 G84 时也有类似的情况，同样应注意避免。本指令属于一般孔镗削加工固定循环。

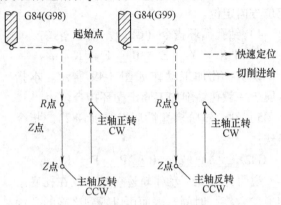

图 3-52　G84 指令的动作

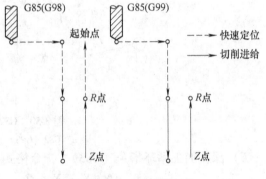

图 3-53　G85 指令的动作

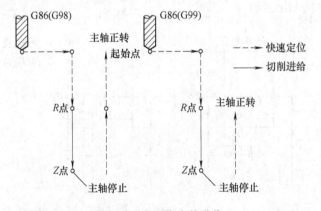

图 3-54　G86 指令的动作

10）背镗循环（G87）。这个固定循环指令可以实现背镗，即反向镗削。其指令格式为：

$$G87X \_\_ Y \_\_ Z \_\_ R \_\_ Q \_\_ P \_\_ F \_\_ K \_\_;$$

说明：Z 为孔底到 Z 点的距离；R 为初始平面到 R 点平面（孔底）的距离；Q 为孔底让刀的移动量，Q 是模态值（G76 指令也有相同的情况）。对该值要小心地指定，因为 G73、G83 指令的切削深度也用 Q 表示。G87 固定循环中的其他代码意义同前。

执行 G87 指令，首先在 XY 平面定位，主轴停止在固定的旋转位置（定向停），刀具向刀尖的反方向位移。然后刀具快速运动到孔底（R 点），并向刀尖方向位移，主轴顺时针旋转。接着向 Z 轴的正方向，用进给速度进行镗孔（从 R 点到 Z 点）。刀尖达到 Z 点后，进给暂停，主轴再一次定向停止，刀具向刀尖的反方向位移。最后刀具快速返回到初始平面（G98）。该固定循环不使用 G99 方式。到达初始平面后，刀具向刀尖方向位移，主轴顺时针转动，以便继续下一个程序段的操作。固定循环的其他规定和注意事项同前。循环动作如图 3-55 所示。注意 R 点在 Z 点的下面。在反镗循环程序段中，Q 代码必须指定正值。如果指定了负值，将被忽略。让刀移动方向由参数设置。在程序段中指定了 Q 和 R，才能镗削。

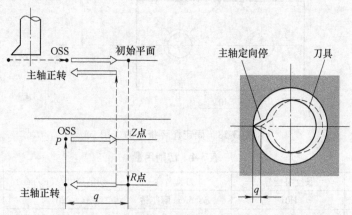

图 3-55 G87 指令的动作

11）镗孔循环（G88）。该循环指令用于镗孔加工。指令格式：

$$G88X \_\_ Y \_\_ Z \_\_ R \_\_ P \_\_ F \_\_ K \_\_;$$

其中的代码意义同前。循环动作如图 3-56 所示。

镗孔循环之前，用辅助功能 M 代码使主轴转动。执行 G88 指令，首先在 XY 平面定位。然后刀具以快速运动到 R 点，接着用进给速度进行镗孔（从 R 点到 Z 点）。镗孔完成后，进行暂停，主轴停转。最后以手动方式返回到 R 点（G99）。在 R 点主轴顺时针转动，如果指令 G98，则从 R 点开始以快速返回到初始平面。

12）镗孔循环（G89）。该循环指令用于镗孔。循环动作如图 3-57 所示。与 G85 指令几乎相同，所不同的是镗削完成后，在孔底暂停。指令格式：

$$G89X \_\_ Y \_\_ Z \_\_ R \_\_ P \_\_ F \_\_ K \_\_;$$

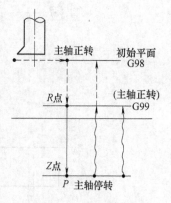

图 3-56 G88 指令的动作

13）取消固定循环指令（G80）。指令格式：

G80；

当固定循环指令不再使用时，应用 G80 指令取消固定循环，而恢复到一般指令状态（如 G00、G01、G02、G03 等），此时固定循环指令中的孔加工数据（如 Z 点、R 点值等）也被取消。

固定循环指令的应用如图 3-58 所示，加工 2 × M10 × 1.5 的螺纹通孔，加工顺序为：ϕ8.5mm 麻花钻钻孔→ϕ25mm 锪钻倒角→M10mm 丝锥攻螺纹。切削用量见表 3-4。

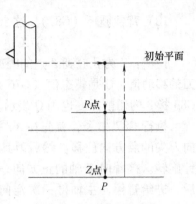

图 3-57　G89 指令的动作

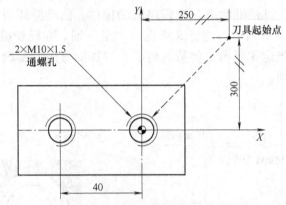

图 3-58　固定循环指令的应用

表 3-4　切削用量

刀具号	长度补偿号	刀具名称	切削速度/（m/min）	进给量/（mm/r）
T01	H01	ϕ8.5mm 麻花钻	20	0.2
T02	H02	ϕ25mm 锪钻	12	0.2
T03	H03	M10mm 丝锥	8	1.5

分析：绘制加工刀具进给路线如图 3-59 所示，各刀具的 R 点和 Z 点位置如图 3-60 所示。

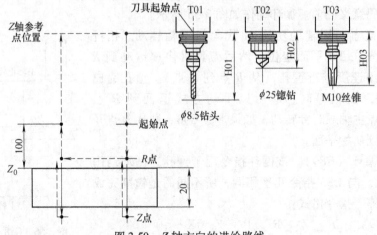

图 3-59　Z 轴方向的进给路线

这里有两点需要特别说明：

① 应如何计算 $\phi25\text{mm}$ 锪钻倒角时的 Z 点坐标？这里假设倒角孔口直径为 D，锪钻小端直径为 d，锥角为 α，锪钻与孔口接触时锪钻小端与孔口的距离为 L，则

$$L = (D - d) / 2\tan(\alpha/2)$$

根据 L 值和倒角量的大小就可算出 Z 点坐标值。本例 $\alpha = 90°$，$D = 8.5\text{mm}$，$d = 0$，则 $L = 4.25\text{mm}$，若倒角深为 1.25mm，则 Z 值为 5.5mm。

② 攻螺纹时 R 点的 Z 坐标为 10mm，这是为了保证螺距准确，因为主轴在由快进转入工进时其间有一个加减速运动过程，应避免在这一过程中攻螺纹。

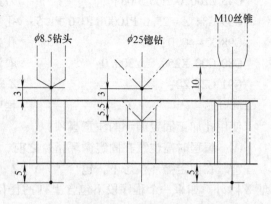

图 3-60　各刀具的 R、Z 点位置

编制加工程序如下：

程序	说明
O4007；	程序号
G17 G21；	G 代码初始状态
G91 G28 Z0 T01；	Z 轴回零，选 T01 号刀
M06；	主轴换上最初使用的 T01 号刀

钻孔程序

程序	说明
T02；	选 T02 号刀
G90 G00 G54 X0 Y0；	选择工件坐标系，快速到达 X0、Y0 位置
S750 M03；	主轴正转
G43 Z100.0 H01 M08；	刀具长度补偿，至循环起始点，切削液开
G99 G81 Z - 25.0 R3.0 F150；	钻孔 1，刀具返回 R 点
G98 X - 40.0；	钻孔 2，刀具返回起始点 M09；切削液关
G91 G80 G28 Z0；	取消钻孔循环，Z 轴回参考点
M06；	主轴换上 T02 号刀

倒角程序

程序	说明
T03；	选 T03 号刀
G90 G00 X0 Y0；	快速到达 X0、Y0 位置
S150 M03；	主轴正转
G43 Z100.0 H02 M08；	刀具长度补偿，至循环起始点，切削液开
G99 G81 Z - 5.5 R3.0 F30；	孔 1 倒角，刀具返回 R 点
G98 X - 40.0；	孔 2 倒角，刀具返回起始点 M09，切削液关
G91 G80 G28 Z0；	取消钻孔循环，Z 轴回参考点
M06；	主轴换上 T03 号刀

攻螺纹程序

程序	说明
G90 G00 X0 Y0；	快速到达 X0、Y0 位置
S150 M03；	主轴正转，切削液开

G43 Z100.0 H03 M08;	刀具长度补偿，至循环起始点，切削液开
G99 G84 Z−25.0 P1000R10.0 F1.5;	孔1攻螺纹，刀具返回 R 点
G98 X−40.0;	孔2攻螺纹，刀具返回起始点 M09，切削液关
G80 G00 X250.0 Y300.0;	取消攻螺纹循环，快速返回起始位置
G91 G28 Z0;	Z 轴返回参考点
M30;	程序结束

使用孔加工固定循环的注意事项：

① 编程时需注意在固定循环指令之前，必须先使用 S 和 M 代码指令主轴旋转。

② 在固定循环模态下，包含 X、Y、Z、P、R 的程序段将执行固定循环，G04 中的地址 X 除外。如果一个程序段不包含上列的任何一个地址，则在该程序段中将不执行固定循环，另外，G04 中的地址 P 不会改变孔加工参数中的 P 值。

③ 孔加工参数 Q、P 必须在固定循环被执行的程序段中被指定，否则指令的 Q、P 值无效。

④ 在执行含有主轴控制的固定循环（如 G74、G76、G84 等）过程中，刀具开始切削进给时，主轴有可能还没有达到指令转速。这种情况下，需要在孔加工操作之间加入 G04 暂停指令。

⑤ 01 组的 G 代码也起到取消固定循环的作用，所以不要将固定循环指令和 01 组的 G 代码写在同一程序段中。

⑥ 如果执行固定循环的程序段中指令了一个 M 代码，M 代码将在固定循环执行定位时被同时执行，M 指令执行完毕的信号在 Z 轴返回 R 点或初始点后被发出。使用 K 参数指令重复执行固定循环时，同一程序段中的 M 代码在首次执行固定循环时被执行。

⑦ 在固定循环模态下，刀具偏置指令将被忽略（不执行）。

⑧ 单程序段开关置上位时，固定循环执行完 X、Y 轴定位、快速进给到 R 点及从孔底返回（到 R 点或到初始点）后，都会停止。也就是说需要按循环起动按钮 3 次才能完成一个孔的加工。3 次停止中，前面的两次是处于进给保持状态，后面的一次是处于停止状态。

⑨ 执行 G74 和 G84 循环时，Z 轴从 R 点到 Z 点和 Z 点到 R 点两步操作之间如果按进给保持按钮的话，进给保持指示灯立即会亮，但机床的动作却不会立即停止，直到 Z 轴返回 R 点后才进入进给保持状态。另外 G74 和 G84 循环中，进给倍率开关无效，进给倍率被固定在 100%。

（2）车削单一固定循环指令（G77、G78、G79 或 G90、G92、G94）　为了简化车削编程，可以使用车削固定循环指令。车削固定循环包括单一固定循环和复合固定循环。单一固定循环为一次进刀加工循环，其指令有外径、内径车削循环指令（G77 或 G90），螺纹切削循环指令（G78 或 G92）和端面切削循环指令（G79 或 G94）。

1）外径、内径车削循环指令（G77 或 G90）。该指令用于零件外径和内径的车削加工，循环操作如图 3-61 所示。刀具在横向进刀（X 方向），纵向车削（Z 方向）。指令格式：

$$G77X（U）\_\_Z（W）\_\_F\_\_;$$

刀具从循环起点开始按矩形循环，最后又回到循环起点。图中，虚线表示快速运动，实线表示按 F 指定的工作进给速度插补；X、Z 为圆柱面切削终点坐标值；U、W 为圆柱面切削终点相对循环起点的增量值。其加工顺序按 1、2、3、4 进行。

例如，加工图 3-62 所示的工件，程序如下：

......

N05 G77 X35.0 Z20.0 F0.2；

N06 X30.0；

N07 X25.0；

......

切削锥面时，指令格式：

G77X（U）__Z（W）__I__F__；

如图 3-63 所示，I（R）为锥体大小端的半径差。编程时，应注意 I 的符号，确定的方法是：锥面起点坐标大于终点坐标时为正，反之为负。

2）螺纹切削循环（G78 或 G92）。螺纹切削循环 G78 或 G92 为简单螺纹循环，该指令可切削锥螺纹和圆柱螺纹，其循环路线与前述的单一形状固定循环基本相同。指令格式：

G78 X（U）__Z（W）__I__F__；

如图 3-64 所示，刀具从循环点开始，按 A、B、C、D 进行自动循环，最后又回到循环起点 A。图中虚线表示快速移动，实线表示按 F 指定的工作进给速度插补。X、Z 为螺纹终点（C 点）的坐标值；U、W 为螺纹终点坐标相对于螺纹起点的增量坐标；I 为锥螺纹起点和终点的半径差。加工圆柱螺纹时 I 为零，可省略。

例如，车削图 3-65 所示的 M30 × 2 − 6g 的普通螺纹。

由 GB/T 197—2003 知：该螺纹大径为 $\phi 30^{-0.038}_{-0.318}$mm，所以编程大径取为 $\phi 29.7$mm，则编程小径：$d' = （29.7 − 1.3 × 2）$ mm $= 27.1$mm。则加工程序如下：

N01 G50 X270.0 Z260.0；　　　　建立工件坐标系

N02 M03 S800 T0101；　　　　　主轴正转，建立刀补

N03 G00 X35.0 Z104.0；　　　　建立循环起点

N04 G78 X28.9 Z53.0 F2.0；

N05　　　X28.2；

N06　　　X27.7；

N07　　　X27.1；

N08 G00 X270.0 Z260.0 T0100；　返回起刀点，取消刀补

N09 M05；

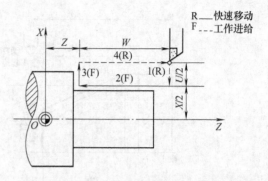

R——快速移动
F----工作进给

图 3-61　用 G77 切削循环指令切削圆柱面

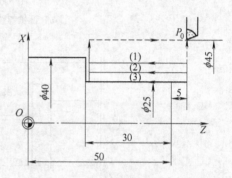

图 3-62　用 G77 切削循环指令切削圆柱面

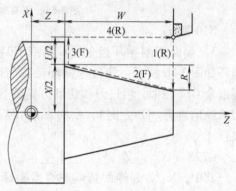

图 3-63　用 G77 切削循环指令切削圆锥面

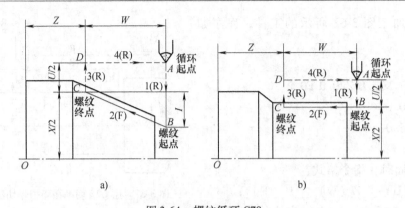

图 3-64　螺纹循环 G78

a) 圆锥螺纹循环　b) 圆柱螺纹循环

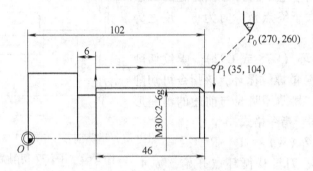

图 3-65　用 G78 指令切削圆柱螺纹的应用

N10 M30;

3) 端面切削循环指令（G79 或 G94）。直端面切削循环如图 3-66 所示。该指令循环动作与内、外径车削循环指令 G77 相似，但进刀和切削方向改变了。该指令为：刀具纵向进刀（Z 方向），横向车削（X 方向）。指令格式：

G79X（U）__ Z（W）__ F__;

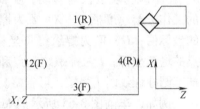

图 3-66　G79 直端面切削循环

其中，X、Z 为端面切削的终点坐标值；U、W 为端面切削终点位置的增量值；F 为切削速度。循环操作由刀具纵向快速进给 1（R）、横向端面切削 2（F）、纵向以进给速度退出切削 3（F）和横向快速返回到起刀点 4（R）等组成。

锥端面切削循环如图 3-67 所示。指令格式：

G79X（U）__ Z（W）__ K__ F__;

其中，K 为横向锥面大小端的差值，图中方向为正。

（3）车削复合固定循环指令（G70 ~ G76）　它应用于切除非一次加工即能加工到规定尺寸的场合。主要在粗车和多次加工切螺纹的情况下使用。如用棒料毛坯车削阶梯相差较大的轴，或切削铸、锻件的毛坯余量时，都有一

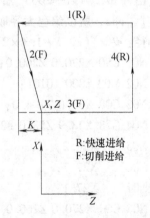

R:快速进给
F:切削进给

图 3-67　G79 锥端面切削循环

些多次重复进行的动作，每次加工的轨迹相差不大。利用复合固定循环功能，只要编出最终加工路线，给出每次切除的余量深度或循环次数，机床即可自动地重复切削直到工件加工完为止。它主要有以下几种：

1）内、外径粗车循环 G71。它适用于圆柱毛坯料粗车外径和圆筒毛坯料粗车内径，如图 3-68 所示。指令格式：

G71 U （Δd）R （e）；

G71 P （n_s）Q （n_f）U （Δu）W （Δw）F （f）S （s）T （t）；

其中　Δd——背吃刀量（沿垂直轴线方向即 AA' 方向）；

　　　e——退刀量；

　　　n_s——循环程序中第一个程序段的顺序号；

　　　n_f——循环程序中最后一个程序段的顺序号；

　　　Δu——径向（X 轴方向）的精车余量（直径值）；

　　　Δw——轴向（Z 轴方向）的精车余量；

f、s、t——F、S、T 代码。

注意：$n_s \rightarrow n_f$ 程序段中即使指令了 F、S、T 功能，对粗车循环也无效。

当上述程序指令的是工件内径轮廓时，G71 就自动成为内径粗车循环，此时径向精车留量 Δu 应指定为负值。G71 只能完成外径或内径粗车。

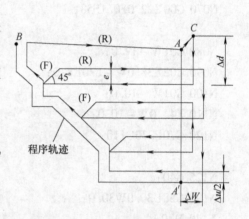

图 3-68　内、外径粗车循环 G71

应用举例：已知粗车背吃刀量为 2mm，退刀量为 1mm，精车余量在 X 轴方向为 0.6mm（直径值），Z 轴方向为 0.3mm，要求编制图 3-69 所示零件外圆的粗、精车加工程序。

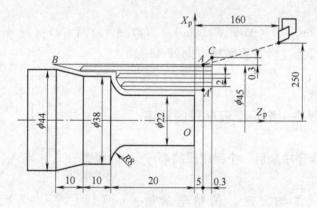

图 3-69　外圆粗、精车循环举例

加工程序如下：

O0005；

N010 G92X250.0 Z160.0；

N020 T0100；

N030 G95G96S55M04；　　　　　　　　　　主轴反转，恒线速度（55m/min）控制

N040 G42 G00X45.0Z5.0T0101；   刀具由起点快进至循环起点 A，采用 1 号刀具补偿
N050 G71U2.0R1.0；   外圆粗车循环，粗车背吃刀量 2mm，退刀量 1mm
N060 G71P070Q110U0.6W0.3F0.2；   精车路线为 N070～N110。精车余量单边（X 方
向）0.3mm，Z 方向 0.3mm。粗车进给量 0.2mm/
r。执行 N060 程序段时，刀尖由 A 点快速退到 C
点。然后从 C 点沿着 X 方向快进一个背吃刀量，
开始 Z 方向车削循环。末次粗车（形状程序）后
零件各表面留有精车余量，粗车结束刀具返回到 A
点

N070 G00X22.0F0.1S58；   设定快进 $A{\rightarrow}A'$ 精车进给量 0.1mm/r，恒线速度控
制（58m/min）
N080 G01W－17.0；   车 $\phi22$ 的外圆，向 Z 负方向移动 17mm
N090 G02X38.0W－8.0R8.0；   车 $R8$ 圆弧，用圆弧终点坐标和半径指定
N100 G01W－10.0；   车 $\phi38$ 的外圆
N110 X44.0W－10.0；   车锥面
N120 G70P070Q110；   精车循环开始：刀具快进 $A{\rightarrow}A'$，精车 $A'{\rightarrow}B$，结
束后返回到 A 点
N125 G40；   取消刀尖半径补偿
N130 G28U30.0W30.0；   经中间点（75，35）返回到参考点
N140 M30；   程序结束

2）端面粗车循环 G72。它适用于圆柱棒料毛坯端面方向粗车。图 3-70 所示为从外径方向往轴心方向车削端面循环。端面粗车循环的切削轨迹平行于 X 轴，但循环指令与 G71 指令完全相同。指令格式：

G72 U（Δd）R（e）；
G72 P（n_s）Q（n_f）U（Δu）W（Δw）F（f）S（s）T（t）；
其中，Δd——背吃刀量（沿垂直轴线方向即 AA'
方向）；
e——退刀量；
n_s——循环程序中第一个程序段的顺序
号；
n_f——循环程序中最后一个程序段的顺序
号；
Δu——径向（X 轴方向）的精车余量
（直径值）；
Δw——轴向（Z 轴方向）的精车余量；

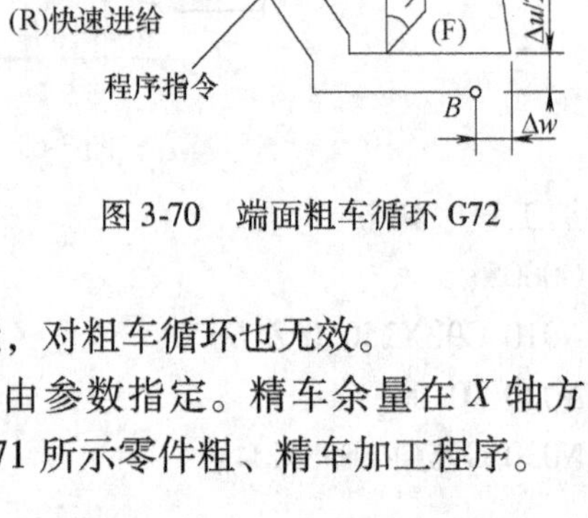

图 3-70　端面粗车循环 G72

f、s、t——F、S、T 代码。

注意：$n_s{\rightarrow}n_f$ 程序段中即使指令了 F、S、T 功能，对粗车循环也无效。

应用举例：已知粗车背吃刀量为 2mm，退刀量由参数指定。精车余量在 X 轴方向为 0.5mm（半径值），Z 轴方向为 2mm，要求编制图 3-71 所示零件粗、精车加工程序。

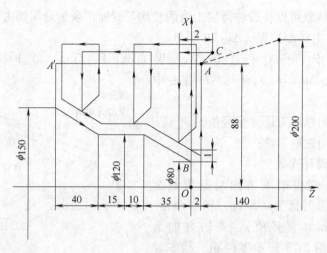

图 3-71　G72 端面粗车循环举例

加工程序如下：

N101 T0100；　　　　　　　　　　　自动换刀，采用 1 号刀具，无长度和磨损补偿

N102 G42 G00X176.0Z2.0M03M08；　刀具由起点快进至循环起点 A，主轴反转，开切
　　　　　　　　　　　　　　　　　削液

N103 G95G96S120；　　　　　　　　恒线速度（120m/min）控制

N104 G72W2.0；　　　　　　　　　　端面粗车循环，Z 向背吃刀量 2mm，退刀量由参
　　　　　　　　　　　　　　　　　数指定

N105 G72P106Q110U1.0W2.0F0.3；　精车路线 N106～N110。精车余量单边（X 方向）
　　　　　　　　　　　　　　　　　0.5mm，Z 方向 2.0mm。粗车进给量 0.3mm/r，
　　　　　　　　　　　　　　　　　执行 N105 程序段时，刀尖由 A 点快速退到 C
　　　　　　　　　　　　　　　　　点；然后从 C 点沿着 X 方向快进一个背吃刀量，
　　　　　　　　　　　　　　　　　开始 Z 方向粗车循环。未次粗车后零件各表面
　　　　　　　　　　　　　　　　　留有精车余量，粗车结束刀具返回到 A 点

N106 G00X155.0Z–100.0F0.15S150；设定快进 A→A'，精车进给量 0.15mm/r，恒线
　　　　　　　　　　　　　　　　　速度控制（150m/min）

N107 G01 X150.0；　　　　　　　　到达零件轮廓的起点

N108 X120.0Z–60.0；　　　　　　　车锥面，插补到 φ120mm、Z–60 处

N109 Z–35.0；　　　　　　　　　　车 φ20mm 的外圆

N110 X80.0W35.0；　　　　　　　　车锥面，插补到 φ80.0mm、Z0 处

N111 G70P107Q110；　　　　　　　精车循环开始：刀具快进 A→A'，精车 A'→B 结
　　　　　　　　　　　　　　　　　束后返回到 A 点

N112 G42 G00G97X200.0Z142.0；　　返回到换刀点

N113 M30；　　　　　　　　　　　程序结束

3）固定形状粗车循环 G73。它适用于毛坯轮廓形状与零件轮廓形状基本接近时的粗车。
例如，一些锻件、铸件的粗车，这种循环方式的进给路线如图 3-72 所示。执行 G73 指令时，
每一刀加工路线的轨迹是相同的，只是位置不同。每加工完一刀，就把加工轨迹向工件方向

移动一个距离，这样就可以将锻件待加工表面较均匀的加工余量分层切去。指令格式：

G73 U （Δi） W （Δk） R （d）；

G73 P （n_s） Q （n_f） U （Δu） W （Δw） F （f） S （s） T （t）；

其中　n_s、n_f、Δu、Δw 、f、s、t 与 G71 指令中
相同；

Δi——X 方向总退刀量（半径值）；

Δk——Z 方向总退刀量；

d——粗切循环次数。

应用举例：已知粗车 X 方向总退刀量为
9.5mm，Z 方向总退刀量为 9.5mm；精车余量：
X 轴方向为 1.0mm（直径值），Z 轴方向为
0.5mm，要求编制图 3-73 所示零件粗、精车加
工程序。

加工程序如下：

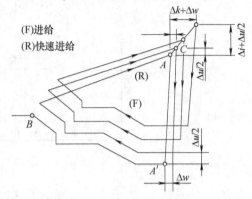

图 3-72　固定形状粗车循环 G73

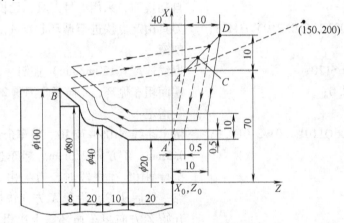

图 3-73　G73 封闭粗车循环举例

N101 T0100；	自动换刀，采用 1 号刀具，无长度和磨损补偿
N102 M08 M04；	开切削液，主轴反转
N103 G42 G00X140.0Z4.0；	刀具由起点快进至循环起点 A
N104 G95G96S120；	进给速度为 mm/r，恒线速度（120m/min）控制
N105 G73U9.5W9.5R3；	封闭粗车循环，X 向退刀量 9.5mm（半径值），Z 向退刀量 9.5mm，循环 3 次
N106 G73P107Q111U1.0W0.5F0.3；	精车路线为 N107～N113。精车余量单边（X 方向）0.5mm，Z 方向 0.5mm，粗车进给量 0.3mm/r。执行 NI06 程序段时，刀尖由 A 点快速退到 D 点。然后从 D 点沿着 X、Z 轴两个方向各快进一个背吃刀量，开始封闭粗车循环，每次偏移固定的背吃刀量。末次粗车后零件各表面留有精车余量，粗车结束刀具返回到 A 点

N107 G00X20.0Z0.5；　　　　　　　设定快进 $A \rightarrow A'$

N108 G01Z – 20.0F0.15S150；　　　　车 $\phi20\text{mm}$ 的外圆，恒线速度控制（150m/min），
　　　　　　　　　　　　　　　　　　进刀速度 0.15mm/r

N109 X40.0Z – 30.0；　　　　　　　车锥面

N110 G02X80.0Z – 50.0R20.0；　　　车圆弧

N111 G01X100.0Z – 58.0；　　　　　车锥面

N112 G70P107Q111；　　　　　　　精车循环开始：刀具快进 $A \rightarrow A'$，精车 $A' \rightarrow B$，
　　　　　　　　　　　　　　　　　　结束后返回到 A 点

N113 G00X150.0Z200.0；　　　　　返回到换刀点

N114 M02；　　　　　　　　　　　程序停止

4）精车循环 G70。当用 G71、G72、G73 粗车工件后，必须用 G70 来指定精车循环，切除粗加工中留下的余量。在精车循环 G70 状态下，$n_s \rightarrow n_f$ 程序中指定的 F、S、T 有效；当 $n_s \rightarrow n_f$ 程序中不指定的 F、S、T 时，粗车循环中指定的 F、S、T 有效。指令格式：

$$G70 \ P \ (n_s) \ Q \ (n_f)；$$

其中，n_s——指定精车循环的第一个程序段的顺序号；

　　　n_f——指定精车循环的最后一个程序段的顺序号。

应当注意：若在粗加工循环以前和在 G71、G72、G73 指令中指定了 F、S、T，则 G71、G72、G73 指令中的 F、S、T 优先有效。而在 N(n_s) ~ N(n_f) 程序中指定的 F、S、T 无效。精加工循环结束后，刀具返回到循环起始点 A。

5）间断纵向切削循环 G74。该循环指令的功能使刀具进行间断的纵向加工（见图 3-74），具有便于排屑和断屑的优点。指令格式：

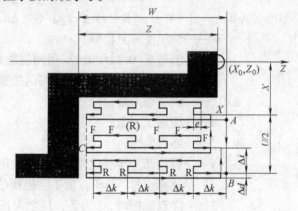

图 3-74　G74 间断纵向切削循环

$$G74R(e)；$$

$$G74X(U)\_ Z(W)\_ P(\Delta i)Q(\Delta k)R(\Delta d)F(f)；$$

其中　e——每次进刀的回退量；

　　　X——精车圆柱表面的直径；

　　　Z——从工件原点到端面的尺寸；

　$U/2$——从起点 B 测得的端面加工深度（$A \rightarrow B$ 的增量）；

　　　W——从起点 B 测得的纵向加工深度（$A \rightarrow C$ 的增量）；

　　Δi——X 方向移动、间断切削深度（无符号数）；

　　Δk——Z 方向间断切削深度（无符号数）；

　　Δd——切削终点的退刀量，即孔底刀具的退刀量；

　　　f——进给速度。

如果省略 X（U）、P 和 R 值，而仅 Z 轴运动，则可用于深孔钻削加工（见图 3-75）。

6）间断端面切削循环 G75。该循环指令可以用于端面循环加工，优点是便于断屑和排屑。指令格式：

G75R（e）；

G75X（U）＿Z（W）＿P（Δi）Q（Δk）R（Δd）F（f）；

G75 指令的动作图相当于在 G74 指令中把 X 和 Z 相互置换。如果省略了 Z（W）、Q 和 R 值，而仅 X 向进刀，则可用于外圆上槽的断续加工（见图 3-76）。

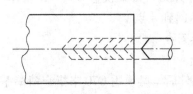 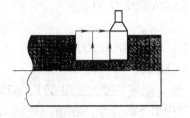

图 3-75　G74 用于 Z 轴排屑深孔钻削固定循环　　　图 3-76　G75 用于 X 轴切槽固定循环

7）螺纹切削复合循环指令 G76。该指令可以完成一个螺纹段的全部加工任务。图 3-77 所示为螺纹进给路线及进刀方式。指令格式：

G76 P（m）（r）（α）Q（Δd_{min}）R（d）；

G76 X（U）＿Z（W）＿R（i）P（k）Q（Δd）F（f）；

其中　　　　m——精加工重复次数；

　　　　　　r——倒角量(0.1L～9.9L,用两位数 01～99 表示)；

　　　　　　α——刀尖角(螺纹牙型角)，用两位数表示；

　　　Δd_{min}——最小切入量；

　　　　　　d——精加工余量；

X(U)＿Z(W)＿——终点坐标；

　　　　　　i——螺纹部分半径之差，即螺纹切削起始点与切削终点的半径差。加工圆柱螺纹时，i＝0；加工圆锥螺纹时，当 X 向切削起始点坐标小于切削终点坐标时，i 为负，反之为正；

　　　　　　k——螺牙的高度（X 轴方向的半径值）；

　　　　　Δd——第一刀切入量（X 轴方向的半径值）；

　　　　　　f——螺纹导程。

应用举例用 G76 循环指令加工图 3-78 所示的圆柱螺纹。

N1 G50 X100.0 Z150.0；

N2 T0101；

N3 M04 S400；

N4 G00 X75.0 Z130.0；

N5 G76 P011060 Q100 R200；

N6 G76 X60.64 Z25.0 P3680 Q1800 F6.0；

N7 G00 X100.0 Z150.0；

N8 T0100 M05；

N9 M30；

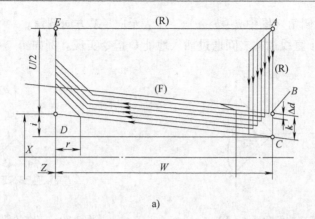

a)

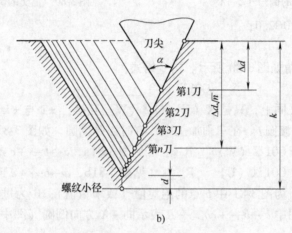

b)

图 3-77 螺纹切削复合循环指令 G76

a）进给路线 b）进刀方式

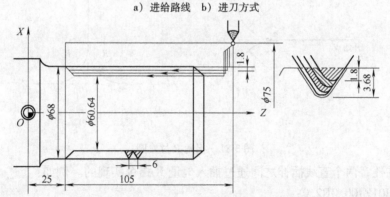

图 3-78 螺纹切削复合循环的应用

10. 其他简化编程

除了上面介绍的各种固定循环指令外，还有其他一些简化编程指令。

（1）正交的倒角和倒圆

1）倒角。在车削加工中，由 Z 轴向 X 轴倒角如图 3-79 所示。指令格式：

$$G01Z（W）\ \_\_\ C\ \_\_\ ;$$

其中，Z（W）为图 3-79 中 b 点的绝对值（或增量值）；C 为图中 b 点到 c 点的距离（i）；

$+i$ 表示向 $+X$ 方向倒角（图中 $a \rightarrow b \rightarrow c$），$-i$ 表示向 $-X$ 方向倒角。

倒角在任意两个直线插补之间通过插入地址 C 指令实现。例如：

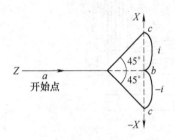

图 3-79　正交的倒角（$Z \rightarrow X$）　　　　图 3-80　正交的倒角（$X \rightarrow Z$）

N20 G90G01Z100.0C2.0；

N21 X35.0；

由 X 轴向 Z 轴倒角如图 3-80 所示。指令格式：

$$\text{G01X（U）} \underline{\quad} \text{C} \underline{\quad};$$

其中，各地址代码意义同上，只是 X（U）与 Z（W）互换；$\pm i$ 与 $\pm k$ 互换。

2）倒圆（拐角过渡圆）。在车削加工中，有时需要倒圆，如图 3-81 所示。指令格式：

Z 轴向 X 轴过渡：G01 Z（W）$\underline{\quad}$ R $\underline{\quad}$；（见图 3-81a，$a \rightarrow b \rightarrow +c$ 或 $a \rightarrow b \rightarrow -c$）

X 轴向 Z 轴过渡：G01 X（U）$\underline{\quad}$ R $\underline{\quad}$；（见图 3-81b，$a \rightarrow b \rightarrow +c$ 或 $a \rightarrow b \rightarrow -c$）

其中，X、Z（U、W）为图 3-81 中 b 点的绝对值（或增量值）；R 为过渡圆弧半径，$+R$ 表示向 $+X$ 方向倒圆（图中 $a \rightarrow b \rightarrow +c$），$-R$ 表示向 $-X$ 方向倒圆（图中 $a \rightarrow b \rightarrow -c$）。

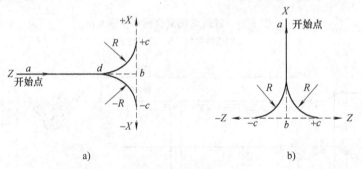

a)　　　　　　　　　　　b)

图 3-81　拐角 R 过渡圆

倒圆是在任意两个直线插补之间通过插入地址 R 指令实现的。例如：

N20G90H01Z100.0R2.0；

N21X35.0；

（2）任意角度的倒角和倒圆　倒角和倒圆程序段可以自动地插入任意两个直线插补和圆弧插补程序段之间，其实现方法是将倒角和倒圆指令代码加在直线插补（G01）或圆弧插补（G02 或 G03）程序段的尾部。倒角和倒圆可以连续指定。指令格式：

　　　，C $\underline{\quad}$；　倒角

　　　，R $\underline{\quad}$；　倒圆

指令代码中的逗号"，"必须有；C 为倒角指令代码，其后面的数值为实际倒角的开始

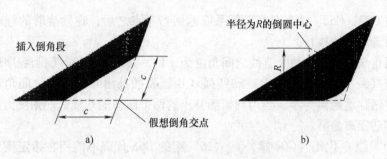

图 3-82 任意角度的倒角与倒圆

点和结束点的距离（见图 3-82a）；R 为倒圆指令代码，其后面的数值为过渡圆弧的半径（见图 3-82b）。

倒角、例圆指令应用举例：

倒角：N20 G91G01X100.0，C10.0；

　　　N21 X100.0Y100.0；

倒圆：N20 G91G01X100.0，R10.0；

　　　N21 X100.0Y100.0；

带有倒角、倒圆的编程实例如图 3-83 所示，其程序如下：

N001 G92X0Y0；

N002 G00X10.0Y10.0；

N003 G01X50.0F10，C5.0；

N004 Y25.0，R8.0；

N005 G03X80.0Y50.0R30.0，R8.0；

N006 G01X50.0，R8.0；

N007 Y70.0，C5.0；

N008 X10.0，C5.0；

N009 Y10.0；

N010G00X0Y0；

N011 M02；

使用倒角、倒圆指令时要注意：

① 倒角、倒圆只能在指定的平面（G17、G18 或 G19）中实现，不能在与 X、Y 或 Z 轴平行的轴上进行倒角、倒圆。

② 指令倒角、倒圆程序段的后面必须跟随带有直线插补（G01）或圆弧插补（G02 或 G03）运动指令的程序段。否则产生报警。

③ 如果倒角、倒圆程序段使刀具运动超过了插补运动范围以外，将产生报警。

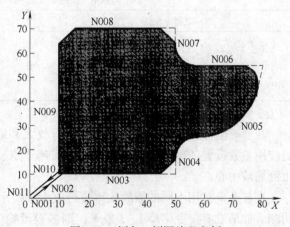

图 3-83 倒角、倒圆编程实例

④ 在用 G92、G52～G59 改变坐标系或返回参考点之后，在紧接着的程序段中指定倒角、倒圆，两者均不能执行。

⑤ 当用直线插补出的两个直线之间角度为 ±1°，其间的倒角、倒圆程序段被看做移动距离为零。当直线（用直线插补出）和圆弧（用圆弧插补出）的切线之间角度为 ±1°，倒圆程序段被看做移动距离为零。当用圆弧插补出的两个圆弧的切线之间角度为 ±1°，倒圆程序段被看做移动距离为零。

⑥ "00"组 G 代码（G04 除外）、"16"组的 G68 代码不能用在指定倒角、倒圆的程序段中，也不能用在带有倒角、倒圆的定义连续图形的程序段之间。

⑦ 在螺纹加工程序段不能指定倒角、倒圆。

⑧ 倒角、倒圆只能插在指定的同一平面（G17、G18 或 G19）中的运动指令之间。在用 C17、G18 或 G19 改变坐标平面之后紧接着的程序段指定倒角、倒圆不起作用。

11. 比例缩放和旋转变换指令

（1）比例缩放指令（G50、G51） 比例缩放功能使程序指令的图形放大和缩小，如图 3-84 所示。用 X、Y 和 Z 指定的尺寸各自都可以按相同或不同的缩放比率进行缩小或放大，缩放倍率在程序中指定。如果缩放比率不在程序中指定，应用参数指定缩放倍率。

图中 $P_1 P_2 P_3 P_4$ 为程序指定的形状，$P_1' P_2' P_3' P_4'$ 为比例缩放后的形状，P_0 为比例缩放中心。指令代码为 G50 和 G51。

比例缩放指令格式见表 3-5。

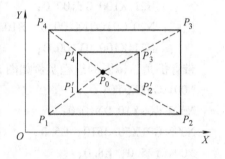

图 3-84 比例缩放

表 3-5 比例缩放指令格式

指令格式	指令代码的意义
G51 X＿ Y＿ Z＿ P＿；比例缩放开始 …　　　　　　　　比例缩放有效 G50；　　　　　　　比例缩放取消	X＿ Y＿ Z＿：比例缩放中心 P_0 的绝对坐标值； P＿：缩放比例
各个坐标用不同的缩放比率进行放大和缩小（镜像）	
指令格式	指令代码的意义
G51 X＿ Y＿ Z＿ I＿ J＿ K＿；比例缩放开始 …　　　　　　　　　　比例缩放有效 G50；　　　　　　　　　比例缩放取消	X＿ Y＿ Z＿：比例缩放中心 P_0 的绝对坐标值； I＿ J＿ K＿：X、Y、Z 轴各自的缩放比例

注：所有坐标都用相同的缩放比率进行放大或缩小。

在所有坐标都用相同的缩放比率进行放大和缩小的情况下，如果程序段中没有指定 P，则应用参数设置的倍率；如果程序段中省略了 X、Y、Z，那么刀具的位置作为 G51 指令的比例缩放中心。

在各个坐标用不同的缩放比率进行放大和缩小的情况下，也可指定负倍率，可实现镜像功能。如果没有指令倍率 I、J 或 K，则参数设置值有效，然而倍率值不能是 "0"，也不能用小数指定。

在圆弧插补时，即使各轴用不同的缩放倍率，刀具轨迹也不是椭圆。当用半径 R 指令圆弧插补，并在各轴施用不同倍率时，将产生下面图形（见图 3-85）。图中 X 轴倍率为 2 倍，Y 轴倍率为 1 倍。其程序为：

G90G00X0Y100.0；

G51X0Y0I2000J1000；

G02X100.0Y0R100.0F500；

上面的指令等同于下面的指令，半径 R 的倍率为 I 和 J 倍率中最大的一个。

G90G00X0Y100.0；

G02X200.0Y0R200.0F500；

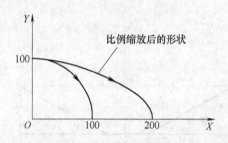

图 3-85　带比例缩放的圆弧插补 1

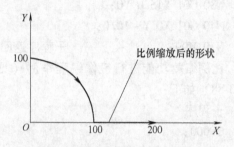

图 3-86　带比例缩放的圆弧插补 2

当用 I、J 或 K 指令圆弧插补，并在各轴施用不同倍率时，将产生如图 3-86 所示的图形。图中 X 轴倍率为 2 倍，Y 轴倍率为 1 倍。其程序为：

G90G00X0Y100.0；

G51X0Y0I2000J1000；

G02X100.0Y0J - 100.0F500；

上面的指令等同于下面的指令，此时终点没有改变，但半径不一致，并包括了直线段：

G90G00X0Y100.0；

G02X200.0Y0J - 100.0F500；

当镜像加到指定平面一个轴上时，将使圆弧插补的旋转方向变反（G02 和 G03 互换）、刀具半径补偿偏移方向变反（G41 和 G42 互换）、坐标系旋转的转角变反。

比例缩放的限制：刀具半径补偿、刀具长度补偿和刀具位置偏移等的偏移量不能施加比例缩放；钻削固定循环的 Z 轴运动，深孔钻削循环（G73、G83）的切入量和退刀量，精镗循环（G76），反镗循环（G87）的 X、Y 方向的偏移量均不能施加比例缩放；在比例缩放方式中，返回参考点（G27、G28、G29 和 G30 等）和关于坐标系指令（G52 ~ G59 和 G92 等）均不能指定，如果需要这些 G 代码中的任一个，应该在取消 G51 之后指定。

图 3-87 所示的缩放功能程序为：

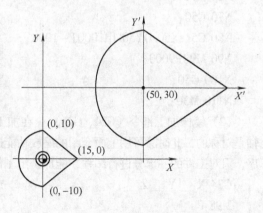

图 3-87　缩放功能应用

O0038；　　　　　　　　主程序

N100 G92 X50.0 Y30.0；

N110 G51 P2；　　　　　以刀具当前的位置为缩放中心，将图放大一倍

N120 M98 P0100；

N130 G50；　　　　　　　取消缩放

N140 M30；

O0100；　　　　　　　　子程序

N10 G00 G90 X0 Y－10.0 F100；

N20 G02 X0 Y10.0 J10.0；

N30 G01 X15.0 Y0；

N40 G01 X0 Y－10.0；

N50 M99；　　　　　　　子程序返回

比例缩放功能进行镜像编程举例（见图 3-88）如下：

子程序

O9000；

N200 G00G90X60.0Y60.0；

N201 G01X100.0F100；

N202 Y100.0；

N203 X60.0Y60.0；

N204 M99；

主程序

N10 M98P9000；

N20 G51X50.0Y50.0I－1000J1000；

N30 M98P9000；

N40 G50；

N50 G51X50.0Y50.0I－1000J－1000；

N60 M98P9000；

N70 G50；

N80 G51 X50.0Y50.0I1000J－1000；

N90 M98P9000；

N100 G50；

N110 M30；

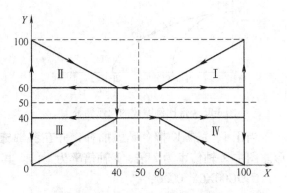

图 3-88　利用缩放功能进行镜像编程

（2）镜像加工指令（G24、G25）　　在加工工件时，常遇到所加工工件上的图形相对于某一轴是对称的，此时除可用上面介绍的缩放功能进行镜像编程外，还可采用系统的镜像功能和子程序，只对工件的一部分进行编程，能加工出工件的对称部分，这就是镜像加工。指令格式：

G24 X＿ Y＿ Z＿；

M98 P＿；

G25 X＿ Y＿ Z＿；

注意：使用镜像指令后必须进行取消，以免影响后面的程序。在 G90 模式下，使用镜像或取消指令，都要回到工件坐标系原点才能使用。否则，数控系统无法计算后面的运动轨迹，会出现乱进给现象。这时必须实行手动原点复归操作予以解决。主轴转向不随镜像指令变化。

例如，已知工件材料为 Q195，T01 为 ϕ8mm 的立铣刀，在数控铣床上加工前已经完成轮廓粗加工，工件安全高度 100mm，如图 3-89 所示。以下为采用 G24、G25 指令所编写的程序。

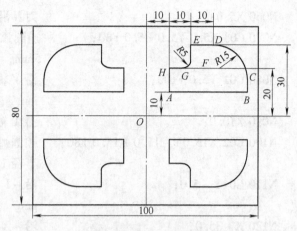

图 3-89　镜像加工应用

O0005；

N0010 G90 G17 G00 X0 Y0 M03 S600；　　　增量尺寸编程，工作平面 XY，刀具快速点定位到 O（0，0）点上方，主轴正转，转速 600r/min

N0020 M98 P0100；　　　加工第一象限工件轮廓

N0030 G24 X0；　　　关于 Y 轴镜像，镜像轴为 X = 0

N0040 M98 P0100；　　　加工第二象限工件轮廓

N0050 G25 X0；　　　取消 Y 轴镜像

N0060 G24 X0 Y0；　　　关于 X、Y 轴镜像，镜像位置为 （0，0）

N0070 M98 P0100；　　　加工第三象限工件轮廓

N0080 G25 X0 Y0；　　　取消 X、Y 轴镜像

N0090 G24 Y0；　　　关于 X 轴镜像，镜像轴为 Y = 0

N0100 M98 P0100；　　　加工第四象限工件轮廓

N0110 G25 Y0；　　　取消 X 轴镜像

N0120 M05；　　　主轴停转

N0130 M30；　　　程序结束

子程序

O0100；

N010 G91 G41 G00 X10.0 Y8.0 D01；　　　刀具从 O（0，0）点沿 X 轴快速移动 10mm，沿 Y 轴移动 8mm，调用刀具半径左补偿

N020 Y2.0；　　　刀具沿 Y 轴移动 2mm，到达 A 点上方

N030 Z - 98.0；　　　刀具向下快速移动 98mm

N040 G01 Z - 7.0 F100；　　　刀具向下切入 7mm，背吃刀量为 5mm，至 A 点，进给速度 100mm/min

N050 Y10.0；　　　刀具沿 Y 轴切削 10mm，至 H 点，进给速度 100mm/min

N060 X5.0；　　　　　　　　　　刀具沿 X 轴切削 5mm，至 G 点

N070 G03 X5.0 Y5.0 R5.0 F80；　　逆圆弧插补，圆弧终点坐标增量 X5、Y5，半径
　　　　　　　　　　　　　　　　　5mm，进给速度 80mm/min

N080 G01 Y5.0 F100；　　　　　　沿 Y 轴切削 5mm，至 E 点，进给速度 100mm/
　　　　　　　　　　　　　　　　　min

N090 X10.0；　　　　　　　　　　沿 X 轴切削 10mm，至 D 点

N100 G02 X15.0Y – 15.0 R15.0 F80；顺圆弧插补，圆弧终点坐标增量 X15、Y – 15，
　　　　　　　　　　　　　　　　　半径 15mm，进给速度 80mm/min，至 C 点

N110 G01Y – 5.0；　　　　　　　　沿 – Y 轴切削 5mm，至 B 点，进给速度 100mm/
　　　　　　　　　　　　　　　　　min

N120 X – 35.0；　　　　　　　　　沿 – X 轴切削 35mm，返回 A 点

N130 G00 Z100.0；　　　　　　　　刀具快速抬起回到安全高度

N140 G40 X – 10.0 Y – 10.0；　　　返回起始位置

N150 M99；　　　　　　　　　　　子程序结束，返回主程序

（3）图形旋转指令 G68、G69　指令格式：

G68 X ＿＿ Y ＿＿ R ＿＿；

G69；

该指令以给定点（X，Y）为旋转中心，将图形旋转 R 角，单位为（°），逆时针为正，一般为绝对值。当 R 省略时，按系统参数确定旋转角度。如果省略（X，Y），则以刀具当前所在位置为旋转中心。

当程序用绝对编程方式时，G68 程序段后的第一个程序段必须用绝对值指令，才能确定旋转中心。如果这一程序段为增量值，那么系统将以当前刀具位置为旋转中心，按 G68 给定的角度旋转。当程序用增量编程方式时，系统将以当前刀具位置为旋转中心，按 G68 给定的角度旋转。

增量/绝对值编程的应用如下（见图 3-90）：

N1 G92X – 500.0Y – 500.0；

N2 G68X700.0Y300.0R60000；

N3 G90G01X0Y0F200；

N4 X1000.0；

N5 G02Y1000.0R1000.0；

N6 G03X0I – 500.0J – 500.0；

N7 G01Y0；

N8 G69X – 500.0Y – 500.0；

N9 M02；

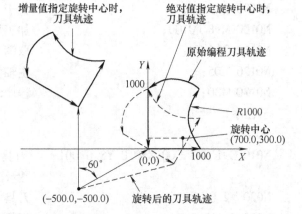

图 3-90　坐标旋转时的绝对值/增量值指令

该程序执行后得到的零件轮廓是图中虚线表示的轮廓。若按如下方式编程，则得到的零件轮廓就是图中实线表示的轮廓。

N1 G92X – 500.0Y – 500.0；

N2 G68X700.0Y300.0R60000；

N3 G91G01X500.0Y500.0F200；

N4 X1000.0；

N5 G02Y1000.0R1000.0；

N6 G03X0I－500.0J－500.0；

N7 G01Y0；

N8 G69X－500.0Y－500.0；

N9 M02；

在 G68 和 G69 指令中可以指定刀具半径补偿 C 方式，但旋转平面和刀具半径补偿 C 平面必须一致。举例（见图 3-91）如下：

N1 G92X0Y0；

N2 G68R－30000；

N3 G01G42G90X100.0Y100.0F1000D01；

N4 G91X200.0；

N5 G03Y100.0I－100.0J50.0；

N6 G01X－200.0；

N7 Y－100.0；

N8 G69G40X0Y0；

N9 M30；

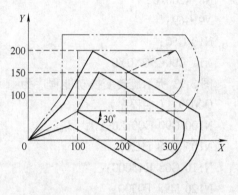

图 3-91　刀具半径补偿 C 和坐标旋转

如果在比例缩放（G51 方式）中指令坐标旋转，则旋转的坐标值（α，β）也加比例缩放，但旋转角（R）不能加。运动指令执行时首先加比例缩放，然后再进行坐标旋转。坐标旋转指令 G68 不能在刀具半径补偿 C 方式（G41、G42）和比例缩放（G51）中指定。坐标旋转指令优先于刀具半径补偿 C 方式。

没有用刀具半径补偿 C 方式时，坐标旋转指令和比例缩放指令按下面顺序执行：

G51；　　　　　比例缩放方式开始

G68；　　　　　坐标旋转方式开始

…

G69；　　　　　坐标旋转方式取消

G50；　　　　　比例缩放方式取消

当要使用刀具半径补偿 C 时，按下面顺序执行：

…

G40；　　　　　取消刀具半径补偿 C

G51；　　　　　比例缩放方式开始

G68；　　　　　坐标旋转方式开始

…

G41；　　　　　刀具半径补偿 C 开始

…

举例如下（见图 3-92）：

N1 G92X0Y0；

N2 G51X300.0Y150.0P500；

N3 G68X200.0Y100.0R45000；

N4 G90G01X400.0Y100.0F200；

N5 G91Y100.0；

N6 X - 200.0；

N7 Y - 100.0；

N8 X200.0；

N9 G69；

N10 G50；

N11 G00G90X0Y0；

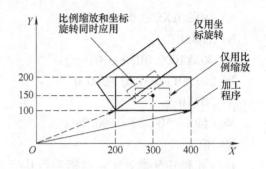

图 3-92 比例缩放和坐标旋转

图 3-93 所示旋转变换功能程序为：

O0039；（主程序）

N100 G90 G00 X0 Y0；

N105 M98 P0200；

N110 G68 R45000；

N120 M98 P0200；

……（旋转加工 7 次）

N250 G68 R315000；

N260 M98 P0200；

N270 G69；

N280 M30；

O0200；（子程序）

N10 G91 G17；

N20 G01 X20.0 Y0 F250；

N30 G03 X20.0 Y0 R10.0；

N40 G03 X - 10.0Y0 R5.0；

N50 G02 X - 10.0 Y0 R5.0；

N60 G00 X - 20.0 Y0；

N70 M99；

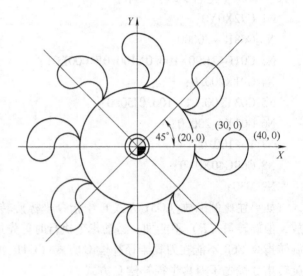

图 3-93 旋转变换功能

在有些数控机床中，缩放、镜像和旋转功能是通过参数设定来实现的，不需要在程序中用指令代码实现。这种处理方法从表面上看，好像省去了编程的麻烦，事实上，它远不如程序指令来的灵活。要想在这类机床上实现上述几个例子的加工效果，虽然可以不需编写子程序，但却需要多次修改参数设定值后，重复运行程序，并且程序编写时在起点位置的安排上必须恰当。由于无法一次调试完成，因而出错的可能性较大。

3.2.3　M 功能代码介绍

M 功能，也称为辅助功能、M 指令或 M 代码。它由字母 M 和后续的 2 位数字组成。它主要用作机床加工时的辅助性动作控制，如主轴的正反转、切削液开关等。M 指令共有 100 种，从 M00 ~ M99，常用辅助功能 M 代码及功能见表 3-6。M 指令常因生产厂家及机床结构、规格的不同而各有差异,使用时应注意查阅使用说明书。

表 3-6 常用辅助功能 M 代码及功能

M 代码	功　　能	M 代码	功　　能
M00	程序暂停	M08	切削液开
M01	选择停止	M09	切削液关
M02	程序结束	M30	程序结束并返回
M03	主轴顺时针旋转	M74	错误检测功能打开
M04	主轴逆时针旋转	M75	错误检测功能关闭
M05	主轴停止旋转	M98	子程序调用
M06	换刀	M99	子程序调用返回

M00——程序暂停指令。M00 使程序停在本程序段,不执行下一程序段。机床的主轴、进给及切削液都自动停止。该指令用于加工过程中测量刀具和工件的尺寸、工件调头、手动变速等手动操作。当程序运行停止时,全部现存的模态信息保持不变,手动操作完成后,重新按"启动"键,便可继续执行后续的程序。

M01——计划(任选)暂停指令。该指令与 M00 基本相似,所不同的是只有在"任选停止"按键被按下时,M01 才有效,否则机床仍然继续执行后续的程序段。该指令常用于工件关键尺寸的停机抽样检查等情况,当检查完成后,按"启动"键继续执行以后的程序。

M02——程序结束指令。当全部程序结束后,用此指令使主轴、进给、切削液全部停止,并使机床复位。该指令必须出现在程序的最后一个程序段中。

M30——程序结束指令。作用与 M02 相同,所不同的是,执行该指令后,光标自动返回到程序开头的位置,为加工下一个工件做好准备。

M03、M04 和 M05——主轴正转、反转和停止指令。

M06——换刀指令。

M08 和 M09——切削液开、关指令。

M19——主轴定向停止指令,主轴停止在预定的位置上。

M98、M99——子程序调用和返回指令。

这里要特别说明的是加工中心的换刀问题,加工中心的编程和数控铣床编程的不同之处主要在于:增加了 M06、M19 和 T×× 进行自动换刀的功能指令。其他指令没有太大的区别。

1. 加工中心的自动换刀指令

自动换刀指令 M06。本指令将驱动机械手进行换刀动作,但并不包括刀库转动的选刀动作。

选刀指令 T××。本指令驱动刀库电动机带动刀库转动,实施选刀动作。T 指令后跟的两位数字是指将要更换的刀具地址号,本功能是数控铣床所不具备的。

对于不采用机械手换刀的立、卧式加工中心而言,它们在进行换刀动作时,是先取下主轴上的刀具,再进行刀库转位的选刀动作,然后,再换上新的刀具。其选刀动作和换刀动作无法分开进行,故编程上一般用"T×× M06"的形式。

对于采用机械手换刀的加工中心来说,合理地安排选刀和换刀的指令,是其加工编程的要点。不同的加工中心,其换刀程序是不同的,通常选刀和换刀分开进行。换刀完毕起动主

轴后，方可执行后面的程序段。选刀时间可与机床加工时间重合起来，即利用切削时间进行
选刀。多数加工中心都规定了换刀点位置。主轴只有运动到这个位置，机械手或刀库才能执
行换刀动作。一般立式加工中心规定的换刀点位置在机床 Z 轴零点处，卧式加工中心规定
的换刀点位置在机床 Y 轴零点处。

2. 两种换刀方法的区别

（1）T01　M06　该条指令是先执行选刀指令 T01，再执行换刀指令 M06。它先指令刀
库转动，将 T01 号刀具送到换刀位置上后，再由机械手实施换刀动作。换刀以后，主轴上装
夹的就是 T01 号刀具，而刀库中目前换刀位置上安放的则是刚换下的旧刀具。执行完"T01
　M06"后，刀库即保持当前刀具安放位置不动。

（2）M06　T01　该条指令是先执行换刀指令 M06，再执行选刀指令 T01。它先指令机
械手实施换刀动作，将主轴上原有的刀具和目前刀库中当前换刀位置上已有的刀具（上一
次选刀 T×× 指令所选好的刀具）进行互换，然后，再由刀库转动将 T01 号刀具送到换刀位
置上，为下一次换刀作准备。换刀前后，主轴上装夹的都不是 T01 号刀具。执行完"M06
T01"后，刀库中目前换刀位置上安放的则是 T01 号刀具，它是为下一个 M06 换刀指令预先
选好的刀具。

3. 加工中心换刀动作编程安排时的注意事项

1）换刀动作必须在主轴停转的条件下进行，且必须实现主轴准停即定向停止（用 M19
指令）。

2）换刀点的位置应根据所用机床的要求安排，有的机床要求必须将换刀位置安排在参
考点处，或至少应让 Z 轴返回参考点，这时就要使用 G28 指令。有的机床则允许用参数设
定第二参考点作为换刀位置，这时可在换刀程序前安排 G30 指令。无论如何，换刀点的位
置应远离工件及夹具，保证有足够的换刀空间。

3）为了节省自动换刀时间，提高加工效率，应将选刀动作与机床加工动作在时间上重
合起来。比如，可将选刀动作指令安排在换刀前的回参考点移动过程中，如果返回参考点所
用的时间小于选刀动作时间，则应将选刀动作安排在换刀前的耗时较长的加工程序段中。

4）若换刀位置在参考点处，换刀完成后，可使用 G29 指令返回到下一道工序的加工起
始位置。

5）换刀完毕后，不要忘记安排重新起动主轴的指令，否则加工将无法继续进行。

3.2.4　子程序与宏程序

1. 主程序与子程序

程序可分为主程序和子程序，CNC 按主程序的指令顺序操作。程序中有固定顺序和可
重复执行的部分，可将其作为子程序存放，使整个程序简单化。主程序可以调用子程序，子
程序也可以调用其他子程序，进行多级嵌套。主程序的开头用地址 O 及后面的数字表示程
序号。子程序的开头也用地址 O 及后面的数字表示子程序号，而子程序的结尾用 M99 指令。
图 3-94 所示为主程序与子程序的关系。

1）常用的子程序调用格式有以下几种：

① M98 P×××××××。其中，P 后面的前 3 位为重复调用次数，省略时为调用一
次；后 4 位为子程序号。

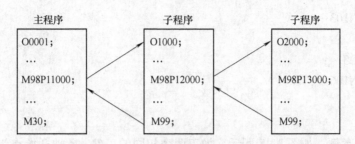

图 3-94 主程序与子程序的关系

② M98 P××××L××××。其中，P 后面的 4 位为子程序号；L 后面的 4 位为重复调用次数，省略时为调用一次。

为了进一步简化程序，可以让子程序调用另一个子程序，称为子程序的嵌套。子程序的嵌套不是无限层的，多数系统仅允许 2、3 层的嵌套。

2）主、子程序的几种特殊用法。

① M99 后面带程序段顺序号。子程序结束时，如果用 P 指定程序段顺序号，则不返回主程序或上一级子程序，而返回到用 P 指定的程序段顺序号的程序段。例如：

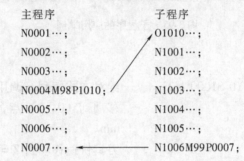

② 跳过任选程序段。当在程序段的开头指定一个斜杠后跟一个数值 [/n（1～9）]，且机床操作面板上的选择程序段跳过开关接通时，与指定的开关号 n 对应的/n 程序段中包含的信息被忽略。

当选择程序段跳过开关为断开时，以/n 指定的程序段中的信息有效。这意味着操作者能够决定是否跳过含有/n 的程序段。

/1 中的 1 可以忽略。但是，当两个或多个选择程序段跳过开关用于一个程序段时，/1 中的 1 不能忽略。例如：//3G00 X10.0 不正确，/1/3G00 X10.0 正确。

注意：斜杠（/）必须在程序段的开头指定。如果斜杠放在其他位置，从斜杠到 EOB 代码前面的信息被忽略。

跳过任选程序段功能举例如下：

例 1：N100…；

　　　　/N101…；
　　　　　　　　　　　}跳过
　　　　/N102…；

　　　　N103…；

例 2：N100…；

　　　　/N101…；

　　　　/2N102…；

/2/3N103…;

N104…;

/3N105…;

/1/3N106…;

N107…;

…;

子程序应用举例：如图 3-95 所示，加工两个相同的工件。Z 轴开始点为工件上方 50mm 处，背吃刀量为 5mm。加工顺序为 2 号工件①②③④⑤⑥⑦⑧⑨⑩。

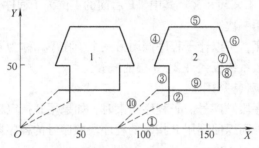

图 3-95　子程序的应用举例

主程序：

O0004；

N10 G90 G54 G00 X0 Y0 S1000 M03；　　　　　绝对方式编程，调用 G54 坐标系，刀具快速移动到（0，0）点，主轴正转，转速 1000r/min

N20 Z50.0；　　　　　刀具快速移动到 $Z=50$mm 处

N30 M98 P100；　　　　　调用子程序 O0100

N40 G90 G00 X80.0；　　　　　刀具快速移动到 $X=80$mm 处

N50 M98 P100；　　　　　调用子程序 O0100

N60 G90 G00 X0 Y0 M05；　　　　　刀具返回（0，0）处，主轴停转

N70 M30；　　　　　程序结束

子程序：

O0100；

N10 G91 G00 Z-45.0；　　　　　相对方式编程，刀具快速向下移动 45mm

N20 G41 X40.0 Y20.0 D01；　　　　　刀具快速移动到（40，20）处，调用刀具半径左补偿

N30 G01 Z-10.0 F100.0；　　　　　刀具向下切入工件，背吃刀量为 5mm，进给速度 100mm/min

N40 Y30.0；　　　　　刀具沿 Y 轴正向移动 30mm

N50 X-10.0；　　　　　刀具沿 X 轴负向移动 10mm

N60 X10.0 Y30.0；　　　　　刀具沿 X 轴正向移动 10mm，Y 轴正向移动 30mm

N70 X40.0；　　　　　刀具沿 X 轴正向移动 40mm

N80 X10.0 Y – 30.0;　　　　　　　　刀具沿 X 轴正向移动 10mm，Y 轴负向移动 30mm

N90 X – 10.0;　　　　　　　　　　　刀具沿 X 轴负向移动 10mm

N100 Y – 20.0;　　　　　　　　　　　刀具沿 Y 轴负向移动 20mm

N110 X – 50.0;　　　　　　　　　　　刀具沿 X 轴负向移动 50mm

N120 Z55.0;　　　　　　　　　　　　刀具沿 Z 轴正向抬起 60mm

N130 G40 X – 30.0 Y – 30.0;　　　　　刀具沿 X 轴负向、Y 轴负向各移动 30mm，取消刀具半径补偿

M99;

2. 宏程序

宏程序是含有变量的子程序。因为它允许使用变量、运算以及条件功能，使程序顺序结构更加合理。宏程序编制方便、简单易学，是手工编程的一部分，多用于零件形状有一定规律的情况下。

（1）算术运算、逻辑运算与控制　算术运算主要是指加、减、乘、除、乘方、函数等。在宏程序中经常使用的算术运算符见表 3-7。

表 3-7　算术运算符

+（加）	–（减）	*（乘）
/（除）	SIN（正弦）	ASIN（反正弦）
COS（余弦）	ACOS（反余弦）	TAN（正切）
ATAN（反正切）	SQRT（平方根）	ABS（绝对值）
ROUND（舍入）	EXP（指数）	LN（对数）
FIX（上取整）	FUP（下取整）	MOD（取余）

逻辑运算可以理解为比较运算，它通常是指两个数值的比较关系。在宏程序中，主要是对两个数值的大小进行比较，常用的逻辑运算符见表 3-8。

表 3-8　逻辑运算符

EQ（等于）	NE（不等于）	GT（大于）
GE（大于且等于）	LT（小于）	LE（小于且等于）
AND（与）	OR（或）	NOT（非）

控制是指程序中的控制指令，通常与转移语句同用，在宏程序中的常用控制指令见表 3-9。

表 3-9　控制指令

GOTO（无条件跳转）	IF（条件跳转）	WHILE（当型循环）

由这些指令可以控制用户宏程序主体的程序流程。控制指令包括转移和重复两类。

1）转移。转移类指令的格式为：

$$IF [（条件式）] GOTO n;$$

其中，n 为转移到的程序段顺序号；条件式为程序转移的条件。条件成立时，从顺序号 n 的

程序段之后执行。变量或变量式可以代替 n，这样执行的程序段可以改变。当条件不成立时，执行下一个程序段。

IF［（条件式）］有以下种类：

#jEQ# k，表示#j 等于#k；   #jNE#k，表示#j 不等于#k；

#jGT#k，表示#j 大于#k；   #jLT#k，表示#j 小于#k；

#jGE#k，表示#j 大于等于#k；   #jLE#k，表示#j 小于等于#k；

使用变量式可以代替#j、#k。

2）重复。重复执行的格式为：

WHILE［（条件式）］DOm；

…

ENDm；

其中，m 为识别号码，m＝1，2，3。（条件式）成立期间，从 DOm 程序段到 ENDm 程序段之间重复执行；（条件式）不成立时，从 ENDm 的下一个程序段执行。WHILE［（条件式）］DOm 与 ENDm 必须成对使用，由识别号码 m 识别对方。

举例：假如#120＝1，下面程序重复执行：

N10 WHILE   ［#120 LT 10］D01；

…

N20 WHILE   ［#30 EQ 1］D02；

…

N30 END2；

…

…

#120＝#120＋1；

N40 END1；

使用重复程序时要注意：

①   由于先执行 DOm 后执行 ENDm，所以不能写成下面形式：

…；

END1；

…；

DO1；

…；

②   DOm 和 ENDm 在同一程序段落中，必须一一对应，下面形式是不对的：

…；

DO1；

…；

DO1；

END1；

…；

END1；

…；

③ 可以多次使用同一识别号：

…；

DO1；

…；

END1；

…；

DO1；

…；

END1；

…；

④ DO 为三重嵌套：

…；

DO1；

…；

DO2；

…；

DO3；

…；

END3；

…；

END2；

…；

END1；

…；

⑤ 在 DO 的范围内不能交叉，下面形式不可以：

…；

DO1；

…；

DO2；

…；

END1；

…；

END2；

…；

⑥ 可以从 DO 的范围内向 DO 的范围外转移：

…；

DO1；

…；

GOTO 9000;

…;

END1;

…;

N9000 …;

…;

⑦ 可以从 DO 以外的范围向 DO 内的范围转移：

…;

GOTO 9000;

…;

DO1;

…;

N9000 …;

…;

END1;

…;

以下形式不可以：

…;

DO1;

…;

N9000 …;

…;

END1;

…;

GOTO 9000;

…;

⑧ 在 DO 范围内，可以调出宏程序或子程序：

…;

DO1;

…;

G65 …;

…;

M98 …;

…;

END1;

…;

（2）赋值与变量

1）赋值。赋值是指将一个数据赋予给一个变量。如：#1 =0，则表示#1 的值是 0。其中 #1 代表变量，"#"是变量符号（注：根据数控系统不同，它的表示方法可能有差别），0 就是给变量#1 赋的值。这里的"="号是赋值符号，起语句定义作用。赋值的规律有：

① 赋值号两边内容不能随意互换，左边只能是变量，右边只能是表达式。

② 一个赋值语句只能给一个变量赋值。

③ 可以多次向同一个变量赋值，新变量值取代原变量值。

④ 赋值语句具有运算功能，它的一般形式为：变量 = 表达式。

⑤ 在赋值运算中，表达式可以是变量自身与其他数据的运算结果，如：#1 = #1 + 1，则表示#1 的值为#1 + 1。

⑥ 赋值表达式的运算顺序与数学运算顺序相同。

⑦ 角度的单位要用浮点表示法。如 30°30′用 30.5 来表示。

⑧ 不能用变量代表的地址符有：O、N、/。其次，辅助功能的变量有最大值限制，比如将 M#1，#1 = 300 显然是不合理的。

2）变量。变量是指在一个程序运行期间其值可以变化的量。变量可以是常数或者表达式，也可以是系统内部变量。变量在程序运行时参加运算，在程序结束时释放为空。其中内部变量称为系统变量，是系统自带，也可以人为地为其中一些变量赋值，内部变量主要分为四种类型：

① 空变量。它指永远为空的变量。

② 局部变量。它用于存放宏程序中的数据，断电时丢失为空。

③ 公共变量。它可以人工赋值，有断电为空与断电记忆两种。

④ 系统变量。它用于读写 CNC 数据变化。

（3）宏程序的应用　宏程序的应用方法举例如下：

主程序：

O00001；

N0010 G90 G92 X0 Y0 Z0；　　　　　　　确定坐标系

N0020 G65 P0020 A100.0 B120.0 C150.0；　调用宏程序并赋初值

N0030 M30；　　　　　　　　　　　　　程序结束

宏程序：

O00020；

N0100 G01 X#1 Y#2 F［#3 + #1］；宏程序运行

N0110 M99；返回主程序

上边的程序是将宏程序以调用子程序的方式来实现的。在主程序第 N0020 段使用调用宏程序指令 G65，并为变量赋初值。A、B、C 都是子程序中的变量，A 代表子程序中的变量#1，#1 赋值为 100，B 代表子程序中的变量#2，#2 赋值为 120，C 为子程序中的变量#3，#3 赋值为 150。当程序执行到主程序中 G65 时，会自动执行子程序，当执行到子程序中 X#1 时，为自动调用主程序中为其赋的值 100，X#1 也就相当于 X100，Y 和 F 也同样。

在使用表达式代表变量时，要用括号将表达式括起来，如以上程序中的 F［#3 + #1］。

对于一个程序中某些程序段，需要进行循环时，只用一个自变量自加功能及 IF 语句配合跳转语句即可完成。比如下边的程序：

N0010 G90 G01 X10.0；

N0020 G91 Y10.0；

N0030 X15.0 Y50.0；

N0040 G90 X0 Y0；

如果想要将第 N0020 和 N0030 段作为循环体进行循环，只用在第 N0030 段与第 N0040 段加入以下程序段：

#1 = #1 + 1；

IF ［#1 LT2］GOTO 20；

即可实现循环。如果要循环 5 次，只用更改 IF 语句为：

IF ［#1 LT5］GOTO 20；

就可以轻松地实现循环 5 次，其中#1 的初值可以省略。上面 IF 语句的功能为：如果变量#1 的值小于 5，跳转到第 N0020 段程序，如果不小于 5，程序向下执行。

例如，要求沿直线方向钻一系列孔，直线的倾角由 G65 指令中的 X、Y 变量来决定，如图 3-96 所示。

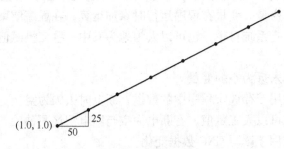

图 3-96　系列孔加工

宏程序如下：

G90 G00 X1.0 Y1.0 Z10.0；　　　　绝对方式编程，刀具定位到起始孔位（1.0，1.0，10）；

G65 P9010；　　　　调用宏程序 O9010

G28 M30；　　　　返回参考点，程序结束

O9010；　　　　宏程序名

#10 = 20.0；　　　　孔数设为变量#10，赋值为 20

#11 = 100.0；　　　　F 进给速度设为变量#11，赋值为 100

#12 = 50.0；　　　　X 轴坐标孔间距设为变量#12，赋值为 50

#13 = 25.0；　　　　Y 轴坐标孔间距设为变量#13，赋值为 25

#14 = 10.0；　　　　孔深 Z 设为变量#14，赋值为 10

G81 Z ［#14］R3.0 F ［#11］；　　　　定义钻孔循环，孔深的数值为变量#14，进给速度为变量#11

G91；　　　　增量编程

WHILE ［#10 > 0］DO 1；　　　　如果#10 > 0，执行以下程序段 1 次

#10 = #10 - 1；　　　　孔数减 1

IF ［#10 EQ 0］GOTO 5；　　　　如果孔数 = 0，转至 N5 程序段

X ［#12］Y ［#13］；　　　　加工下一个孔，孔间距为 X = 50，Y = 25

N5 END 1；　　　　WHILE 语句结束

G80；

M99；　　　　　　　　　　　　　返回主程序

例如，加工一椭圆，椭圆长轴为 100，短轴为 50（见图 3-97）。加工路线为 $O \rightarrow X \rightarrow Y \rightarrow -X \rightarrow -Y \rightarrow X \rightarrow O$，假如现在要加工内形，它的刀具轨迹如图 3-98 所示。

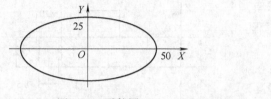

图 3-97　零件图

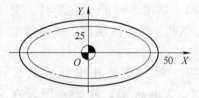

图 3-98　刀具轨迹

用普通算点的方法来加工这个椭圆显然是不科学的，如果采用编程软件（如 Master-CAM）来生成这个程序的话（设使用 ϕ10mm 的铣刀，步距取 1mm），那么程序长度将在 400 段左右，对于程序本身的阅读和修改都很不方便，而且也会过多地占用计算机的内存。使用宏程序的话，就很容易解决这个问题，程序如下：

O0001；

N0010 G92 X0 Y0 Z0 S1200 M03；　　　建立工件坐标系，主轴正转 1200r/min

N0020 G01 G41 X50.0 D01；　　　　　移动到椭圆右顶点，调用刀具半径左补偿

N0030 #1 = 0；　　　　　　　　　　将角度设为自变量，赋初值为 0；

N0040 X［50 * COS［#1］］Y［25 * SIN［#1］］F200；

　　　　　　　　　　　　　　　　　X、Y 轴联动的步距，进给速度 200mm/min

N0050 #1 = #1 + 1；　　　　　　　　自变量每次自加 1°

N0060 IF［#1 LT360］GOTO 40；　　　如果变量自加后不足 360°，则转到第 40 段执行，

　　　　　　　　　　　　　　　　　否则执行下一段（40 前不用加行号 N）

N0070 G00 G40 X0；　　　　　　　　撤销刀补，回到起点

N0080 M30；　　　　　　　　　　　程序结束

通过上例可以看出，只用很简单的几段程序就可以完成该椭圆的加工。改变刀具流向的程序只有第 N0040 段，这一段也就是椭圆的参数方程。在这个程序中，角度是自变量，每执行到第 N0050 段时，角度自动加 1°，直至到达 360° 自动跳转到第 N0070 段。如果将自变量的角度改变为 0.1°，那么只用改变第 N0050 段为：#1 = #1 + 0.1，椭圆的精度就提高了很多，步距也就减小了很多，可它的程序长度并没有因此而改变。即使要将此椭圆轮廓加工多次，至多也只用加两循环语句而已。

上面的程序是依照椭圆的标准参数方程得到的。如果依照标准参数方程编写宏程序，那么同样只用短短的几段程序即可以加工出另外的一些曲线，比如正圆、渐开线、摆线等。有一些非圆曲线虽然没有标准的参数方程，但仍可以利用作图法的规律很容易求出最接近它们的形状，如抛物线、阿基米德螺旋线、正弦曲线等。还有，比如加工圆球类、锥台类、大面积渐近去余量等都可以使用宏程序，这里不再一一举出。特别值得一提的是，目前有许多回转工作台不支持刀具补偿功能，但是如果运用宏程序，很轻松地就可以弥补这个缺陷。

宏程序的最大特点就是将有规律的形状或尺寸用最短的程序段表示出来，极具易读性和易修改性。随着数控技术的发展，计算机自动编程逐渐会取代手工编程，但宏程序的简捷，

依然具有实用价值。

3.2.5 数控编程实例

1. 孔加工编程举例

例1 如图 3-99 所示的零件，要求首先进行钻孔，然后攻螺纹。试编制加工程序。

说明：换刀点选在坐标系的 $X = 0$，$Y = 0$，$Z = 250\text{mm}$ 处。初始平面设在 $Z = 150\text{mm}$ 的位置，参考平面设在被加工孔上表面 $Z = 3\text{mm}$ 处。选用钻头（$\phi8.5\text{mm}$）为 T01 号刀具，丝锥（M10）为 T02 号刀具。刀具伸出孔外距离为 4mm。孔加工顺序为 $A \rightarrow B \rightarrow C \rightarrow D$。加工程序如下：

O0002；

N10 G92X0Y0Z250.0；

N15 T01M06；

N20 G90G43G00Z150.0S600M03H01；

N25 G99G81X15.0Y10.0Z - 19.0R3.0F50；

N30 G98Y35.0；

N35 G99X50.0；

N40 G98Y10.0；

N45 G00X0Y0Z250.0H00；

N50 T02M06；

N55 Z150.0S150M03H02；

N60 G99G84X15.0Y10.0Z - 19.0R3.0P500F1.5；

N65 G98Y35.0；

N70 G99X50.0；

N75 G98Y10.0

N80 G00X0Y0Z250.0H00；

N85 M30；

例2 如图 3-100 所示的零件，进行钻中心孔、钻孔、倒角、攻螺纹等加工。试编制加工程序。

说明：该例采用主程序和子程序调用的方法编制加工程序，子程序调用使用 M98 指令，子程序结束并返回使用 M99 指令。主程序为 O0003，钻中心孔、钻孔、倒角、攻螺纹和钻孔位置子程序分别为 O0100、O0200、O0400 和 O0500。工件

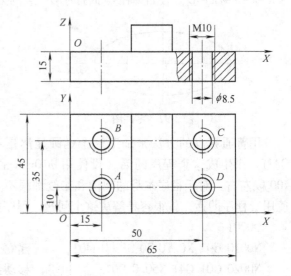

图 3-99　孔加工程序举例 1

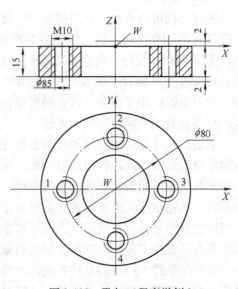

图 3-100　孔加工程序举例 2

坐标系的原点为 W，固定循环的初始平面为 $Z = 250\text{mm}$，R 点平面为 $Z = 2\text{mm}$。钻通孔钻头伸出量为 2mm，中心孔的孔深为 1.5mm，倒角深度为 1mm，其他尺寸如图 3-100 所示。刀具分别为 T01（中心钻）、T02（$\phi 8.5\text{mm}$ 钻头）、T03（倒角钻头）和 T04（M10 丝锥）。加工程序如下：

```
O0003;
N10 G54G90G00X0Y0250.0;
N15 T01M06;
N20 G43H01S1500M03M08;
N25 M98P0100;
N30 M05H00M09;
N35 T02M06;
N40 H02S1000M03M08;
N45 M98P0200;
N50 H00M09;
N55 T03M06;
N60 H03S1500M03M08;
N65 M98P0300;
N70 H00M09;
N75 T04M06;
N80 H04S200M03M08;
N85 M98P0400;
N90 H00M09;
N95 G91G28X0Y0Z0;
N100 M30;
O0100;
N105 G99G82X - 40.0Y0R2.0Z - 1.2P500F10;
N110 M98P0500;
N115 M99;
O0200;
N120 G99G81X - 40.0Y0R2.0Z - 17.0F10;
N125 M98P0500;
N130 M99;
O0300;
N135 G99G82X - 40.0Y0R2.0Z - 1.2P500F20;
N140 M98P0500;
N145 M99;
O0400;
N150 G99G84X - 40.0Y0R2.0Z - 17.0P500F1.5;
N155 M98P0500;
```

N160 M99；

O0500；

N165 X0Y40.0；

N170 X40.0Y0；

N175 G98X0Y − 40.0；

N180 G80；

N185 M99；

例3　如图3-101所示的零件，进行点阵孔群钻孔。编制加工程序。

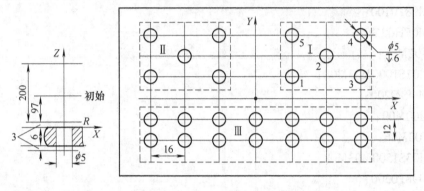

图3-101　孔加工程序举例3

工艺分析：在一块金属板（板厚6mm）上钻24个通孔（ϕ5mm），各孔孔距均相等，其 $X=16$mm，$Y=12$mm。将其分为三组：Ⅰ、Ⅱ、Ⅲ。Ⅰ、Ⅲ组钻孔用子程序 O0300、O0400 完成，Ⅱ组钻孔用镜像加工完成。其他尺寸见图。加工程序如下：

O0004；

N050 G54G90G00X0Y0Z200.0；

N100 T01M06；

N101 S500M03；

N102 G43Z100.0H01；

N103 M98P0300；

N104 G51X0Y0I − 1000J1000；

N105 M98P0300；

N106 G50；

N107 M98P0400；

N108 G91G28Z0；

N109 M30；

O0300；

N10 G91 G99G81X16.0Y12.0 Z − 12.0R − 97.0F20K2；

N11 X16.0Y − 12.0；

N12 Y24.0；

N13 G98X − 32.0；

N14 G90G00X0Y0；

N15 M99；

O0400；

N19 G91G00X－48.0Y－12.0；

N20G99G81Z－12.0R－97.0F30；

N21 X16.0K6；

N22 Y－12.0；

N23 X－16.0K6；

N24 G90G49G00X0Y0；

N25 M99；

2. 轴类零件的数控车削工艺与编程

例1　编制简单回转零件（见图 3-102）的车削加工程序，包括粗精车端面、外圆、倒角、倒圆。零件加工的单边余量为 2mm，其左端 25mm 为夹紧用，可先在普通车床上完成夹紧面的车削。该零件粗、精车刀分别为 T01 和 T02。选用第二参考点为换刀点。数控车削程序如下：

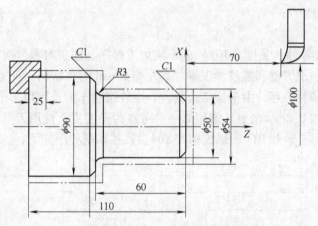

图 3-102　车削编程举例 1

O0005；

N10 G50X100.0Z70.0；

N15 G30U0W0；

N20 S1000T0101M08；

N25 S500M04；

N30 G00X56.0Z0.1；

N35 G95G01X－1.6F0.3；

N40 G00Z10.0；

N45 X48.0；

N50 Z0.1；

N55 G01X50.2C1.0；

N60 Z－57.0；

N65 G02X56.0Z－59.9R2.9；

N70 G01X90.2C1.0；

N80 G01Z－85.0；

N85 G30U0W0；

N90 T0202；

N95 G00X54.0Z0；

N100 G42G01X－1.6F0.15；

N105 X48.0；

N110 G96S60X50.0Z－1.0；

N115 Z－57.0；

N120 G02X56.0Z－60.0R3.0；

N125 G01X88.0；

N130 X90.0Z－61.0；

N135 G01Z－85.0；

N140 G30U0W0；

N145 T0200M05M09；

N150 M30；

例2　编制轴类零件（见图3-103）的车削加工程序。加工内容包括粗精车端面、倒角、外圆、锥度、圆角、退刀槽和螺纹加工等。其左端25mm为夹紧用，可先在卧式车床上完成车削。该零件采用棒料毛坯，由于加工余量大，在外圆精车前采用粗车循环指令去除大部分毛坯余量，留有单边0.2mm余量。选用第一参考点为换刀点。使用刀具：外圆粗车刀T01、外圆精车刀T02、切槽车刀T03和螺纹车刀T04。数控车削程序如下：

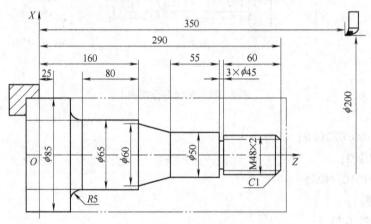

图3-103　车削编程举例2

O0006；

N10 G50X200.0Z350.0；

N15 G28U0W0；

N20 S1000T0101M04M08；

N25 G00X87.0Z290.1；

N30 G95G01X－1.6F0.3；

N35 G00X105. 0Z300. 0;

N40 G71U1. 0R1. 0;

N45 G71P50Q105U0. 4W0. 2F0. 3S800;

N50 G42G01X46. 0Z291. 0F0. 15;

N55 Z290. 0;

N60 X48. 0Z289. 0;

N63 W – 62. 0;

N65 X50. 0;

N70 W – 55. 0;

N75 X60. 0Z160. 0;

N80 X65. 0;

N85 W – 80. 0;

N90 G02X75. 0W – 5. 0R5. 0;

N95 G01X85. 0;

N100 Z25. 0;

N105G40;

N110 G28U0W0;

N115 G50S1500;

N120 G96S20T0202;

N125 G70P50Q105;

N130 G00X87. 0Z290. 0;

N135 X50. 0;

N140 G01X – 2. 0;

N145 G28U0W0;

N150 T0303;

N155 G00X51. 0Z227. 0;

N160 G01X45. 0F0. 15;

N163 G04P1000;

N165 G00X60. 0;

N170 G28U0W0;

N175 G97S1500T0404;

N180 G01X50. 0Z239. 0;

N185 G76P31260Q0. 1R0. 1;

N190 G76X45. 8W – 63. 5P1. 73Q0. 85F2. 0;

N195 G28U0W0M05M09;

N200 M30;

3. 盖板零件的数控铣削工艺与编程

盖板的主要加工面是平面和孔。如图 3-104 所示的零件为一盖板零件，毛坯为 120mm×60mm ×10mm 的板材，外轮廓已粗加工过，周边留 2mm 余量，要求加工出图示的外轮廓

及 φ20mm 的孔，工件安全高度 100mm，工件材料为 45 钢。

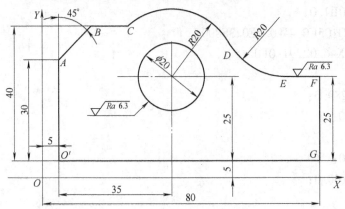

图 3-104　盖板零件

（1）根据图样要求确定工艺方案及加工路线

1）以底面为定位基准，两侧用压板压紧，固定于铣床工作台上。

2）工步顺序如下：

① 钻孔 φ20mm。

② 按 O'ABCDEFGO' 线路铣削轮廓。

（2）选择加工设备　根据零件的加工要求，选择能进行两轴联动的普通数控铣床。

（3）选择刀具　现采用 φ20mm 的钻头钻削 φ20mm 孔；φ8mm 的平底立铣刀用于轮廓的铣削，并把该刀具的直径输入刀具参数表中。

由于数控铣床没有自动换刀功能，钻孔完成后，可直接手工换刀。

（4）确定切削用量　切削用量的具体数值应根据该机床性能、相关的手册并结合实际经验确定，详见加工程序。

（5）确定工件坐标系和对刀点　在 XY 平面内确定以 O 点为工件原点，Z 方向以工件上表面为工件原点，建立工件坐标系。采用手动对刀方法把 O 点作为对刀点。

（6）编写程序　把加工零件的全部工艺过程编写成程序清单。该工件的加工程序如下：

1）加工 φ20mm 孔程序（手工安装好 φ20mm 钻头）。

O0009；

N0010 G54 G90 M03；

N0020 G00 X40.0 Y30.0 Z100.0；调用 G54 工件坐标系，绝对坐标编程，主轴正转；刀具快速点定位到孔心点（40，30，0）上方 100mm 处

N0030 G00 Z5.0；刀具快速靠近工件上表面，距离上表面 5mm

N0040 G01 Z - 13.0 F400；钻孔，孔深 10mm，进给速度 400mm/min

N0050 G00 Z100.0；刀具快速抬起至起始高度

N0060 M05；主轴停转

N0070 M30；程序结束

2）铣轮廓程序（手工安装好 φ8mm 立铣刀）。

O0010；

N0010 G54 G90 G41 G00 X - 20.0 Y - 10.0 Z - 11.0 D01 M03S1000；

	调用 G54 工件坐标系，绝对坐标编程，刀具快速点定位到（−20，−10，−11），调用刀具半径左补偿，主轴正转
N0020 G01 X5.0 Y−10.0 F150;	刀具工进至（5，−10），进给速度 150mm/min
N0030 G01 Y35.0;	沿 Y 向切削至 A 点
N0040 G91 G01 X10.0 Y10.0;	改用增量坐标编程，由 A 点切削到 B 点
N0050 G01 X11.8 Y0;	由 B 点切削到 C 点
N0060 G02 X30.5 Y−5.0 R20.0;	顺圆弧插补到 D 点，半径 20mm
N0070 G03 X17.3 Y−10.0 R20.0;	逆圆弧插补到 E 点，半径 20mm
N0080 G01 X10.4 Y0;	由 E 点切削到 F 点
N0090 G01 X0 Y−25.0;	由 F 点切削到 G 点
N0100 G01 X−100.0Y0;	由 G 点切削到点（−20，5）处
N0110 G90 G40 G00 X0 Y0 Z100.0;	刀具快速点定位到点（0，0，100），半径补偿取消
N0120 M05;	主轴停转
N0130 M30;	程序结束

4. 凸座零件的数控铣削工艺与编程

用立式加工中心加工图 3-105 所示的长方形凸座工件。

毛坯为 160mm×130mm×55mm，材料为 HT200，未注倒角为 1mm×45°。

（1）工艺方案和工艺路线的确定

1）图样分析和工件装夹。长方形凸座工件如图 3-105 所示。假定工件的 150mm×120mm 四边轮廓、底面及高度 30mm 的两个台阶面已经加工完成，工件上端面 150mm×60mm 留有 3mm 加工余量。在立式加工中心机床上加工工件上端面、φ40H7 孔和 4×M18 螺纹孔。其中 φ40H7 孔已经预留成形孔 φ35mm。根据图样所示，工件的上端面对底面有平行度要求，φ40H7 孔对底面有垂直度要求。故采用压板（或精密平口钳）和平行垫铁，以底面为工艺基准对工件定位装夹。

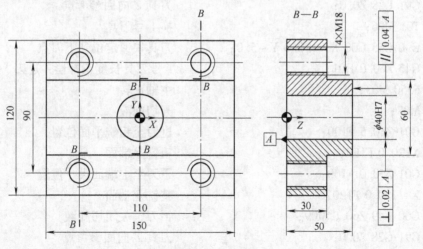

图 3-105　凸座零件

2）加工方法和加工路线的确定。加工时按先面后孔、先粗后精的原则，工件上端面采用粗铣和精铣加工完成；ϕ40H7 孔采用扩孔、粗镗孔和精镗孔加工方式完成；4 × M18 螺纹孔采用预钻中心孔、钻孔、倒角和铣螺纹加工方式完成。加工工艺路线与参数见表 3-10。

表 3-10　长方形凸座工件加工工艺路线与参数

工步号	工步内容	刀具号	刀具规格	补偿号	备注
1	粗铣上端面，留量 0.5mm	T01	ϕ80mm 面铣刀	H01	
2	精铣上端面至尺寸 50mm	T01	ϕ80mm 面铣刀	H01	
3	扩 ϕ40H7 孔至 ϕ38mm	T02	ϕ38mm 钻头	H02	
4	粗镗 ϕ40H7 孔至 ϕ39.95mm	T03	镗刀	H03	
5	精镗 ϕ40H7 孔至尺寸	T04	镗刀	H04	
6	钻 4 × M18 螺孔中心孔	T05	ϕ6mm 中心钻	H05	
7	钻 4 × M18 螺孔至 ϕ16.2mm	T06	ϕ16.2mm 钻头	H06	
8	倒角 4 × M18 螺孔	T02	ϕ38mm 钻头	H02	
9	铣 4 × M18 螺孔至尺寸	T07	M18 螺纹刀	H07	

3）切削用量的选择。可根据有关手册查出所需的切削用量。

（2）确定工件坐标系

1）工件坐标系编号设置为 G55，选 ϕ40H7 孔中心线为工件坐标系（G17 平面）的原点（X0，Y0），选工件底面为工件坐标系的原点 Z0 点，选距工件上表面 10mm 处（Z60）为起始点平面，选距工件上表面 3mm 处（Z53）为 R 点平面。

2）计算刀具切入点和切出点坐标数值（略）。

3）按工艺路线和坐标尺寸编制加工程序。

（3）加工程序　长方形凸座工件加工程序清单（FANUC 0i 系统）如下：

O0002；	程序号
N010 G91 G28 Z0.0；	刀具 Z 向回参考点
N015 T01 M06；	换 1 号刀具
N020 G90 G55 G00 X − 120.0 Y − 5.0；	刀具快速定位到下刀点
N025 G43 Z60.0 H01；	1 号刀具长度正补偿并进刀
N030 S350 M03；	主轴正转
N035 M08；	开切削液
N040 G01 Z50.5 F100；	进刀至粗铣平面位置
N045 X120.0 F150；	粗铣上端面
N050 G01 Z50.0 F100；	下刀至上端面尺寸位置
N055 X − 120.0 F120；	精铣上端面
N060 G00 G49 Z60.0 M09；	抬刀，关闭切削液
N070 G91 G28 Z0.0；	刀具 Z 向回参考点
N075 T02 M06；	换 2 号刀具，扩孔钻

N080 G90 G00 X0.0 Y0.0；　　　　　　　快速移动到指定位置

N085 G43 Z60.0 H02；　　　　　　　　　2 号刀具长度正补偿并进刀

N090 S450 M03；　　　　　　　　　　　主轴正转

N095 M08；　　　　　　　　　　　　　开切削液

N100 G98 G81 X0.0 Y0.0 Z－10.0 R53.0 F100；调用固定循环，扩孔

N105 G80；　　　　　　　　　　　　　固定循环取消

N110 G00 G49 Z60.0 M09；　　　　　　　抬刀，关闭切削液

N120 G91 G28 Z0.0；　　　　　　　　　刀具 Z 向回参考点

N125 T03 M06；　　　　　　　　　　　换 3 号刀具，粗镗刀

N130 G90 G00 X0.0 Y0.0；　　　　　　　快速移动到指定位置

N135 G43 Z60.0 H03；　　　　　　　　　3 号刀具长度正补偿并进刀

N140 M03 S550；　　　　　　　　　　　主轴正转

N145 M08；　　　　　　　　　　　　　开切削液

N150 G98 G85 X0.0 Y0.0 Z－2.0 R53.0 F50；调用固定循环，粗镗孔

N155 G80；　　　　　　　　　　　　　固定循环取消

N160 G00 G49 Z60.0 M09；　　　　　　　抬刀，关闭切削液

N170 G91 G28 Z0.0；　　　　　　　　　刀具 Z 向回参考点

N175 T04 M06；　　　　　　　　　　　换 4 号刀具，精镗刀

N180 G90 G00 X0.0 Y0.0；　　　　　　　快速移动到指定位置

N185 G43 Z60.0 H04；　　　　　　　　　4 号刀具长度正补偿，并进刀

N190 M03 S600；　　　　　　　　　　　主轴正转

N195 M07；　　　　　　　　　　　　　开切削液

N200 G98 G76 X0.0 Y0.0 Z－2.0 R53.0 Q200 F40；调用固定循环，精镗孔

N205 G80；　　　　　　　　　　　　　固定循环取消

N210 G00 G49 Z60.0 M09；　　　　　　　抬刀，关闭切削液

…　　　　　　　　　　　　　　　　　4×M18 螺纹孔加工程序

N285 G91 G28 Z0.0；　　　　　　　　　刀具 Z 向回参考点

N290 M30；　　　　　　　　　　　　　程序结束

5. 壳体零件的数控铣削工艺与编程

壳体零件是机械加工中常见的零件，加工表面常有平面、沟槽、孔及螺纹等。图 3-106 所示的壳体零件是典型的壳体零件。

（1）图样分析及选择加工内容　该零件的材料为灰口铸铁，其结构较复杂。在数控机床加工前，可在普通机床上将 $\phi 80^{+0.046}_{0}$ mm 的孔、底面和零件后侧面预加工完毕。数控加工工序的加工内容为上端平面、环形槽和 4 个螺孔，全部加工表面都集中在一个面上。零件图形上各加工部位的尺寸标注完整无误，所铣削的环形槽的轮廓比较简单（仅直线和圆弧相切），尺寸精度（IT12）和表面粗糙度（$Ra=6.3\mu m$）要求也不高。

（2）选择加工中心　由于全部加工表面都集中在一个面上，只需单工位加工即可完成，故选择立式加工中心，工件一次装夹后可自动完成铣、钻及攻螺纹等工步的加工。

（3）设计工艺

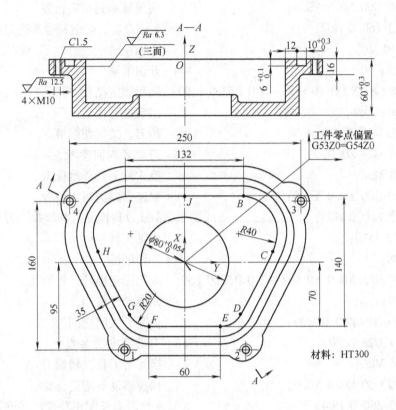

图 3-106　壳体零件

　　1）选择加工方法。上表面、环形槽用铣削方法加工，因其尺寸精度和表面粗糙度要求不高，故可一次铣削完成；4×M10 螺纹采用先钻底孔后攻螺纹的加工方法，即按钻中心孔→钻底孔→倒角→攻螺纹的方案加工。

　　2）确定加工顺序。按照先面后孔、先简单后复杂的原则，先安排平面铣削，后安排孔和槽的加工。具体加工工序安排如下：先铣削基准（上）平面，然后用中心钻加工 4×M10底孔的中心孔，并用钻头点环形槽窝；再钻 4×M10 底孔，用 φ18mm 钻头加工 4×M10 的底孔倒角，攻 4×M10 螺纹，最后铣削 10mm 槽。零件的数控加工工序卡见表 3-11。

表 3-11　壳体零件的数控加工工序卡

（工厂名）	数控加工工艺卡		产品名称或代号		零件名称	材料	零件图号	
					壳体	HT250		
工序号	程序编号	夹具名称	夹具编号		使用设备		车间	
8	O0022				加工中心			
工步号	工步内容		刀具		切削用量			备注
		刀具号	规格	主轴转速 / （r/min）	进给速度 / （mm/min）	背吃刀量 /mm		
1	铣上表面	T01	φ80mm 面铣刀	300	60	2		
2	钻 4×M10 的中心孔	T02	φ3mm 中心钻	1000	60			

（续）

工步号	工步内容	刀具		切削用量			备注
		刀具号	规格	主轴转速 / (r/min)	进给速度 / (mm/min)	背吃刀量 /mm	
3	钻 4 × M10 螺纹底孔	T03	ϕ8.5mm 麻花钻	500	50		
4	4 × M10 底孔孔口倒角	T04	ϕ18mm 麻花钻	500	50		
5	攻 4 × M10 螺纹	T05	M10mm 丝锥	60	50		
6	铣环形槽	T06	ϕ10mm 立铣刀	300	30		
编制		审核		批准		共　页	第　页

3）确定装夹方案和选择夹具。该工件可采用"一面、一销、一板"的方式定位装夹，即工件底面为第一定位基准，定位元件采用支撑面，限制工件 $\vec{x}$、$\vec{y}$、$\vec{z}$ 三个自由度；ϕ80 $^{+0.046}_{0}$ mm 孔为第二定位基准，定位元件采用带螺纹的短圆柱销，限制工件 $\vec{x}$、$\vec{y}$ 两个自由度；工件的后侧面为第三定位基准，定位元件采用移动定位板，限制工件 $\vec{z}$ 一个自由度。工件的装夹可通过压板从定位孔的上端面往下将工件压紧。

表 3-12　壳体零件的数控加工刀具卡

产品名称或代号			零件名称	壳体	零件图号		程序编号	
工步号	刀具号	刀具名称	刀柄型号	刀具		补偿值 /mm	备注	
				直径/mm	长度/mm			
1	T01	硬质合金面铣刀	JT57 – XD	ϕ80	实测	H01、D01		
2	T02	中心钻	JT57 – Z13 ×90	ϕ3	实测	H02		
3	T03	麻花钻	JT57 – Z13 ×45	ϕ8.5	实测	H03		
4	T04	(2ϕ =90°) 麻花钻	JT57 – M2	ϕ18	实测	H04		
5	T05	机用丝锥	JT57 – GM3 – 12	M10	实测	H05		
6	T06	高速钢立铣刀	JT57 – Q2 ×90	ϕ10 $^{+0.03}_{0}$	实测	H06、D06		
编制		审核		批准		共　页	第　页	

4）选择刀具。刀具的规格主要根据加工尺寸选择，因上表面较窄，一次进给即可加工完成，故选用不重磨硬质合金 ϕ80mm 面铣刀；环形槽的精度和表面粗糙度（$Ra = 12.5\mu m$）要求不高，可选用 ϕ10 $^{+0.03}_{0}$ mm 高速钢立铣刀直接铣削完成。其余刀具规格见表 3-12。

5）确定进给路线。因需加工的上表面属较窄的环形表面（大部分宽度仅为 35mm，最宽处为 50mm 左右），所以铣削上表面时和铣环形槽一样，均按环形槽进给即可。铣上端平面，钻螺孔的中心孔，钻螺纹底孔、底孔倒角及攻螺纹和铣环形槽的工艺路线安排如图 3-107 所示。

6）选择切削用量。根据零件加工精度和表面粗糙度的要求，并考虑刀具的强度、刚度以及加工效率等因素，在该零件的各道加工工序中，切削用量可参照表 3-11 进行选择。

（4）编写加工程序　选工件的设计基准为编程原点，即以 ϕ80 $^{+0.046}_{0}$ mm 孔轴线与工件上表面交点为编程原点。

1）壳体零件加工主程序。

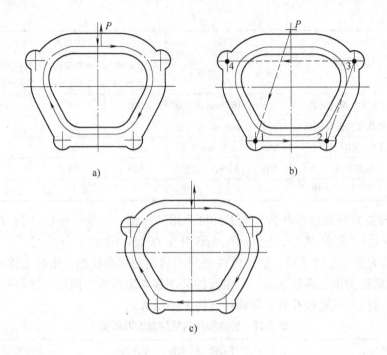

图 3-107　壳体零件的加工工艺路线

a）铣上端平面　b）钻螺孔中心孔、钻螺纹底孔、底孔倒角及攻螺纹　c）铣环形槽

O0022；	主程序
G54 G90 G17 G40 G49 G80；	建立编程坐标系，绝对坐标编程，取消刀具补偿
G28 Z100.0；	回参考点
T01 M06；	换 T01 号刀具
G00 X0 Y150.0；	刀具 Z 轴位置在安全面以上，快速点定位到工件外
G43 Z2.0 H01 S300 M03；	刀具长度补偿，Z 向快速到下刀点；主轴转速为 300r/min
G01 Z0 F60.0；	Z 轴下刀，直线插补至工件上表面
G41 G01 Y70.0 D01；	刀具半径左补偿，补偿号 D01；直线插补切入工件
M98 P0010；	调子程序 O0010，铣削工件上表面
G00 Z20.0；	Z 轴快速到安全高度
G40 G49 Z200.0；	取消刀具半径、长度补偿
T02 M06；	换 T02 号刀具
G00 X−65.0 Y−95.0；	快速点定位到孔 1 上方
G43 Z20.0 H02 S1000 M03；	刀具长度补偿，到安全高度；主轴转速为 1000r/min，正转
G99 G81 Z−2.0 R2.0 F60；	钻孔循环，钻 4 × M10 的中心孔，钻第 1 孔

M98 P0020;	调用子程序 O0020，钻其余三孔
G80 G00 Z20.0;	取消循环，到安全高度
G49 Z200.0;	取消刀具长度补偿
T03 M06;	换 T03 号刀具
G00 G43 Z20.0 H03 S500 M03;	刀具长度补偿，到安全高度；主轴转速为500r/min，正转
X－65.0 Y－95.0;	快速点定位到1孔上方
G99 G81 Z－23.0 R2.0 F50.0;	钻孔循环，钻4×M10底孔，钻第1孔
M98 P0020;	调用子程序 O0020，钻其余三孔
G80 G49 G00 Z200.0;	取消循环，取消刀具长度补偿，到安全高度
T04 M06;	换 T04 号刀具
G00 G43 Z20.0 H04 S500 M03;	刀具长度补偿，到安全高度；主轴转速为500r/min，正转
X－65.0 Y－95.0;	快速点定位到1孔上方
G99 G82 Z－2.0 R2.0 P500 F50.0;	钻孔循环，倒角，倒第1孔，返回到 *R* 平面
M98 P0020;	调用子程序 O0020，倒其余三孔角
G80 G49 G00 Z20.0;	取消循环，取消刀具长度补偿，到安全高度
T05 M06;	换 T05 号刀具
G43 H05 Z20.0S60 M03;	刀具长度补偿，到安全高度；主轴转速为60r/min，正转
X－65.0 Y－95.0;	快速点定位到1孔上方
G99 G84 Z－25.0 R5.0 P500F1.5;	攻螺纹循环，攻4×M10螺纹孔，攻第1孔
M98 P0020;	调用子程序 O0020，加工其余三个螺纹孔
G80 G49 G00 Z20.0;	取消循环，取消刀具长度补偿，到安全高度
T06 M06;	换 T06 号刀具
G00 X0 Y150.0;	刀具 *Z* 轴位置在安全面以上，快速点定位到工件外
G43 Z2.0 H06 S300 M03;	刀具长度补偿，*Z* 向快速到下刀点；主轴转速为300r/min
G41 Y70.0 D06;	建立刀具半径左补偿，补偿值在 D06 中
G01 Z－6.0 F30;	直线插补切入工件，进给速度为30mm/min
M98 P0010;	调子程序 O0010，铣削铣尺寸为10mm的槽
G00 Z20.0;	*Z* 轴快速到安全高度
G49 G40 Z200.0;	取消刀具半径、长度补偿
X0 Y0;	返回程序起始点
M30;	程序结束

2）壳体零件加工子程序。

O0010;	内腔轮廓线轨迹子程序
X66.0 Y70.0;	直线插补

G02 X100.04 Y8.964 I0 J−40.0;	顺圆插补
G01 X57.01 Y−60.0527;	直线插补
G02 X40.0Y−70.0 I−17.01 J10.527;	顺圆插补
G01 X−40.0;	直线插补
G02 X−57.01 Y−60.527 I0 J20.0;	顺圆插补
G01 X−100.04 Y8.946;	直线插补
G02 X−66.0 Y70.0 I34.04 J21.054;	顺圆插补
G01 X0.5;	直线插补，切过 0.5mm
M99;	子程序结束，返回主程序
O00020;	螺纹孔位置子程序
X65.0;	2 号孔位置
X125.0 Y65.0;	3 号孔位置
X−125.0;	4 号孔位置
M99;	子程序结束，返回主程序 O00022

3.3　数控自动编程概述

3.3.1　自动编程的基本原理

数控加工程序可以手工编程，也可以由计算机辅助完成编程过程。手工编程中的几何计算、编写加工程序单、程序校核，甚至工艺处理等由计算机自动处理完成的编程方法称为计算机自动编程，简称自动编程。自动编程的工作过程如图 3-108 所示。

图 3-108　自动编程的工作过程

1. 准备原始数据

自动编程系统不会自动地编制出完美的数控程序。首先，必须给计算机输入必要的原始数据，这些原始数据描述了被加工零件的所有信息，包括零件的几何形状、尺寸和几何要素之间的相互关系，刀具运动轨迹和工艺参数等。

2. 输入翻译

原始数据以某种方式输入计算机后，计算机并不能够识别，必须通过一套预先存放在计算机中的编程系统软件，将它翻译成计算机能够识别和处理的形式。计算机编程系统品种繁多，原始数据的输入方式不同，即使是同一种输入方式，也有很多种不同的编程系统。

3. 数学处理

这部分是根据已经翻译的原始数据计算出刀具相对于工件的运动轨迹。编译和计算合称为前置处理。

4. 后置处理

后置处理就是编程系统将前置处理的结果处理成具体的数控机床所需要的输入信息，即形成零件加工的数控程序。

5. 信息输出

将后置处理得到的程序信息通过控制介质（如磁盘）或通过计算机与机床的通信接口，输入到数控机床，控制数控机床加工。

3.3.2　自动编程的主要特点

1. 数学处理能力强

对轮廓形状不是由简单的直线、圆弧组成的复杂零件，特别是空间曲面零件，以及几何要素虽不复杂，但程序量很大的零件，计算相当繁琐，采用手工编制程序是难以完成的。自动编程借助于系统软件强大的数学处理能力，只需给计算机输入该二次曲线的描述语句，计算机就能自动计算出刀具轨迹，快速而又准确。功能较强的自动编程系统还能处理手工编程难以胜任的二次曲面和特种曲面。

2. 能快速、自动生成数控程序

对非圆曲线的轮廓加工，手工编程即使解决了节点坐标的计算，也往往因为节点数过多，程序段很大而使编程工作既慢又容易出错。自动编程的一大优点就是在完成计算刀具运动轨迹之后，后置处理程序能在极短的时间内自动生成数控程序，且该数控程序不会出现语法错误。

3. 后置处理程序灵活多变

同一个零件在不同的数控机床上加工，由于数控系统的指令形式不尽相同，机床的辅助功能也不一样，伺服系统的特性也有差别。因此，数控程序也应该是不一样的。但在前置处理过程中，大量的数学处理，轨迹计算却是一致的。这就是说，前置处理可以通用化。只要稍微改变一下后置处理程序，就能自动生成适用于不同数控机床的数控程序，后置处理相比前置处理，工作量要小得多，程序也简单得多，因而它灵活多变。对于不同的数控机床，采用不同的后置处理程序，就等于完成了一个新的自动编程系统，极大地扩展了自动编程系统的使用范围。

4. 程序自检、纠错能力强

复杂零件的数控加工程序往往很长，手工编程时，难免会出现错误。自动编程能够借助于计算机在显示屏上对数控程序进行动态模拟，连续、逼真地显示刀具加工轨迹和零件加工轮廓，发现问题及时修改。现在，往往在前置处理阶段，计算出刀具轨迹后立即进行动态模拟检查，确定无误再进入后置处理，编写出正确的数控程序来。

5. 便于实现与数控系统的通信

自动编程系统可以把自动生成的数控程序经通信接口或通过通信介质直接输入到数控系统，控制数控机床加工。

复　习　题

3.1　简述 G71、G72、G73 指令的应用场合有何不同?

3.2　在铣削固定循环指令的执行过程中，有哪些特定动作?

3.3　试编制图 3-109 所示轴类零件的数控车削加工工艺及加工程序，毛坯为 ϕ45mm 棒料（45 钢）。

3.4　试编制图 3-110 所示零件的加工工艺，并编写该零件的外轮廓数控加工程序。

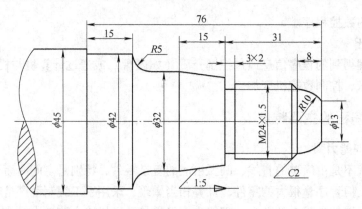

图 3-109　题 3.3 图

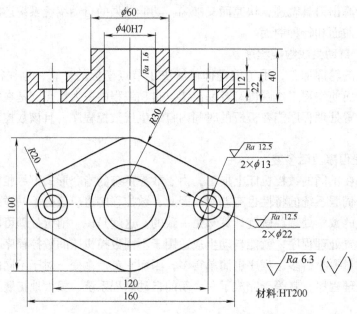

图 3-110　题 3.4 图

第4章 数控机床的操作与零件加工

4.1 数控车床的操作与零件加工

4.1.1 机床操作面板介绍

数控机床的操作面板一般是由 CRT/MDI 操作面板及用户操作面板组成的。

1. CRT/MDI 操作面板

只要数控系统相同，CRT/MDI 操作面板都是相同的，均由 CRT 显示部分和键盘构成。FANUC 0—TD 系统车床 CRT/MDI 操作面板如图 4-1 所示。

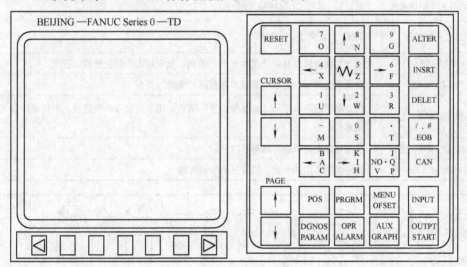

图 4-1 CRT/MDI 操作面板

操作面板上的各种功能键被严格分组，通过键与按钮的组合可执行一些基本操作，各功能键与其对应的功能见表 4-1。

2. 用户操作面板

对于不同的机床生产厂家，用户操作面板的按钮或旋钮设置有所不同。下面以云南机床厂生产的 CYNC—400P 数控车床为例，介绍数控车床的用户操作面板（见图 4-2）。

用户操作面板又称机床控制面板，主要用于控制机床的运动和选择机床运行状态，由模式选择按钮（或旋钮）、数控程序运行控制开关等多个部分组成。

（1）模式选择按钮（或旋钮） 数控车床的模式选择按钮（或旋钮）上共有七种模式，见表 4-2。数控车床的所有操作都是以这七种模式为基础的。

1）EDIT 是程序编辑与存储模式，即程序的创建、存储与编辑等操作都必须在这个模式下进行。

2）AUTO 是自动运行模式。存储在数控系统上的程序，需要在这个模式下进行自动运行。

表 4-1　CRT/MDI 面板控制键功能

名　称	功　能
<RESET> 复位键	解除报警，终止当前一切操作，CNC 复位，在编程方式时返回到程序开始处
地址/数字键	字母、数字等文字的输入，输入数据到输入域时，系统会自动判别取字母还是数字
<INPUT> 输入键	用于参数、刀具数据的输入，G54~G59 等工件坐标系偏置量的输入，MDI 方式的指令数据的输入，DNC 时输入程序等
<ALTER> 替代键	用输入域内的数据替代光标所在位置的数据
<DELET> 删除键	删除光标所在位置的数据，删除一个或全部数控程序
<INSRT> 插入键	把输入域中的数据插入到当前光标之后的位置
<CAN> 修改键	消除输入域内的数据
<EOB> 回车换行键	结束一行程序的输入并且换行
<CURSOR> 光标移动键	向下 ↓ 或向上 ↑ 移动光标
<PAGE> 翻页键	向下 ↓ 或向上 ↑ 翻页
<POS> 键	按此功能键可以显示"位置显示"页面，显示机床当前位置的坐标值
<PRGRM> 键	按此功能键可以显示"数控程序显示与编辑"页面
<MENU/OFSET> 键	按此功能键可以显示"偏置量设置"页面，用于设置刀具偏置量、磨损量以及工件坐标系偏置等
<OPR/ALARM> 键	按此功能键可以进行报警号的显示
<DGNOS/PARAM> 键	设定数控车床的参数，以及显示诊断数据

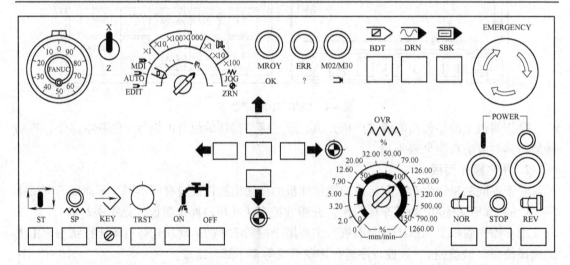

图 4-2　用户操作面板

3）MDI 是手动数据输入模式。MDI 模式是用来进行单个程序段的编辑与执行的，在编辑的时候不需要编写加工程序号和程序段号，并且程序一旦执行完毕，就不在内存中驻留。它可以通过 CRT 面板上的"OUTPT/START"按键或者用户操作面板上的"ST"按钮来执行程序。

表 4-2　模式选择按钮的功能

模 式	功 能	分 类
EDIT	程序编辑	自动方式
AUTO	程序自动运行	
MDI	手动数据输入	
INC（STEP）	增量进给操作	手动方式
HANDLE	手摇脉冲进给操作	
JOG	手动进给操作	
ZRN	返回参考点操作	

4）INC 是增量进给操作模式。在增量进给操作模式下，每按一下进给方向键 " + X"
" – X" " + Z" " – Z"，车床就移动一个进给当量，进给当量的选择通过 INC 方式下的 ×1、
×10、×100、×1000（单位为 μm）这四个挡位来进行选择。

5）HANDLE 是手摇脉冲进给操作模式。在此模式下，可以通过摇动 "手摇脉冲发生
器" 来控制数控车床的移动。手摇脉冲发生器每转动一格，数控车床就移动一个脉冲当量，
脉冲当量的选择通过 HANDLE 方式下的 ×1、×10、×100（单位为 μm）这三个挡位来进行
选择。数控车床移动坐标轴的选择通过用户操作面板上的轴选择开关来进行控制，移动方向
对应于手轮的旋转方向。

6）JOG 是手动进给操作模式。在 JOG 模式下，通过按动用户操作面板上的方向键
" + X" " – X" " + Z" " – Z"，数控车床的坐标轴就会向着所选择的方向作进给运动。进给
速度由进给倍率旋钮选择不同的进给挡（0，2.0，…，1260.00）来进行控制。在 JOG 模式
下，同时按住方向键与快速进给键，车床快速移动。

7）ZRN 是返回参考点操作模式。数控车床开机后，必须要返回机床参考点（回零），
以使机床原点与控制原点重合。在返回参考点模式下，X 轴、Z 轴只能朝正方向移动，在操
作时，只要按下 " + X" 或 " + Z" 方向键并保持 3s 以上，车床就能自动返回参考点。如果
开机后，未执行返回参考点操作，车床就不能进行程序的自动运行，并在 CRT 上显示报警
信息 "X（Z）AXIS NO—REF"。

（2）各种控制按钮　各种控制按钮的功能及用途见表 4-3。

表 4-3　各种控制按钮的功能及用途

按 钮	功能及用途
	循环启动按钮 ST。在 AUTO 及 MDI 方式下启动程序。与键盘上的启动键 "OUTPT/START"功能相当
	程序停止按钮 SP。在程序运行过程中按下此按钮，系统将停止进给（主轴仍然旋转），重新按下 "ST" 按钮，程序继续执行
	程序输入保护开关 KEY。当把这个开关打开时，用户可以对加工程序进行编辑，对参数进行修改；当把这个开关关闭时，程序和参数得到保护，不能进行修改
	手动换刀按钮 TRST。在手动方式（INC、HANDLE、JOG）下有效。一直按下此按钮，刀架电动机一直正转，当放开按钮后，刀架找到最近一个刀位后电动机停止转动并反向锁紧，换刀结束

（续）

按钮	功能及用途
	冷却启动与停止按钮。按下"ON"按钮，冷却泵电动机起动，可以进行冷却；按下"OFF"按钮，冷却电动机停止。冷却泵的起动与停止也可以通过 M8 和 M9 在程序中进行控制
	手动主轴正转按钮 NOR。在手动方式下有效。手动方式下按下此按钮并保持 2s 以上，主轴电动机就开始正转
	手动主轴停止按钮 STOP。在手动方式下有效。在主轴选择的过程中，当按下此按钮，主轴电动机就停止转动，并且通过制动盘进行制动控制，在一般情况下，制动动作保持 4s
	手动主轴反转按钮 REV。在手动方式下有效，当在手动方式下，按下此按钮并保持 2s 以上，主轴电动机开始反转
	程序跳跃选择按钮 BDT。该按钮为自锁按钮，当按一下时，指示灯亮，再按一下时，指示灯熄灭。当 BDT 指示灯亮时，说明跳跃功能有效，当程序执行到前面有反斜杠"/"的程序段时，系统将跳过这一程序段，而不执行
	空运行按钮 DRN。这个按钮也是自锁按钮。当 DRN 指示灯亮时，空运行有效。这个功能按钮主要在试运行程序时用。在空运行状态下，机床空转，各轴以快速移动速度运动
	单步运行按钮 SBK。这个按钮也是自锁按钮。当 SBK 指示灯亮时，程序单步执行，程序每执行完一个程序段，机床就停止进给，当按下"ST"按钮，程序又开始执行下一个程序段。依次类推，常用于新程序的调试工作

（3）指示灯　指示灯所表征的系统状态见表 4-4。

表 4-4　指示灯所表征的系统状态

指示灯	系统状态
MRDY OK	机床准备好指示（绿色）。这个指示灯亮的时候，说明机床已经准备好，NC、伺服系统、机械外围设备都正常，可以进行机床的各项操作
ERR ?	机床出错指示（红色）。这个指示灯亮的时候，说明机床出现异常情况，不能进行正常操作。引起机床报警的因素可能有：①NC 报警；②伺服系统报警；③PLC 报警；④操作报警
M02/M30	M02/M30 指示（橘黄色）。当这个指示灯亮的时候，说明程序已经执行完，程序只有执行到 M02 或 M30 时，这个指示灯才会发光指示

（4）其他旋钮、按钮或开关

1）电源开关按钮（POWER）。电源开关按钮位于用户操作面板右下部。

2）急停按钮（EMERGENCY）。机床在遇到紧急情况时，可以按下急停按钮，这时机床紧急停止，主轴也马上紧急制动。消除故障因素后，顺时针旋转急停按钮进行复位，机床可继续操作。

3）进给倍率旋钮。这个旋钮有双层数字标识符号。外层数字符号表示手动进给速度，在 JOG 模式下，按方向进给键时，机床坐标轴就按这些符号标识的进给速度进给；内层数字符号表示在 AUTO 模式下，实际进给速度与程序中指定进给速度的倍率关系。

4）超程释放按钮。在用户操作面板的侧面还有一个超程释放按钮。当机床碰到急停限位开关时，EMG 急停中间继电器失电，机床急停报警。若要解除急停报警，就需要按住超程释放按钮，用手轮将机床的坐标轴移出超程区域，然后按复位按钮（RESET）解除报警。

4.1.2　基本操作步骤

1. 开机与关机

开机的步骤如下：

1）检查数控车床的外表是否正常（如后面电控柜的门是否关上，车床内部是否有其他异物等）。

2）打开数控车床电气柜上的主电源开关。

3）按下机床操作面板上的"ON"电源按钮，启动 CNC 装置，数秒后 CRT 显示器亮，并显示有关位置与指令信息，如图 4-3 所示页面。

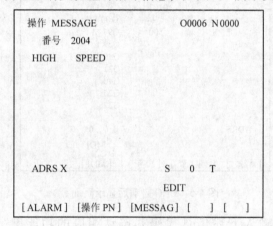

图 4-3　CNC 启动后显示页面　　　　图 4-4　绝对坐标系页面

4）顺时针方向松开急停按钮（EMERGENCY）。

关机与开机顺序相反，先按下急停按钮（EMERGENCY），再关闭 CNC 电源，最后关闭主电源。

2. 返回参考点（回零）操作

开机后，首先应进行返回参考点（回零）操作。返回机床参考点，有手动返回和自动返回两种方法。通常情况下，在开机时采用手动返回参考点。

（1）返回参考点操作步骤

1）将"模式选择旋钮"旋至"ZRN"位置。

2）按下"方向键"中的"+X 键"，进行 X 轴返回参考点操作。

3）按下"方向键"中的"+Z 键"，进行 Z 轴返回参考点操作。

操作完成，显示屏显示如图 4-4 所示页面，按动页面下相应的"软键"可以进入绝对坐标显示、相对坐标显示和综合坐标显示三个页面。

即使机床已进行返回参考点操作，如出现下面几种情况，仍需重新进行返回参考点操作：

1）机床关机后立即重新接通电源。

2）机床解除急停状态后。

3）机床超程报警被解除后。

4）数控车床在"机械锁定"状态下进行程序的空运行操作后。

（2）操作时注意事项

1）参考点返回时，应先移动 X 轴。

2）应防止参考点返回过程中刀架与工件、尾座发生碰撞。

3）由于坐标轴在加速移动方式下速度较快，一般情况下尽量少用，以免发生预想不到的危险。

3. 对刀操作

对刀的目的是确定每把刀具的刀具补偿量。由于每把刀具的长度都不同，这样在刀架转位后，各个刀具的刀尖就不会在同一点上，也即在程序中指定相同的坐标位置，不同的刀具其刀尖点会定位到不同的位置上。此时只有通过刀具补偿，确定所有刀具之间的位置几何关系，从而使所有刀具的刀位点都重合在某一理想位置上。

数控车床的对刀方法较多，下面主要介绍试切法对刀。

（1）外圆刀对刀（1 号刀）

1）将"模式选择旋钮"旋至"MDI"模式，显示屏将显示如图 4-5 所示的页面。如果没有显示此页面，按动功能键中的

程式 MDI		O0006 N0000
MDI		
T	0101	F
M	6	G00 S
S	500	G97 M
		G69 T
		G99
		G21
		G40
		G25
		G22
ADRS		S 0 T
		MDI
[程式]	[现字节] [次字节]	[MDI] [ ]

图 4-5   CNC 启动后显示页面

"PRGRM"键，进入该页面。在键盘上依次输入下述信息代码并按动相应的功能键："T0101"→"INPUT"→"M6"→"INPUT"→"S500M3"→"INPUT"→"ST"。机床执行上述代码后，换上 1 号刀，使主轴以 500r/min 的速度旋转。

2）将"模式选择旋钮"旋至"HANDLE"模式，利用手轮并结合"坐标轴选择开关"移动 1 号车刀，切削端面，如图 4-6a 所示。端面切削完后，不要移动 Z 轴，摇动手轮沿 X 轴退刀，刀具退出后，使主轴停止。用深度游标卡尺测出工件右端面到自定心卡盘的卡爪端面间的距离，如图 4-6b 中的 85.37mm。

3）连续按功能键中的"MENU/OFSET"键，进入图 4-7 所示的页面，确认在 G54 下 X 与 Z 的值为 0，如果不为 0，用"方向键"将光标移动到 G54 下的 X 位置，在键盘上按"0"

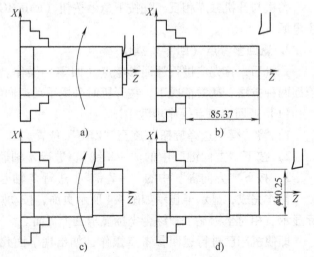

图 4-6   试切法对刀示意图

→ "INPUT" 键，然后将光标移动到 Z 位置，在键盘上按 "0" → "INPUT" 键。继续按功能键中的 "MENU/OFSET" 键或按图 4-7 所示页面下 "［形状］" 所对应的软键，进入图 4-8 所示的页面，利用键盘上的 "光标移动键" 移动光标到 "G01"，然后在键盘上按 "MZ85.37" → "INPUT" 键，至此完成 1 号车刀 Z 方向的对刀。

4）将 "模式选择旋钮" 旋至 "MDI" 模式，按照上述方法使主轴重新开始转动。然后将 "模式选择旋钮" 旋至 "HANDLE" 模式，利用手轮并结合 "坐标轴选择开关" 移动 1 号车刀，试切外圆，如图 4-6c 所示。切削一段外圆后，不要移动 X 轴，摇动手轮沿 Z 轴进行退刀，刀具退出后，使主轴停止。用外径千分尺测量试切部分的外圆直径，如图 4-6d 中的 ϕ40.25mm。

5）再次进入图 4-8 所示的页面，光标移动到 "G01" 位置，在键盘上按 "MX40.25" → "IN-PUT"，完成 1 号刀 X 方向的对刀。

工件坐标系设定			O0006 N0000
NO. (SHIFT)		NO. (G55)	
00 X	0.000	02 X	0.000
Z	0.000	Z	0.000
NO. (G54)		NO. (G56)	
01 X	0.000	03 X	0.000
Z	0.000	Z	0.000
ADRS X		S 0	T 1
［磨耗］　［形状］　［工件移］　［MACRO］　［　　］			

图 4-7　"工件坐标系设定" 页面

刀具补正/几何			O0006 N0000	
NO.	X	Z	R	T
G01	−260.000	−600.000	0.300	3
G02	−208.000	−429.773	0.200	3
G03	−198.500	−433.670	0.250	2
G04	−202.560	−447.890	0.300	7
G05	−236.980	−577.890	0.200	3
G06	0.000	0.000	0.000	0
现在位置(相对位置)				
U	−211.564	W	−151.071	
ADRS X		S 0	T 1	
［磨耗］　［形状］　［工件移］　［MACRO］　［　　］				

图 4-8　刀具刀补设置页面

6）利用 "方向键" 使刀架离开工件，退回到换刀位置附近。

（2）螺纹刀对刀（2 号刀）

1）将 "模式选择旋钮" 旋至 "MDI" 模式，在键盘上依次输入下述信息代码并按动相应的功能键："T0202" → "INPUT" → "M6" → "INPUT" → "S500 M3" → "INPUT" → "ST"。机床执行上述代码后，换上 2 号螺纹车刀，使主轴以 500r/min 的速度旋转。

2）将 "模式选择旋钮" 旋至 "HANDLE" 模式，利用手轮并结合 "坐标轴选择开关" 移动 2 号螺纹车刀，使螺纹车刀的刀尖与已加工好的外圆接触（在接近外圆时，可采用 ×10 或 ×1 的倍率进行慢速接近），如图 4-9 所示。当在外圆表面出现一条切痕时，可沿 Z 轴的正方向移动并观察切削情况，如果仍然有切屑，则将刀具沿 +X 方向作微量移动（手轮的 ×10 或 ×1 挡），使刀尖恰好与外圆接触为最佳。刀具继续沿 +Z 方向移动，当观察到刀尖与端面平齐时停止移动。

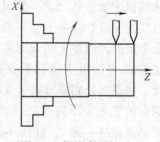

图 4-9　螺纹车刀的对刀

3）进入图 4-8 所示的页面，将光标移动到 "G02" 位置，在键盘上按 "MX40.25" → "INPUT" → "MZ85.37" → "INPUT"，完成 2 号螺纹车刀的对刀。

4）利用 "方向键" 使刀架离开工件，退回到换刀位置附近。

（3）镗刀对刀（3号刀）

1）将"模式选择旋钮"旋至"MDI"模式，在键盘上依次按"M3"→"INPUT"→"S500"→"INPUT"→"ST"，使主轴转动，用$\phi 20$mm钻头在工件右端面上钻一个深20～30mm的孔，钻完孔后退出尾座。

2）在键盘上分别按"T0303"→"INPUT"→"M6"→"INPUT"→"S500 M3"→"INPUT"→"ST"，换上3号镗刀，并使主轴转动。

3）将"模式选择旋钮"旋至"HANDLE"模式，利用手轮并结合"坐标轴选择开关"移动3号镗孔刀，进行镗孔，背吃刀量一般为0.5～1mm，镗出约10mm长的内孔，如图4-10a所示。镗孔后，不要移动X轴，沿$+Z$方向退刀，退至刀尖与端面平齐时停止移动，如图4-10b所示。

4）进入图4-8所示的页面，将光标移动到"G03"位置，在键盘上按"MZ85.37"→"INPUT"，完成3号镗刀的Z方向对刀。

5）设置完毕后，继续沿$+Z$方向移动，移动到一定位置后，使主轴停止。用内径千分尺测出所镗孔的内径，如图4-10c中的$\phi 21.45$mm。在图4-8所示的页面，将光标移动到"G03"位置，在键盘上按"MX21.45"→"INPUT"，完成3号镗刀X方向的对刀。

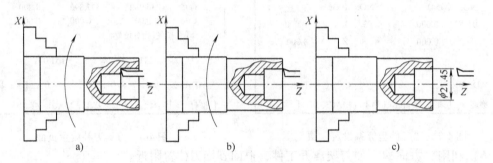

a)　　　　　　　　　b)　　　　　　　　　c)

图4-10　镗刀的对刀

6）利用"方向键"使刀架离开工件，退回到换刀位置附近。

4. 工件坐标系设定（工件零点偏置设置）

上面对刀所得到的X、Z是机床坐标系中的值，车床的机床坐标系原点一般设在卡盘的左端面和工件轴心线的交点处。由于这一点不易测量，且卡盘的厚度是个定值，通常在测量时将卡盘右端面与主轴轴线的交点O'当做机床坐标系原点（注意此原点为虚拟原点，如果此处测量时以卡盘右端面为基准，则对刀时，测量的Z方向距离也必须以卡盘右端面为基准，即两者必须保持一致），如图4-11所示。编程原点一般取在工件右端面与轴线的交点处，这两者之间有一个轴向距离，也就是有一个Z方向的偏移量，所以有时把工件坐标系设定称为工件零点偏置设置。设定工件坐标系的操作如下：

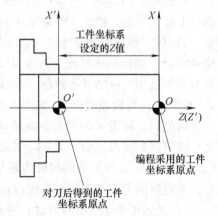

图4-11　对刀与编程的工件坐标系

1）装夹好要加工的棒料。

2）用深度游标卡尺测出棒料右端面至卡爪之间的长度，如长度为 92.68mm。

3）连续按功能键中的"MENU/OFSET"键，进入图 4-7 所示的页面，或在图 4-8 所示的页面中按"［工件移］"对应的软键，进入图 4-12 所示的页面，再按该页面中"［坐标系］"对应的软键，同样可以进入图 4-7 所示的页面。

4）利用"光标移动键"移动光标到 G54 下的 X 位置，在键盘上按"0"→"INPUT"（X 方向零点偏置，由于工件的旋转中心是固定不变的，所以 X 方向的零点偏置值必须是 0），然后将光标移动到 Z 位置，在键盘上按"92.68"→"INPUT"（Z 方向零点偏置），完成工件零点偏置设置。通常在确定 Z 方向零点偏置值时，是先将端面切平，然后再进行测量。

```
工件平移                    O0006 N0000
   （平移值）              （测定值）

X      0.000          X      0.000

Z      0.000          Z      0.000



现在位置(相对位置)
U    -85.79              W    -74.404

ADRS X                  S   0  T   1
                        EDIT
［磨耗］ ［形状］ ［坐标系］［MACRO］［      ］
```

图 4-12　工件平移设置页面

```
刀具补正/磨耗                  O0010 N0000
 NO.      X        Z       R      T
 W01    0.000    0.000   0.000    3
 W02   -0.080    0.000   0.000    3
 W03    0.000    0.000   0.000    3
 W04    0.000    0.000   0.000    3
 W05    0.000    0.000   0.000    3
 W06    0.000    0.000   0.000    3
现在位置(相对位置)
 U    -211.564   W    -151.071
ADRS                    S  1500  T   2
                        AUTO
［磨耗］ ［形状］ ［工件移］［MACRO］［      ］
```

图 4-13　刀具磨损设置页面

5. 刀具的磨损设置

当刀具出现磨损或更换刀片后，可以对刀具进行磨损设置，其设置页面如图 4-13 所示。当刀具磨损后或工件加工后的尺寸有误差时，只要修改刀具磨损设置页面中与刀具补偿编号相对应的刀具磨损编号中的 X 向或 Z 向的补偿值即可。例如某工件外圆直径在粗加工后的尺寸应是 25.8mm，但实际测得为 25.88mm（或 25.75mm），尺寸偏大 0.08mm（或偏小 0.05mm），则在"刀具磨损设置"页面所对应刀具（如 2 号车刀，则在 W02 番号中设置）的 X 向补偿值内输入 -0.08（或 0.05）。输入方法为：将光标移动到"W02"位置，在键盘上按"X-0.08"→"INPUT"。

在输入新的补偿值时，如果在页面中显示，其相应位置已经存在一定的补偿值，那么需要在原来补偿值的基础上进行累加，把累加后的数值输入。例如原来在 X 向补偿值中已有数值为"-0.05"，则通过累加后输入"-0.13"（-0.05-0.08=-0.13）。当长度方向尺寸有偏差时，修改方法与上述方法相似。

6. 加工程序的管理

（1）查看内存中的程序

1）把"模式选择旋钮"旋至"EDIT"模式，连续按功能键中的"PRGRM"键，显示屏在图 4-14 与图 4-15 之间切换。其中图 4-14 所示为上次关机前使用过的程序，而图 4-15 所示显示的是数控车床内存中所有的程序列表。

2）在键盘上按"O××××"（程序名），按 CURSOR 中的"↓"键（例如，按"O0013"→"↓"），此时所要查看的程序就会在显示屏上显示出来，如图 4-14 所示。

（2）输入新的加工程序 通常对于比较短的加工程序，可以在数控车床上用键盘进行输入，而对于比较长的加工程序，可以在计算机上编辑好，然后通过 DNC 传输的方法输入到数控车床中。下面主要介绍采用手动输入法输入加工程序。采用 DNC 传输的方法输入加工程序的有关内容，读者可参考 FANUC 操作说明书。

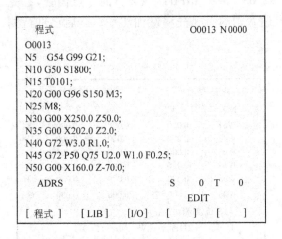

图 4-14 程序显示页面

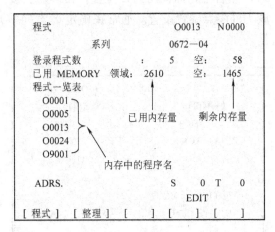

图 4-15 程序内存页面

1）将"模式选择旋钮"旋至"EDIT"模式，按功能键中的"PRGRM"，进入图 4-15 所示页面。

2）由于在系统内存中，每一个程序都对应着一个唯一的程序名，所以在创建一个新程序时，先要给程序起一个文件名，同时所起的文件名不能与系统内存中已有的文件名发生重名现象。在图 4-15 所示的页面中，查看要输入的新程序名与内存中已经存在的程序名是否发生重名（内存中程序较多时，可按 PAGE 中的"↓"键，查看内存中的所有程序），如果有重名，则更换一个新的程序

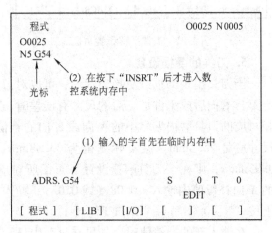

图 4-16 程序输入页面

名。在键盘上按"O××××"（程序名）→"INSRT"→"EOB"→"INSRT"，此时在显示屏上显示图 4-16 所示页面（页面中的 N5 等，在按"EOB"键和"INSRT"键后系统自动生成）。

3）输入指令时，"地址"或"字"不会立即进入程序段中，而处于临时内存中，如图 4-16 中说明 1 所示。如果发现输入到临时内存中的"地址"或"字"有错误，则可以按"CAN"键进行清除。临时内存中的"地址"或"字"，只有在按下"INSRT"键后，才会

真正输入到数控系统内存中，如图 4-16 中说明 2 所示。如果发现输入到内存中的"字"有错误，则把光标移动到要修改的"字"下，重新输入正确的"字"，然后按"ALTER"键进行替换，或者把光标移动到错误的"字"下，按"DELET"键删除错误的"字"，然后重新输入正确的"字"。

在临时内存中，输入程序段中最后一个"字"时，可以不用按"INSRT"键，而是直接按"EOB"键，这样既可以把临时内存中的"字"输入到数控系统内存中，又可以使程序段换行，从而减少输入次数。

4）按照步骤 3）的方法，将所有程序都输入到系统后，按"RESET"键使光标返回到程序的起始位置，如图 4-14 所示。

（3）删除程序

1）将"模式选择旋钮"旋至"EDIT"模式，按功能键中的"PRGRM"键，进入图 4-15 所示页面。

2）在键盘上按"O××××"（要删除的程序名），按"DELET"键，这样就把不需要的程序删除掉了。

由于数控系统的内存一般都比较小，所以要经常检查剩余内存量（见图 4-15），当剩余内存量较少时，应及时删除不用的程序，以免系统因内存溢出而死机。

（4）编辑程序　在实际加工时，经常要对已经存在的数控加工程序进行编辑。例如，零件的尺寸规格发生了改变，就要修改相应的坐标尺寸；零件的材质发生了改变就要修改转速和进给速度。加工程序的编辑步骤为：调出要编辑的加工程序（见图 4-14）→将光标移动到要修改的"字"→删除、插入或替换程序代码。

1）检索一个指定的代码　一个指定的代码可以是一个字母或一个完整的代码，如"N0015""M""F""G03"等，检索在当前数控程序内进行。操作步骤如下：

将"模式选择旋钮"旋至"EDIT"或"AUTO"模式，选择一个需要编辑的加工程序，输入需要检索的字母或代码，按 CURSOR 中的"↓"键，就从当前光标所在位置开始，沿程序结束的方向进行检索、相反，如果按 CURSOR 中的"↑"键，则从当前光标所在位置沿程序开始的方向进行检索。例如要从光标所在位置沿程序结束的方向检索"G03"，则按"G03"→"↓"。

2）编辑 NC 程序（删除、插入、替换操作）。

① 将"模式选择旋钮"旋至"EDIT"模式，选择需要编辑的加工程序。

② 移动光标至需要编辑的字下，移动光标可用 PAGE 中的"↓"或"↑"键进行翻页，还可用 CURSOR 中的"↓"或"↑"键，使光标逐字进行移动。同时还可以用检索一个指定代码的方法来移动光标。

③ 删除数据。按"DELET"键，删除光标所在处的代码。

④ 插入数据。按动键盘上的"数字/字母"键，将要插入的内容输入到临时内存中，然后按"INSRT"键，将临时内存中的内容插入到光标所在处代码的后面。

⑤ 替代数据。按动键盘上的"数字/字母"键，将替代内容输入到临时内存中，然后按"ALTER"键，将临时内存中的内容替代光标所在处的代码。

7. 程序的自动运行

1）在进行程序的自动运行之前，刀盘上的所有刀具都必须已经完成"对刀"操作。

2）在卡盘上装夹好待加工工件。

3）从数控系统内存中调出所要运行的加工程序。

4）查看加工程序中的坐标系偏移指令，并在工件坐标系设置页面中相对应的位置设置零点偏置数据。例如，程序中使用的坐标系偏移指令为 G58，则应在图 4-7 所示工件坐标系设置页面，按 PAGE 中的"↓"键，进入下一层页面，在 G58 中设置好 Z 方向零点偏置值。

5）将"进给倍率旋钮"旋至较小的位置，以防进给速度设置不合理，损坏刀具。

6）将"模式选择旋钮"旋至"AUTO"模式，按下"OUTPUT/START"键或"ST"键，启动加工程序进行自动加工，然后逐渐把"进给倍率旋钮"往大的方向旋，根据切屑及机床的振动情况调整到合适的倍率。自动运行时的程序页面如图 4-17 所示，光标所在位置为车床正在执行的程序段。按页面中"［检视］"所对应的软键，将进入图 4-18 所示的页面，在该页面中既可以观察到车床运行到哪个程序段，又可以观察到刀位点位置的坐标值（绝对坐标），还可以观察到程序中指定的主轴转速（S01200）、进给速度（F80），以及即时的主轴转速（S1155）和进给速度（ACT. F100MM/分）等信息。

在自动运行过程中，如果按下功能按钮中的"SBK"按钮，则系统进入单步运行的操作，即数控系统执行完一个程序段后，进给停止，必须重新按下"OUTPUT/START"键或"ST"按钮，才能执行下一个程序段。

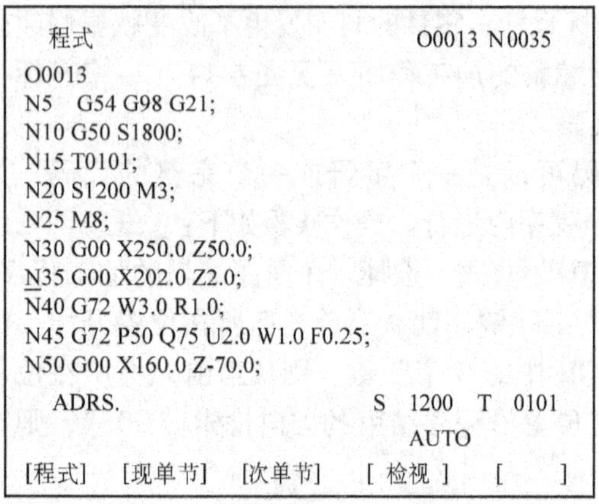

```
程式                      O0013 N0035

O0013
N5   G54 G98 G21;
N10  G50 S1800;
N15  T0101;
N20  S1200 M3;
N25  M8;
N30  G00 X250.0 Z50.0;
N35  G00 X202.0 Z2.0;
N40  G72 W3.0 R1.0;
N45  G72 P50 Q75 U2.0 W1.0 F0.25;
N50  G00 X160.0 Z-70.0;

ADRS.                    S  1200  T  0101
                                  AUTO
[程式]  [现单节]  [次单节]  [检视]  [    ]
```

图 4-17 自动运行时的程序页面

```
程式检视                  O0013 N0080

N75 X36.0 Z-36.0;
N80 Z-67.0;
N85 X46.0;
N90 G00 X100.0;
   (绝对坐标)  (余移动量)        (G)
X   -57.98      0.000     G01  G99  G25
Z   -88.69    -32.56      G97  G21  G22
                          G69  G40  G54

F    80      S  01200     SRPM    0
M   003      T  0101      SSPM    0
                          SMAX   1800

ACT.F  100MM/分                 S1155  T0101
                                  AUTO
[程式]  [现单节]  [次单节]  [检视]  [    ]
```

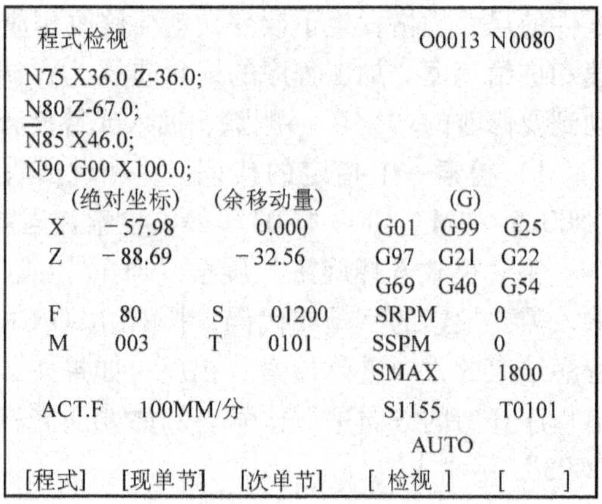

图 4-18 自动运行时的检视页面

对于批量加工的零件，在零件加工程序中应加入为测量准备而编写的"M5""M0"以及测量退刀程序段。然而为测量准备而编写的程序段，并不是在加工每一个零件的时候都需要用到的，例如，首件加工时需要测量加工尺寸，加工了若干个零件及刀具磨损后需要测量零件加工尺寸；而在其他时间是不需要测量加工尺寸的，也就不需要"测量准备"程序段。这样可以在"某种状况需要"而"某种状况又不需要"的程序段前加"/"，然后在操作时，通过控制"BDT"按钮的通断状态，控制是否执行这些前面有"/"的程序。

例如，在"测量准备"程序段的前面加入"/"，在进行首件试切时，由于要对加工的零件进行测量并及时修改刀具的偏置（磨损）量，这时不要按下功能按钮中的"BDT"按钮，此时程序跳跃功能无效，执行"测量准备"程序段。而在加工正常后，按下功能按钮中的"BDT"按钮，此时程序跳跃功能有效，将不再执行程序段前有"/"的程序段（不执行"测量准备"程序段)。一般在加工完一定数量的零件后，必须对零件进行测量，以便及时修改刀具的偏置（磨损）量，从而保证零件的加工精度。这时就需要再次按下功能按钮中的"BDT"按钮（状态灯熄灭），使程序跳跃功能无效，这样程序在执行到"M5"与"M0"程序段后，主轴停止转动、程序暂停，就可进行测量。测量完毕后，重新按下"OUTPUT/START"键或"ST"按钮，程序继续执行。

8. 程序再启动

在数控车床加工过程中，由于刀具损坏或刀具磨损，需要中断正在运行的加工程序，更换刀具或刀片。在更换完刀具或刀片后，要重新进行刀具的偏置（磨损）量设置，设置好以后必须对系统进行复位操作，即按"RESET"键进行机床的复位。机床复位以后从"程序断点"处继续执行加工程序的操作被称为"程序的再启动"。程序再启动的操作过程如下：

1）将"模式选择旋钮"旋至"HANDLE"模式，利用手轮并结合"坐标轴选择开关"移动刀具至上次程序中断时的刀具位置点坐标。

2）将"模式选择旋钮"旋至"EDIT"模式，按"PRGRM"键，进入图 4-14 所示的页面。

3）将光标移动至需要"程序再启动"的程序段。

4）将"模式选择旋钮"旋至"AUTO"模式，然后再按下"OUTPUT/START"键或"ST"按钮，重新进行程序的自动运行。

在进行程序再启动操作的时候，一定要注意在"程序中断"与"程序再启动"的过程中，是否有过数控系统的关机操作。因为数控系统经过关机后，一些模态指令所建立起来的系统运行模式将不再存在。

在程序断点重新执行处，必须有主轴的旋转指令，否则车床会出现意想不到的大事故。

4.2 数控铣床的操作与零件加工

本节以数控铣床上所普遍采用的 SINUMERIK 802D 数控系统为例，介绍数控铣床的基本操作方法。

4.2.1 机床操作面板介绍

1. CNC 系统操作面板

CNC 系统操作面板的主要作用是对系统的各种功能进行调整、调试机床和系统、对零件程序进行编辑、选择需要运行的零件加工程序、控制和观察程序的运行等。

SINUMERIK 802D 数控系统的 CNC 系统操作面板和各按键的功能说明如图 4-19 所示。

2. 机床控制面板

机床控制面板主要用于控制机床的运行方式、运行状态，它的操作会直接引起机床的某些相应动作。SINUMERIK 802D 数控系统的标准机床控制面板如图 4-20 所示。各控制键所对应的功能及用途见表 4-5。

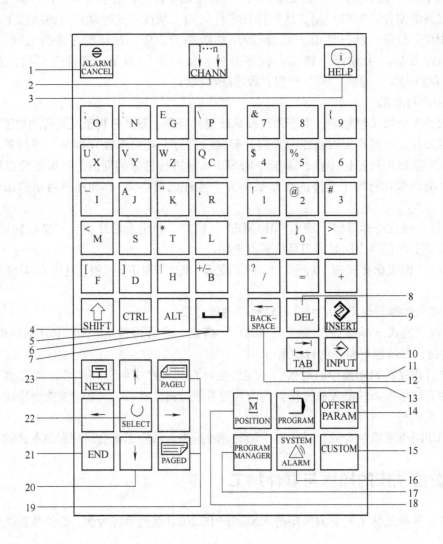

图 4-19　SINUMERIK 802D 数控系统的操作面板

1—报警应答键　2—通道转换键　3—信息键　4—上挡键　5—控制键　6—ALT 键　7—空格键

8—删除键　9—插入键　10—回车/输入键　11—制表键　12—删除键（退格键）　13—程序操

作区域键　14—参数操作区域键　15—自定义键　16—报警/系统操作区域键　17—程序管理

操作区域键　18—加工操作区域键　19—翻页键　20—光标键　21—结束建

22—选择/转换键　23—未使用

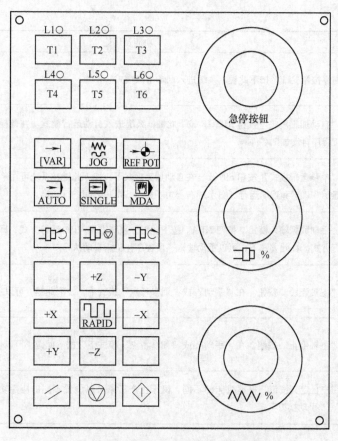

图 4-20　SINUMERIK 802D 数控系统的控制面板

表 4-5　机床控制面板中各控制键的功能及用途

按　钮	功能及用途
//	复位按钮 RESET。不论系统处于何种状态，按下此按钮都可以使系统复位。这时，正在运行的加工程序被中断，并回到程序运行的初始位置。许多机床的报警信息也可以通过按 RESET 键进行清除
⊘	循环停止按钮 CYCLESTOP。当零件加工程序正在运行时，按下"循环停止"键可以使程序运行暂时停止，如果再按下"循环启动"键，则可以恢复程序的运行
◇	循环启动按钮 CYCLESTAR。在"自动加工"或"MDA"模式下，按下"循环启动"键，可以启动加工程序的运行
⊐□%	主轴速度修调倍率旋钮。可以用此旋钮来调节主轴速度
ᨌ%	"进给速度修调倍率"旋钮。可以用此旋钮来调节轴运动的速度。该开关指向零时，轴无法运动
→│	"增量选择"按钮。在手动方式时，重复按此键，可以使机床在手动与增量之间进行切换
ᨌ	"手动模式"按钮 JOG。按下此键，系统进入手动模式

（续）

按钮	功能及用途
→⊙	回零按钮 REF。按下此键，系统进入回参考点模式
⇒	"自动加工模式"按钮 AUTO。按下此键，系统进入自动运行模式。在此模式下，机床根据零件加工程序自动加工零件
⇒	"单步运行模式"按钮 SINGL。在自动加工模式下，按下此键，系统可在单段运行（显示屏右上角显示 SBL）和连续运行（显示屏右上角不显示 SBL）之间进行切换
▥	"手动数据输入模式"按钮 MDA。按下此键，系统进入 MDA 运行方式，即为手动数据输入自动执行方式。在此方式下，可以手动输入一段程序让机床自动执行
⊐▯↻	"主轴正转"按钮。在"手动"或"回参考点"模式下，按下此键，可以使机床主轴正转
⊐▯⊘	"主轴停止"按钮。在"手动"或"回参考点"模式下，按下此键，可以使机床主轴停止转动
T1 ~ T6	用户自定义按钮。根据机床的不同，机床生产厂家可以设置不同的应用功能，如："切削液开关"、"手动换刀"等

4.2.2　SINUMERIK 802D 软件功能

1. 数控系统主要功能

SINUMERIK 802D 数控系统由计算机、液晶显示器、操作面板和控制软件等组成，具有中文的软件操作界面。该系统具有完善的补偿功能，如刀具半径和长度补偿、螺距补偿和反向间隙补偿、刀具位置补偿和磨损补偿等，可进行螺旋线插补和极坐标插补，米制与英制转换。编程符合 ISO 标准要求，与 SINUMERIK 其他系统兼容，具有轮廓编程、循环编程、示教方式编程、后台编程等功能，可用线条进行加工路线模拟，并具有完善的自诊断功能，支持 DNC 方式，用于加工复杂模具。

2. 显示屏划分

SINUMERIK 802D 数控系统的显示屏划分如图 4-21 所示，分为以下三个区域：

（1）状态区　如图 4-22 所示，状态区显示内容如下：

1）当前操作区域显示。控制器的加工、参数、程序、程序管理器、系统、报警、G291标记的"外部语言"，以及 JOG、JOG 方式下增量大小、MDA、AUTOMATIC 等显示。

2）报警显示行。显示内容为报警号、报警文本、信息内容等，只有在数控系统或 PLC报警时才显示报警号。

3）程序运行状态显示。程序停止、运行、复位状态和基本状态分别用 STOP、RUN、RESET 来表示。

4）自动方式下程序控制。

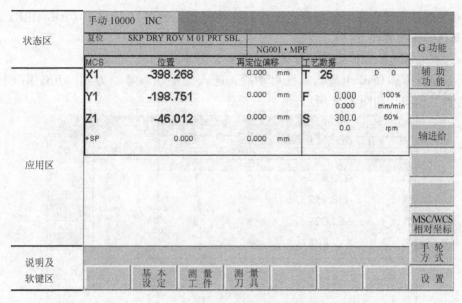

图 4-21 显示屏划分

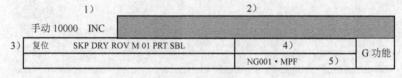

图 4-22 状态区

SKP：程序段跳跃。程序段号之前加斜线的程序段在程序运行时跳过不执行。

DRY：空运行。将以"空运行进给率"中所设定的数据作为进给率。

ROV：快进修调。修调开关对于快速进给也生效。

M01：程序停止。程序运行到含有 M01 指令的程序段时停止运行。

PRT：程序测试。

SBL：单段运行。只有处在程序复位状态时才可选择。此功能生效时，每个程序段逐段解码，在程序段结束时，轴的进给运动暂停，按下"循环启动"按钮，程序继续执行。

5）所选择的零件程序（主程序）。当前所编辑或运行的程序名。

（2）应用区 为工作窗口，显示数控系统的工作数据，如：坐标、工艺数据、编辑或加工的程序指令等。

（3）软键区 软键区包括垂直和水平软键栏，标准的软键主要有：

$\boxed{<<返回}$：关闭当前显示屏显示的内容，返回上一级显示屏显示的内容；

$\boxed{\times中断}$：中断输入，退出该窗口。

$\boxed{\surd确认}$：中断输入，接受输入的数据。

4.2.3 手动操作与自动操作

1. 开机和回参考点

同数控车床一样，在每次重新开机后，必须回一次参考点，以使机床找到机床坐标系原点，从而建立机床坐标系。回参考点操作只有在"手动回零"方式下（JOG REF）才可以进行。具体操作步骤如下：

1）检查外部电源和机床各部分初始状态是否正常。

2）接通机床和 CNC 电源，系统启动后，进入"手动回零"方式（JOG REF），出现"回参考点"窗口，如图 4-23 所示。

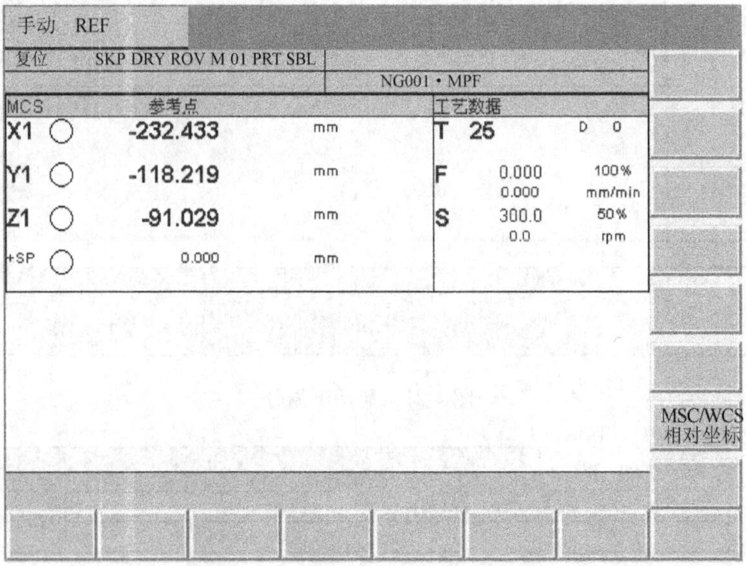

图 4-23　JOG 方式回参考点状态图

在"回参考点"窗口中，可以显示出坐标轴是否已经回到参考点：

○表示坐标轴未回参考点。

◑表示坐标轴已经到达参考点。

3）按下机床控制面板上的回参考点按钮→◉，启动"回参考点"操作。

4）按各坐标轴方向键，使每个坐标轴逐一返回参考点。如果选择了错误的回参考点方向，机床坐标轴则不会产生运动。为了防止机床主轴或刀具与工件及工装发生碰撞，应首先使 Z 轴回参考点。

5）通过选择另一种运行方式（如 AUTO 或 MDA），可以结束"回参考点"功能。

2. 手动操作

手动操作主要包括 JOG 运行模式和 MDA 运行模式。

（1）JOG 运行模式　在机床控制面板上按下 JOG 按钮〰，即可进入 JOG 运行模式。

1）手动移动。手动运行状态如图 4-23 所示，在状态图上主要显示机床的坐标位置、进给速度、主轴转速、主轴上的刀具号等信息。

在手动移动方式下，通过按动相应的坐标键，即可使相应的坐标轴实现点动、连续或快速移动。具体操作步骤如下：

①　按下需要移动的坐标轴的方向键，相应的坐标轴就开始移动。例如，按下"-Y"键，则 Y 轴就开始向负方向进行移动。只要相应的键一直按下，坐标轴就连续地以设定的速度运动，如果速度不合适，可以通过"进给速度修调倍率"旋钮进行调整。

②　同时按下坐标轴方向键和"快速移动"键（⊓⊔），则相应的坐标轴以"快进速

度”移动。

③ 在JOG运行模式下，按下“增量选择”键（→|），则坐标轴以增量方式移动（点动）。可以选择不同的“步进增量值”，步进增量值的大小在显示屏的左上角显示。当以步进增量方式运行时，每按一次坐标方向键，相应坐标轴向指定方向移动一段设定的增量值。按动数次就移动相应的整数倍增量值。

软功能键的简单说明：

基本设定：在相对坐标系中设定临时参考点。

测量工件：确定零点偏置。

测量刀具：测量刀具偏置。

设置：按下此键，进入相应的设置页面，可以设定带有安全距离的退回平面，以及在MDA方式下自动执行零件程序时主轴的旋转方向。此外还可以在此页面下设定JOG进给率和增量值。

2）手轮进给移动。在手轮进给移动方式下，选择某个坐标轴后，转动手摇脉冲发生器，可使机床在选定的坐标轴上实现定量进给，移动方向由手摇脉冲发生器的旋转方向确定。其操作步骤如下：

① 将“手轮倍率”旋钮旋转到的合适位置（1、10、100、1000）。

② 将“坐标轴选择”旋钮旋转到要移动的坐标轴位置（X、Y或Z）。

③ 转动手摇脉冲发生器，实现手轮进给。

（2）MDA运行模式　在MDA模式下可以编制一个零件程序段加以执行，操作界面如图4-24所示。操作步骤如下：

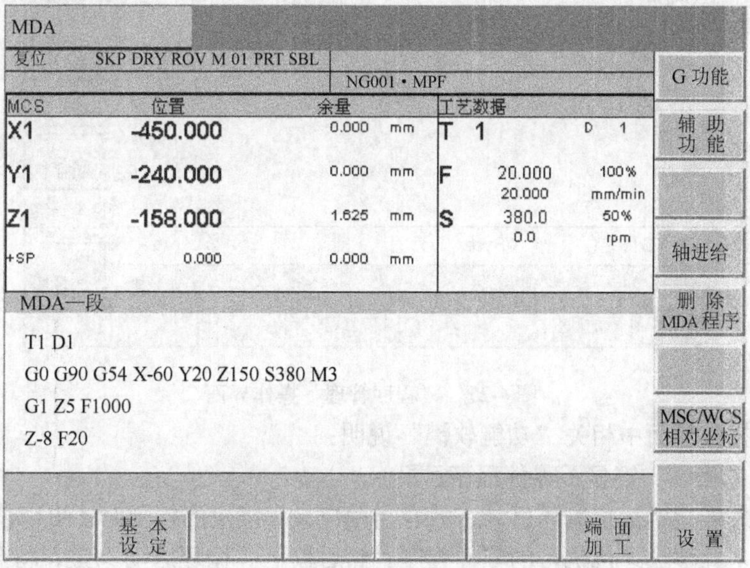

图4-24　MDA模式操作界面

1）选择机床操作面板上的MDA键（），进入MDA运行模式。

2）通过操作面板输入程序段。

3）按循环启动键（◇），执行所输入的程序段。

在程序执行时不可对程序段进行编辑，程序段执行完毕，输入区的内容仍然被保留，这样该程序段可以通过按"循环启动"键再次重新运行。如果要删除保留在输入区中的程序段内容，则需要按下"删除 MDA 程序"软键。

在 MDA 状态下，SINUMERIK 802D 数控系统提供了一个特殊的功能"端面铣削"，利用此功能只要输入相关参数，就会自动产生一个"端面铣削"的零件程序段，可以很方便地为后续工序的加工做好准备。

4.2.4 程序的输入与编辑

无论是在 SINUMERIK 802D 数控系统上创建一个新的加工程序还是对一个已经存在的加工程序进行编辑，都要在程序管理操作界面中进行操作。

在数控系统操作面板上，按下"程序管理操作区域键"（ PROGRAM MANAGER ），即可进入程序管理操作界面，如图 4-25 所示。在程序管理操作界面中，零件程序名和循环程序目录以列表的形式显示出来，在程序目录中可以用光标键选择零件加工程序。为了更快地查找到零件加工程序，输入程序名的第一个字母，数控系统就可以自动地把光标定位到含有该字母的程序名处。

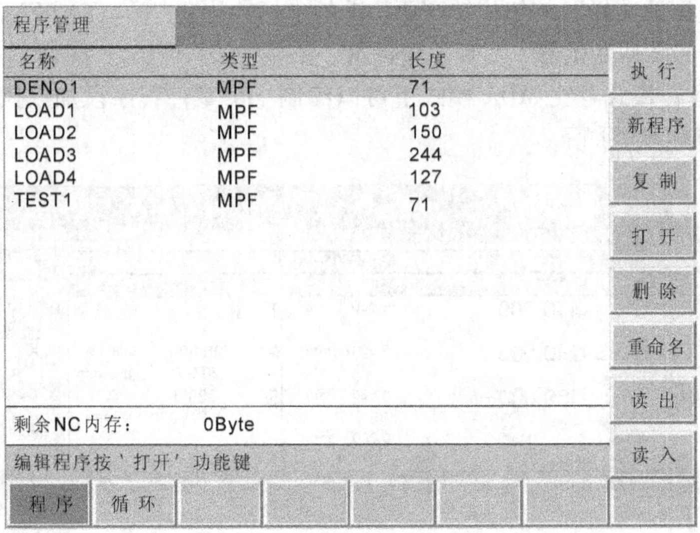

图 4-25　"程序管理"操作界面

程序管理操作界面中相关"功能软键"说明：

程序：按"程序"键显示零件程序目录。

循环：按此键显示标准循环目录，只有当用户具有确定的权限时才可以使用此键。

执行：按下此键选择待执行的零件程序。然后按下"循环启动"键，将会执行该程序。

新程序：操作此键可以创建一个新的加工程序。

复制：操作此键可以把所选择的程序复制到另一个程序中。

打开：按下此键打开待编辑的程序。

删除：此键可以删除光标定位处的程序，并提示操作者对删除命令进行确认，如按下"确认键"将执行删除功能，如按下"返回键"则取消删除命令并返回。

重命名：操作此键出现一窗口，在此窗口可以更改光标所定位的程序名称。输入新的程序名后按确认键，完成名称更改，用返回键取消此功能。

读出：按下此键，通过 RS232 接口，把零件程序输出到计算机中保存。

读入：按下此键，通过 RS232 接口，把零件程序装载到数控系统中。

1. 输入新程序

1）在程序管理器窗口中，按"新程序"键，出现图 4-26 所示的对话窗口，在此输入主程序或子程序名称，程序名称须符合 SINUMERIK 802D 数控系统所规定的程序起名规则。主程序扩展名".MPF"可以省略，系统自动输入，子程序扩展名".SPF"必须与文件名一起输入。

2）按"确认"键，生成新程序文件，在显示屏显示程序编辑窗口后，可以输入和编辑新程序的内容；按"中断"键，则中断创建新程序的过程，并关闭"输入新程序"窗口。

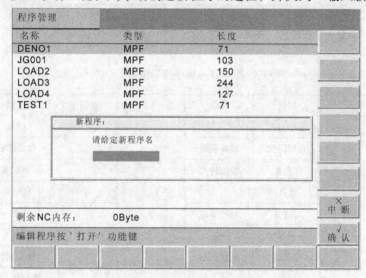

图 4-26　输入新程序窗口

2. 程序的编辑

当零件程序处于非执行状态时，可以对其进行编辑。在进行零件程序编辑时，操作者对零件程序所作的任何修改都会被数控系统自动地进行即时保存。程序编辑窗口和程序编辑窗口的菜单树如图 4-27 和图 4-28 所示。

1）在程序管理器窗口下选择"程序"键，出现程序目录窗口。

2）用"光标"键移动光标，选择待编辑的程序，如 JG001.MPF。

3）按"打开"键，显示屏上出现程序编辑窗口，如图 4-27 所示，此时即可对程序进行编辑和修改。

4）程序编辑完成后，按"程序管理操作区域键"键，即可关闭正在编辑的程序，返回"程序管理器"窗口。

功能软键的简单说明：

执行：使用此键，选择所要运行的加工程序。

标记程序段：按此键，选择一个文本程序段，直至当前光标位置。

复制程序段：复制一程序段到剪切板。

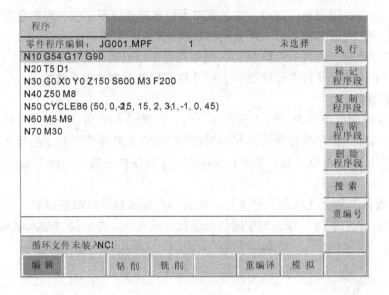

图 4-27　程序编辑窗口

编辑		钻削	铣削		重编译	模拟	
执行		钻中心孔				模拟	
标记程序段		钻削沉孔	端面铣削			自动缩放	
复制程序段		深孔钻	轮廓铣削			到原点	
粘贴程序段		镗孔				显示 …	
删除程序段		攻螺纹	标准型腔			缩放 +	
搜索		取消模态	槽			缩放 −	
重编号		孔模式	螺纹铣削			删除画面	
						光标粗 / 细	

图 4-28　程序编辑窗口的菜单树

粘贴程序段：把剪切板上的文本粘贴到当前的光标位置。

删除程序段：用于删除所标记的程序段。

搜索：使用此键，在所显示的程序中查找一字符串，在输入窗口中输入所搜索的字符，按"确认"键启动搜索过程。按"返回"键则不进行搜索，退出窗口。

重编号：使用该功能，替换当前光标位置到程序结束处之间的程序段号。

钻削：编写钻削循环程序，设置相应循环参数。

铣削：编写铣削循环程序，设置相应循环参数。

重编译：在重新编译循环时，把光标移动到调用循环的程序段中。按下此键，打开"循环编程"对话框，在对话框中输入或修改相应的循环参数，如果所设定的参数不在有效范围之内，则该功能会自动进行判定，并恢复原来的参数值。"循环编程"对话框关闭后，原来的循环参数就会被新的参数所取代。

注意：仅仅是自动生成的程序块/程序段才可以重新进行编译。

4.2.5 工件坐标系的建立

数控机床回参考点之后，机床的所有坐标均以机床零点为基准，而工件的加工程序则以工件零点为基准，工件零点相对于机床零点在 X、Y、Z 三轴上的偏移量作为"零点偏置值"输入数控系统后，就在机床坐标系中建立了工件坐标系。

1. 对刀操作与设定零点偏置值

（1）对刀操作 在机床坐标系中建立工件坐标系的过程，实质上就是对刀的过程。对刀的目的就是确定工件坐标系原点（程序原点）在机床坐标系中的位置，并将对刀数据输入到相应的存储位置。机床坐标系、工件坐标系和对刀的关系如下：

回参考点→确定机床坐标系→对刀操作→确定工件坐标系原点在机床坐标系中的位置。

对刀时，要根据现有条件和加工精度要求选择合适的对刀方法，常采用刀具、寻边器、百分表（千分表）、标准心轴、塞尺和量块等工具进行手动对刀。

1）方形工件的对刀操作。方形工件一般选择工件的对称中心点或某个边角点作为工件坐标系的 X、Y 方向零点，选择工件的上表面作为 Z 方向零点，如图4-29所示。

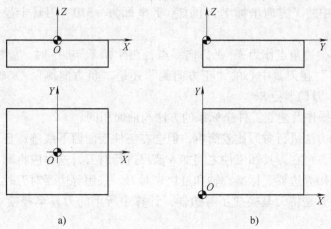

图4-29 方形工件的工件坐标系
a）对称中心为 X、Y 方向零点 b）边角点为 X、Y 方向零点

① 方形工件的中心点为 X、Y 方向的零点。

a. 机床回参考点并安装、找正、夹紧工件后，采用手轮进给方式，将主轴刀具先移动到靠近工件的 X 方向的对刀基准面——工件毛坯的右侧面。

b. 起动主轴中速旋转，用手轮进给方式转动手摇脉冲发生器，在 X 方向缓慢移动刀具，使刀具刚刚接触到工件 X 方向的基准面（当工件上会出现一极微小的切痕时，即刀具正好碰到工件侧面，此法称为"碰切"）。刀具沿 Z 方向退刀，记录此时的 X 坐标（机床坐标系坐标，假设为 X_1）；然后将刀具移至工件毛坯的左侧面，用同样的方法使刀具刚刚接触到工件毛坯的左侧面，刀具沿 Z 方向退刀，记录此时的 X 坐标（机床坐标系坐标，假设为 X_2）；$(X_1 + X_2) / 2 = X_0$ 即为工件坐标系原点在机床坐标系的 X 方向的坐标。按照上述的方法在 Y 方向对刀，并得到工件坐标系原点在机床坐标系的 Y 方向的坐标 Y_0。此对刀操作方式称为双边分中。

c. 在机床主轴上安装一把基准刀具（刀具的长度已经在对刀仪上测得，刀具长度已知，

假设刀具长度为 L），移动刀具"碰切"工件上表面，记录此时的 Z 坐标（机床坐标系坐标，假设为 Z_1），则工件坐标系原点在机床坐标系的 Z 方向的坐标 $Z_0 = Z_1 - L$（L 为正，Z_1 与 Z_0 为负）。例如，刀具长度为 110mm，碰切后的机床坐标 $Z_1 = -346.5$，则 $Z_0 = -346.5 - 110 = -456.5$。

d. 记录对刀操作所得到的工件坐标系原点在机床坐标系中的坐标 (X_0, Y_0, Z_0)。

② 方形工件的边角点作为 X、Y 方向的零点，假设选定图 4-29b 中的 A 点为工件坐标系 X、Y 方向的零点。

a. 移动刀具"碰切"工件的左侧面，刀具沿 Z 方向退刀，记录此时的 X 坐标（刀具中心的机床坐标系坐标）。

b. 将 X 坐标加上刀具半径 R（X 坐标为负，R 为正，注意图中 X 正方向为工件左侧面指向工件左侧面），所得数值即是 A 点在机床坐标系中的 X 方向坐标 X_0。例如，X 坐标为 -220mm，刀具半径为 10mm，则 $X_0 = -220 + 10 = -210$。

c. 移动刀具"碰切"工件的"前面"，重复以上操作，将 Y 坐标加上刀具半径 R（Y 坐标为负，R 为正，注意图中 Y 轴正方向为"工件前面"指向"工件后面"），所得数值即是 A 点在机床坐标系中的 Y 方向坐标 Y_0。例如，Y 坐标为 -310，刀具半径为 10mm，则 $Y_0 = -310 + 10 = -300$。

注意：若用其他边角点作为 X、Y 方向零点，在计算 X_0 与 Y_0 时，应根据 X 轴与 Y 轴的正方向及"边角点"在刀具中心的"正方向侧"还是"负方向侧"，来确定是"加"刀具半径 R 还是"减"刀具半径 R。

Z 方向的对刀操作及建立工件坐标系的方法与前面相同。

用刀具试切的方法进行对刀比较简单，但会在工件表面留下痕迹，且对刀精度较低。为避免损伤工件表面，可在刀具和工件之间加入塞尺进行对刀，这时应将塞尺的厚度减去。依次类推，还可以采用寻边器、标准心轴和量块来对刀。采用寻边器对刀时，其操作步骤与采用刀具对刀相似，只是将刀具换成了寻边器，计算中所用的刀具半径换成寻边器触头的半径，如图 4-30 所示。

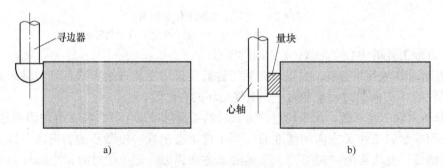

图 4-30 采用寻边器、标准心轴和量块对刀

a) 采用寻边器对刀 b) 采用标准心轴和量块对刀

2）圆形工件的对刀操作。如果工件形状为圆形或工件所加工工序的工序尺寸都是以某一个孔的中心为基准，此时应以圆柱或圆柱孔的中心作为工件坐标系在 X、Y 方向的原点。一般使用百分表或寻边器进行对刀。如图 4-31 所示，通过杠杆百分表（或千分表）对刀，设定工件坐标系原点。

① 安装工件，并用手动方式回机床参考点。

② 将百分表的安装杆装在刀柄上，或将百分表的磁性座吸在主轴套筒上，移动机床 X 轴与 Y 轴，使主轴轴线（即刀具中心）大约移动至工件的中心，调节磁性座上伸缩杆的长度和角度，使百分表的触头接触工件的圆周面，用手缓慢转动主轴，使百分表的触头沿着工件的圆周面转动，观察百分表指针的偏移情况，缓慢地移动机床 X 轴或 Y 轴，反复多次后，待转动主轴时百分表的指针基本指在同一个位置，这时主轴的坐标位置就是工件坐标系原点在机床坐标系的 X、Y 方向的坐标。

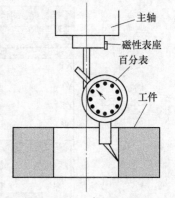

图 4-31　用杠杆百分表对刀

③ 记录此时的 X 轴和 Y 轴的坐标值（X_0，Y_0）。

④ 卸下百分表座，装上铣刀，用试切法确定工件坐标系原点在机床坐标系的 Z 方向的坐标 Z_0。

注意：上述操作所选的对刀表面都应是经半精加工后的内外圆柱面。

（2）设定零点偏置值　通过对刀操作所获得的工件坐标系原点在机床坐标系中的坐标，即是零点偏置值。输入或修改零点偏置值的操作步骤如下：

1）通过按"参数操作区域"键（ OFFSET PARAM ）和"零点偏移"软键（ 零点 偏移 ），可以进入零点偏置窗口，如图 4-32 所示。

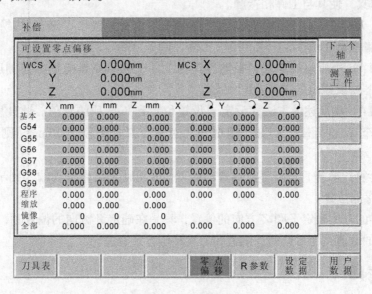

图 4-32　零点偏置窗口

2）把光标移动至待修改的位置。

3）输入对刀过程中所记录下来的坐标值（X_0，Y_0，Z_0）。

4）按"改变有效"软键，确认所输入的零点偏置值。

2. 自动计算和输入零点偏置值

SINUMERIK 802D 数控系统具有自动计算和输入零点偏置值的功能，各坐标轴对刀时通过按"计算"软键，可自动计算和输入零点偏置值。操作步骤如下：

1）在零点偏置窗口中，按"测量工件"软键，进入工件测量窗口，如图4-33所示。在JOG运行模式下，按"测量工件"软键，同样可以进入工件测量窗口。

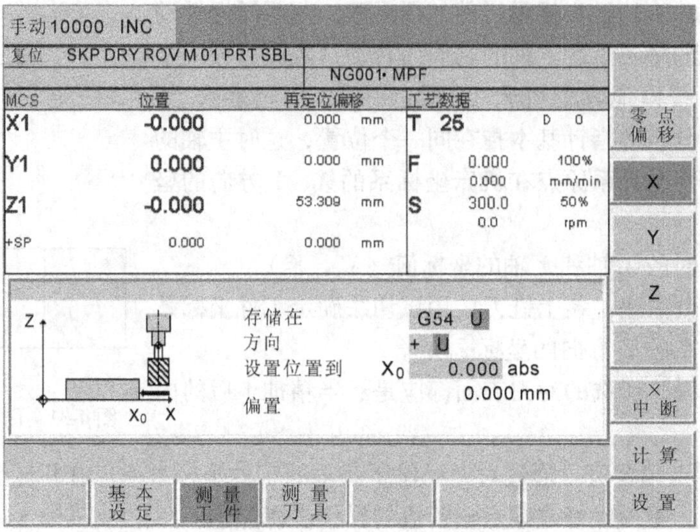

图4-33　工件测量窗口

2）按窗口中的"X"、"Y"或"Z"软键，即选择了相应的轴来设置其零点偏置值。

3）移动刀具，使其与工件相接触。

4）按动"光标键"，将光标定位至"存储在"位置；按动"选择/切换"键，选择零点偏置值的存储位置（基本、G54、G55、G56、G57、G58或G59）。

5）用步骤4）中所述的方法，根据刀具在工件坐标系原点的正方向侧还是负方向侧，来设定"方向"中所规定的"正/负"号。

6）用步骤4）中所述的方法，设定"设置位置到"选项的数值。此处所设定的参数，应为刀具中心至X_0的距离。例如，用试切法对刀，刀具半径为10mm，则此处就应输入"10.0"。

7）按"计算"软键，进行零点偏置的计算，并将计算结果自动输入到步骤4）中所选择的零点偏置存储位置。

8）用同样的方法确定Y和Z方向的偏置，只是在确定Z方向的偏置时，应注意"设置位置到"选项的数值是与刀具的长度值和刀具补偿方式有关。

4.2.6　刀具补偿

刀具参数包括刀具几何参数、磨损量参数和刀具型号参数。不同类型的刀具均有一个确定的参数数量，每个刀具有一个刀具号（T_），如果机床具有自动换刀功能，可以通过指令T选择更换刀具，系统最多可以同时存储32个刀具。一个刀具可匹配1~9个不同的数据组（用于多个切削刃），不同的数据组用刀具补偿号（D_）表示，系统最多可以同时存储64个刀具补偿数据组。

1. 输入刀具参数及刀具补偿参数

1）通过按"参数操作区域"键（ OFFSET PARAM ），打开刀具补偿参数窗口，显示所使用的刀具清单。可以通过光标键和翻页键将光标移动至需要输入参数的位置，如图 4-34 所示。

2）在输入区定位光标后，输入数值。

3）按"输入键"确认或者移动光标。对于一些特殊刀具可以使用"扩展"软键，填入全部刀具数据。

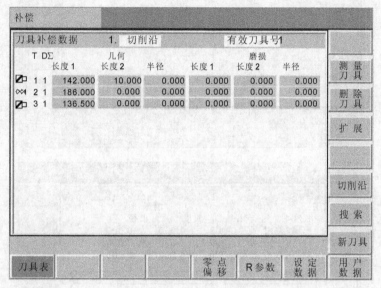

图 4-34　刀具补偿参数窗口

软功能键的简要说明：

测量刀具：手动确定刀具补偿参数。

删除刀具：按此键清除刀具所有刀沿的刀具补偿参数。

扩展：按此键显示刀具的所有参数。

切削沿：按此键打开一个子菜单，显示相关功能软键，用于建立和显示其他的刀沿。

D >> ：选择下一级较高的刀沿号。

<< D：选择下一级较低的刀沿号。

新刀沿：按此键，建立一个新刀沿，也即建立一个新的刀具补偿数据组。

复位刀沿：按此键复位刀沿的所有补偿参数。

搜索：输入待查找的刀具号，按确认键。如果所查找的刀具存在，则光标会自动移动到相应的刀具补偿数据处。

新刀具：使用此键，建立一个新刀具的刀具补偿数据。

2. 建立新刀具

1）在刀具补偿参数窗口（见图 4-34）中，按"新刀具"软键。

2）选择刀具类型，填入相应的刀具号，如图 4-35 所示。

3）按"确认"键确认输入。

3. 确定刀具补偿值

数控铣床的刀具补偿分为刀具半径补偿和刀具长度补偿两种。刀具半径补偿用于平面轮

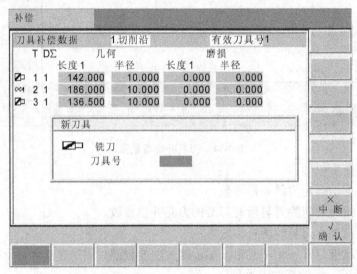

图 4-35　建立新刀具和刀具号输入窗口

廓加工，补偿值为刀具半径，其具体数值可通过测量（如带表卡尺、对刀仪等工具）得到；刀具长度补偿同数控车床一样，用于多把刀具加工同一零件或表面，其补偿数值可以通过对刀仪或 Z 向设定器获得，也可通过刀具直接试切的对刀方式，下面介绍后者。

将加工所需刀具装入刀柄后，一般需要找出一把已知长度的基准刀具（通常为钻头），基准刀具的长度可以通过对刀仪测出。用基准刀具试切工件的上表面，并采用"工件坐标系的建立"章节中所述的对刀方法，确定 Z 方向零点偏置值（Z_0）。然后依次装入其他带有刀具的刀柄，试切工件的同一位置，记录此时的 Z 坐标值，则此刀具的长度补偿值 $L = Z - Z_0$。例如，假设 $Z_0 = -456.5$，试切后记录下的 Z 坐标为 -305.5，则这把刀具的长度补偿值 $L = Z - Z_0 = -305.5 - (-456.5) = 151$。

试切法对刀所确定的刀具长度补偿值，没有使用对刀仪或 Z 向设定器所得到的数据精度高，但试切法对刀简便易行，容易理解。

4.2.7　自动加工

自动加工模式是数控加工中最常用的操作模式。进行零件自动加工的前提条件是：待加工的零件程序已经装入；已经输入了必要的补偿值，如零点偏移和刀具补偿值；安全锁定装置已启动。按"自动加工模式"按钮，选择自动运行方式，显示屏上显示"自动方式"状态图，显示位置、主轴转速、主轴上的刀具号以及当前的程序段，如图4-36所示。

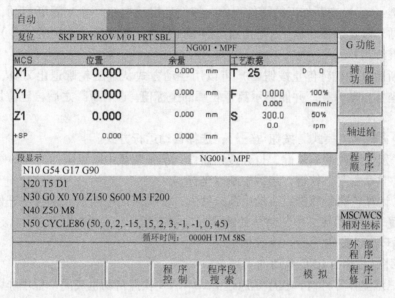

图4-36　"自动模式"状态图及菜单树

自动运行模式的菜单树如图4-36所示，其中主要软功能键的简单说明如下：

程序控制：按下此键，显示所有用于控制程序运行模式的软键（如程序段跳跃、程序测试）。

程序段搜索：使用"程序段搜索"功能，可以找到程序中任意一个位置的程序段。

计算轮廓：在程序段搜索时，与正常程序方式下一样，计算照常进行，但坐标轴不移动。

启动搜索：程序段搜索，直至程序段终点位置。在程序段搜索时，与正常程序方式下一样，计算照常进行，但坐标轴不移动。

不带计算：程序段搜索，在搜索期间不执行计算功能。

搜索断点：光标定位到中断点所在的主程序段，在子程序中自动设定搜索目标。

搜索：搜索键可以提供"行查找"和"文本查找"的功能。

模拟：图形模拟显示程序的刀具轨迹。

程序修正：在此可以修改错误的程序，所有修改会立即被存储。

外部程序：外部程序可以通过 RS232 接口传送到控制系统，然后按 NC 启动键后立即执行。

1. 自动运行的操作步骤

1）按"自动加工模式"按钮（ ⊐ ），选择自动运行方式。

2）按下"程序管理操作区域键"（ PROGRAM MANAGER ），显示出系统中所有的程序，移动光标，将光标移动到需运行的加工程序处。

3）用"执行"软键，选择待执行的加工程序，被选择的程序名显示在显示屏"程序名"下。

4）如果程序中有需要"跳跃"的程序段或其他特殊的程序运行要求，可以使用"程序控制"软键，来选择并确定程序的运行状态。

5）按下"循环启动"按钮（◇），执行数控加工程序。

2. "停止"、"中断"零件加工程序的运行与"中断"运行后的再定位加工

用复位键（／）中断加工的零件程序，按循环启动按钮（◇）重新启动，程序从头开始运行。用循环停止按钮（◯），停止加工的零件程序，按循环启动按钮（◇）可恢复被中断了的程序继续运行。

程序中断后（用循环停止按钮◯）可以用手动方式从加工轮廓退出刀具，数控系统会将中断点的坐标自动保存，并能显示离开轮廓的坐标值。"中断"之后再定位加工的操作步骤如下：

1）按"自动加工模式"按钮（▭），选择自动运行方式。

2）按"程序段搜索"软键，打开搜索窗口，准备装载中断点坐标。

3）按"搜索断点"软键，装载中断点坐标。

4）按"计算轮廓"软键，启动中断点搜索，使机床回中断点。从程序开始位置计算到程序中断位置，设置机床在中断时所处的状态（模态指令、刀具补偿等）。

5）按循环启动按钮（◇）继续加工。

3. 执行外部程序（DNC 自动加工）

当铣削三维立体零件时，程序是通过 CAD/CAM 软件自动生成的，程序非常长，系统的内存有限，无法装载程序用 CNC 来加工。这样的一个外部程序可由 RS232 接口输入数控系统，当按下"循环启动"键后，立即执行该程序，且一边传送一边执行加工程序，这种方法称为 DNC 自动加工。

数控系统在执行该程序时，当缓冲存储器中的内容被处理后，程序被自动再装入，直到程序的所有内容被执行完毕为止。数控加工程序可以存储在装有数据传送软件（如 PCIN）的外部计算机上。

在进行 DNC 自动加工时，外部程序的开头必须修改成系统能接受的下列格式（输入以下两行内容，不允许有空格）：

　　　% __ N __程序名__ MPF

　　　; $ PATH =/__ N __ MPF __ DIR

DNC 自动加工的操作顺序如下：

1）数控系统处于复位状态，有关 RS232 接口的参数设定要正确，而且此时该接口不可用于其他工作（如数据输入、数据输出）。

2）按"外部程序"软键，在外部设备（PC）上使用数据传送软件，并在数据输出栏激活程序输出。此时程序被传送到缓冲存储器并被自动选择且显示在程序选择栏中。为有助于程序执行，最好等到缓冲存储器装满为止。

3）按"循环启动"按钮开始执行程序，程序可被连续装入。

4）在 DNC 运行方式下，无论是程序运行结束还是按"复位"键，程序都自动从控制系统退出。

注意：在"系统/数据 I/O"区，按"错误登记"软键，可以看到多种传送错误；对于外部读入的程序，不可以进行程序段搜索。

4.3　加工中心的操作与零件加工

本节以 VTC—16A 立式加工中心为例，介绍加工中心的基本操作方法。

4.3.1　机床操作面板介绍

VTC—16A 立式加工中心采用 MAZATROL FUSION 640 数控系统，机床操作面板分为 CNC 系统操作面板和外部机床控制面板两部分。

1. CNC 系统操作面板

CNC 系统操作面板的主要作用是对系统的各种功能进行调整，控制机床的运行方式、运行状态，调试机床和系统，对零件程序进行编辑，选择需要运行的零件加工程序，控制和观察程序的运行等。

MAZATROL FUSION 640 数控系统的 CNC 系统操作面板如图 4-37 所示，操作面板上各按键所对应的功能及用途参见表 4-6。

表 4-6　机床操作面板中各按键的功能及用途

序号	名　称		用　途
1	接通电源键（POWER ON）		用于接通数控装置电源，按下此键，几秒后完成运行准备，工作灯显示"READY" 当主电源开关旋到"ON"时，此键指示灯亮，表示机床已经通电。按下此键后，指示灯灭
2	切断电源键		用于切断数控装置电源。按下此键后，系统安全关闭，数控装置断电。上述过程完成后，接通电源键的指示灯亮
3	画面选择键		选择 CRT 显示器所显示的系统操作、控制画面 切换画面时，使用此键。按下此键，在菜单显示区，显示选择画面所要用到的菜单键。按下所示菜单键，可进入与菜单键相对应的画面
4	菜单键		与菜单显示区 10 个菜单相对应的键。当要选择菜单或对相应菜单进行设置时，使用此键
5	菜单选择键		切换画面中所包含的菜单键时，使用此键
6	复位键		按下此键，可以使 NC 装置恢复到初始状态 当系统显示报警时，排除报警原因后，按下此键可消除报警信息
7	机床状态指示灯	机床准备完成指示灯（READY）	当 CNC 处于能够控制机床的状态时，此状态灯发光
		硬盘预热中指示灯（HDD WARM UP）	当周围的环境温度难以使硬盘正常启动时，用加热器进行暖机，此时状态灯发光
		报警指示灯（ALARM）	当系统出现故障，CNC 装置显示报警信息时，此状态灯亮

（续）

序号	名称	用途
8	VFC 键	自动运行方式中，用"倍率键"调整完主轴的转速、进给速度后，按下此键，调整后的数值会自动替换程序内相应位置上的数据
9	Shift 键	用于输入地址键右下部分所显示的字符
10	单段键	选择单段运行模式 在单段运行模式下，每按一次"循环启动键"，系统执行一个程序段
11	切削液控制键	选择切削液开或关
12	MF1 机床功能键	与规格相对应，起辅助作用
13	切削液菜单键	使切削液菜单显示在 CRT 显示器上 按下此键，CRT 显示器显示各种切削液菜单
14	机床菜单键	使机床菜单显示在 CRT 显示器上 按下此键，CRT 显示器显示机床各种动作的菜单
15	快速移动键	选择快速移动运行模式 在快速移动运行模式下，如果按下轴移动键，则所选轴进行快速移动
16	手动返回参考点开关	选择手动返回参考点模式 在手动返回参考点模式下，如果按下轴移动键，则所选轴返回到机床参考点
17	纸带运行键	选择纸带运行模式 在纸带运行模式下，系统将执行纸带或磁盘等外部设备中的程序 在纸带运行模式下，系统运行程序仅限于 EIA/ISO 程序
18	存储器运行方式选择键	选择存储器运行模式 在存储器运行模式下，系统将执行 NC 装置中的内存程序
19	快速移动倍率键	调整快速移动速度的键 在画面上显示最高快进速度的百分比 按▲键，加速 按▼键，减速
20	主轴倍率键	调整主轴转速 手动操作时：设定转速；转速设定增量为 10r/min 自动运行时：使用此键可以使程序中指定的转速以 10% 为单位，在 0 ~ 150% 范围内进行调整 按▲键，加速 按▼键，减速 调整后的实时数据可以显示在画面上
21	进给倍率键	调整切削进给速度 手动操作时：设定要求的切削进给速度 自动运行时：使用此键可以使程序中指定的切削进给速度以 10% 为单位，在 0 ~ 200% 范围内进行调整 按▲键，加速 按▼键，减速 调整后的实时数据可以显示在画面上

（续）

序号	名　称	用　途
22	手动脉冲进给键	选择手动脉冲进给方式及进给倍率 　：手摇脉冲发生器转动 1 格，驱动相应的轴移动 0.001mm 　：手摇脉冲发生器转动 1 格，驱动相应的轴移动 0.01mm 　：手摇脉冲发生器转动 1 格，驱动相应的轴移动 0.1mm 按下三个键中的某一个键，用"轴选择开关"选择进给轴，旋转手摇脉冲发生器手轮，可移动所选择的轴 关闭轴选择开关，选择手动脉冲进给时，每按一次轴移动按钮，则轴移动一个增量值，增量值的大小取决于所选择的"手动脉冲进给键"
23	MDI 键	选择 MDI 运行模式 MDI 模式用来进行单个程序段的编辑与执行
24	TAB 键	与普通键盘中的 TAB 键具有相同的功能
25	窗口键	在显示器上显示窗口
26	光标键	用于移动画面上光标位置的键 各种光标键的功能： 　：光标向同一行的左侧移动 若光标在一行的最左端时，则跳到前一行的最右端 　：光标向同一行的右侧移动 若光标在一行的最右端时，则跳到后一行的最左端 　：光标向上移动一行 　：光标向下移动一行
27	翻页键	当画面有数页时，用于显示前一页或后一页的内容 　：显示前一页的内容 　：显示后一页的内容
28	光标盘	它替代了一般的鼠标或轨迹球 光标盘：用指尖触摸光标盘操作光标 左键：相当于鼠标左键 右键：相当于鼠标右键
29	清除键	取消输入的数据 当输入错误的数据时，按此键取消 解除机床上的报警
30	地址/数值键	输入地址数据（字母）或数值数据

（续）

序号	名 称	用途
31	数据取消键	取消数据显示区中输入的数据 取消输入的错误数据或已经存在的数据
32	输入键	使设定数据进入和显示在数据输入区 用数值键输入数据后，必须按此键输入系统

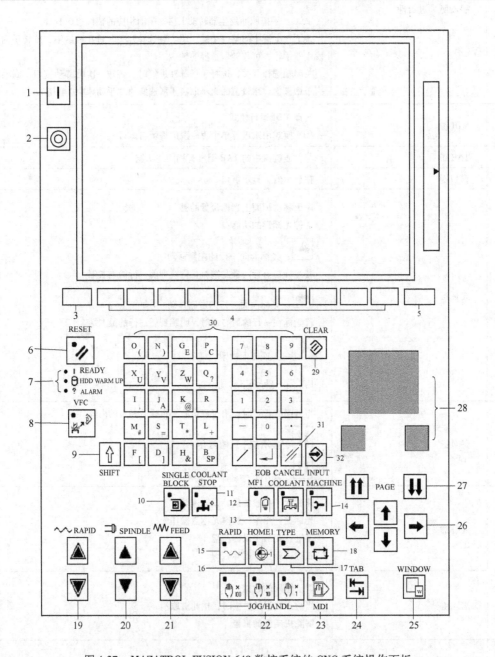

图 4-37　MAZATROL FUSION 640 数控系统的 CNC 系统操作面板

2. 机床控制面板

机床控制面板主要用于控制机床的自动运行、手动运行等机床运转方式，它的操作会直接引起机床的某些相应动作。MAZATROL FUSION 640 数控系统的机床控制面板如图 4-38 所示。各控制键所对应的功能及用途参见表 4-7。

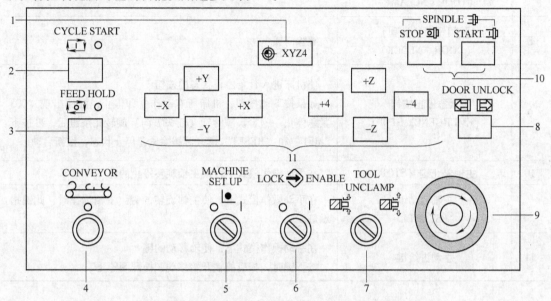

图 4-38 MAZATROL FUSION 640 数控系统的机床控制面板

表 4-7 机床控制面板中各控制键的功能及用途

序号	名称	用途
1	所有轴返回参考点键	在手动操作模式下，使所有移动轴返回到机床参考点的键 只有在回过一次参考点后才有效 按住所有轴返回参考点键，Z 轴首先返回参考点，接着 X、Y 轴（有附加轴时，第四轴）同时回到机床参考点
2	循环启动键（绿色） 循环启动指示灯（绿色） （CYCLE STARA）	在自动运行模式下，用于启动机床的自动运行 自动运行时，启动指示灯发光 自动运行中断或结束时，指示灯熄灭
3	进给保持键（红色） 进给保持指示灯（白色） （FEED HOLD）	在自动运行模式下，使机床的进给运动保持（停止）的键 进给保持时，进给保持指示灯发光，循环启动时，指示灯熄灭
4	排屑器开关（选项） （CONVEYOR）	启动或关闭排屑器
5	机床设置开关 （MACHINE SET UP）	选择门连锁功能（门禁止打开）有效或无效的开关
6	程序写保护开关 （附钥匙）	保护数控装置中的程序及数据 此开关旋到"｜"位置，可写入程序及数据 此开关旋到"○"位置，程序及一部分数据不能写入

（续）

序号	名 称	用途
7	刀具松开/锁紧开关（TOOL UNCLAMP）	在手动操作模式下，用于控制主轴刀具的夹紧或松开
8	开门锁键（选项）（DOOR UNLOCK）	解除门锁
9	紧急停止按钮（EMERGENCY STOP）	使机床进入紧急停止状态的按钮 如果按下此按钮，机床所有动作立即停止，画面出现"003 紧急停止"报警。顺时针（箭头方向）旋转此按钮后，再按下"MF1"和"RESET"键，可解除紧急停止状态，重新启动
10	主轴停止键（STOP）	在手动操作模式下，使主轴旋转停止的键
	主轴启动键（START）	在手动操作模式下，使主轴旋转的键。主轴选择时，此键指示灯发光
11	手动进给键	在手动操作模式下，使轴移动的键 按下键时，相应的轴开始移动，松开则停止

4.3.2 MAZATROL FUSION 640 数控系统的操作画面

1. 各画面组成部分的名称

数控系统操作面板上的显示器会根据操作需要显示不同的操作画面。如"回参考点"操作与"手动操作"都会在显示器上显示图4-39所示的"位置画面"。所有画面都由下面所介绍的显示区组成。

（1）标题区 显示当前画面的名称。

（2）图标显示区 显示当前画面的符号标志。

（3）菜单栏显示区 用于选择各画面共有的功能（打印、窗口等）。有时会根据显示的画面，出现相应的特有功能。

（4）数据显示区 显示输入的数据、NC 单元内部处理的数据及当前画面固有的其他信息。

（5）报警显示区 显示误操作或机床、NC 部分发生故障时的报警内容。

（6）快速移动倍率显示区 显示相对于 M1 参数所设定的最高移动速度的百分比（0 ~ 100%）。

（7）主轴倍率显示区 显示自动运行时，相对于程序设定的主轴旋转速度的百分比（0 ~ 150%），或手动操作时，显示主轴每分钟转数。

（8）切削进给倍率显示区 自动运行时，显示相对于程序设定的切削进给速度的百分比（0 ~ 200%），或手动操作时，显示实际切削进给速度。

（9）菜单显示区 显示显示器下部的 10 个菜单键。此处显示的字符串即为"菜单"。菜单键转换时，功能会作相应的变化。

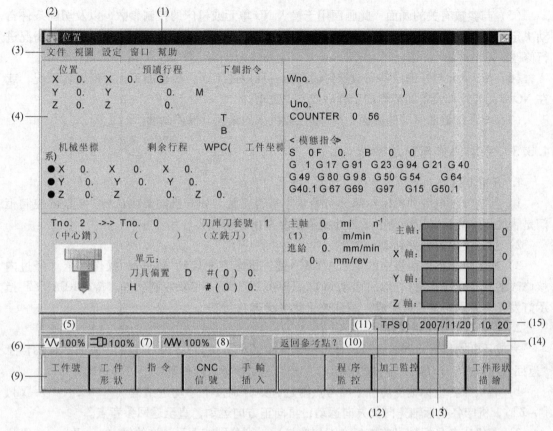

图 4-39　位置画面

（10）信息显示区　以询问方式显示操作提示和设定内容。此处显示的字符串即为"征询信息"。

（11）主轴旋转方向显示区　根据程序的运行状况，主轴反转时，显示"REV"。

（12）TPS 记忆点数值显示区　利用 TPS 功能，可以保存程序中断时，刀具停止位置的坐标数据。

（13）日期显示区　用于显示数控系统的当前日期。

（14）数据输入区　在操作者向数控系统输入数据时，显示利用数字键和字母键输入的数据。

（15）时间显示区　用于显示数控系统的当前时间。对于一些画面，此处显示的内容会有所变化。

2. 操作画面的类型

数控机床在加工各类工件时，必须事先在 NC 中输入诸如刀具和加工程序等各类数据。相应于各种数据设定、手动及自动操作，数控系统也提供了相应的操作画面。

（1）与运行状态有关的画面　利用此画面，显示机床各部分运行状态及加工状态。

（2）与创建程序有关的画面　利用此画面，创建、检查、编辑加工程序，使其适应加工工件的类型。

（3）与刀具数据有关的画面　利用此画面，输入所用刀具的种类及补偿量。

（4）与加工设置有关的画面　利用此画面，输入执行加工程序和其他功能所需的数据。

（5）与参数有关的画面　此画面用于输入 NC 单元或机床的控制参数，以及切削条件自动决定功能所需的参数。屏幕中所显示的 YAMAZAKI MAZAK 推荐数据，可根据实际情况进行修改。

（6）NC 单元与外部设备间数据传输画面　利用此画面，检查加工程序的输入情况，或在 NC 单元与外部设备间传输加工程序或其他数据。

（7）与系统诊断有关的画面　NC 单元或机床的诊断、保养画面。

4.3.3　手动操作与自动操作

1. 开机步骤

1）检查外部电源和机床各部分初始状态是否正常。如开机前要确认 NC 装置的控制柜门是否关闭，确认气压单元中压力计显示压力为 0.5MPa 等。

2）打开主电源开关到 ON 位置。

3）按下机床操作面板中的"POWER"键，机床首先启动 Windows 操作系统（经过内核修改的实时操作系统），然后启动 MAZATROL FUSION 640M 控制软件。待"READY"指示灯发光，表示系统开机完成，系统处于就绪状态。

2. 手动返回参考点操作

完成开机操作后，屏幕会自动显示位置画面（见图 4-39），并在信息栏中显示提示信息"返回参考点？"，HOME1 键 🔲 的指示灯发光。返回参考点操作有以下三种情况：

1）若机床各坐标轴当前位于参考点附近，则分别按下手动进给键（〔-X〕、〔-Y〕、〔-Z〕），机床各坐标轴先向负方向运动，再向正方向运动，直至返回参考点。

2）若机床各坐标轴当前离参考点位置较远，则分别按下手动进给键（〔+X〕、〔+Y〕、〔+Z〕），一直保持按下状态，直至相应坐标轴返回参考点。

3）若开机后第二次返回参考点，则在确认不会发生干涉的情况下，可以通过直接按下"所有轴返回参考点"键，机床 Z 轴首先返回参考点，接着 X、Y 轴同时回到机床参考点。

3. 手动脉冲进给操作

在手轮进给移动方式下，选择某个坐标轴后，转动手摇脉冲发生器，可使机床在选定的坐标轴上实现进给，移动方向由手摇脉冲发生器的旋转方向确定。其操作步骤如下：

1）选定合适的"手动脉冲进给键"（🔲、🔲、🔲）。

2）将"坐标轴选择"开关旋转到要移动的坐标轴位置（X、Y 或 Z）。旋转手摇脉冲发生器手柄，可移动相应的轴，逆时针为负，顺时针为正。

3）关闭轴选择开关，即轴选择开关位于"○"位置时，每按一次轴移动按钮，则轴移动一个增量值，增量值的大小取决于所选择的"手动脉冲进给键"。

4. 快速移动操作

1）在机床操作面板上按下 RAPID 键 🔲，即可进入快速移动模式。

2）按住"快速移动倍率"键（▲、▼），设定要求的快速移动速度（手动可在 0 ~ 50% 范围内调节）。

3）按住某个"轴移动按钮"（-X、+X、-Y、+Y、-Z、+Z），轴向相应的方向进行移动，松开按钮，轴的运动立即停止。由于此时各轴的移动速度很快，要密切注意刀具的运动是否与工件或夹具发生干涉。

5. 主轴转动手动操作

1）确认机床处于 "HOME1"、"RAPID" 或 "JOG/HANDLE" 模式。

2）按住 "主轴倍率" 键（▲、▼），设定要求的主轴转速（可在 0～7000r/min 范围内调节）。

3）按下主轴启动键 "START"，使主轴以设定的转速旋转。

4）按主轴停止键 "STOP"，则主轴停止旋转。

6. MDI 手动数据输入的一般操作

1）在机床操作面板上按下 MDI 键 ⓑ，即可进入 MDI 模式。

2）在 MDI 窗口中输入要执行的程序段，如 "S600 M3"（如果数据输入错误，可按 "CLEAR" 键清除输入内容），然后按下 "INPUT" 键，将数据输入区的内容输入到系统中。

3）按下 "CYCLE START" 循环启动键，执行步骤 2）中输入的程序段。

7. MDI 方式换刀操作

1）在机床操作面板上按下 MDI 键 ⓑ，使机床进入 MDI 操作模式。

2）按 "刀具交换" 软键，在数据输入区中输入欲交换的刀具号，例如，在数据输入区中输入 "2"，再按下 "INPUT" 键，则在 MDI 窗口中会自动出现 "T002 T0 M6" 程序段。

3）为避免换刀速度过快，可将快速移动速度从默认的 100% 调至 50% 或 25%，然后按下 "CYCLE START" 循环启动键，执行上述换刀程序，将主轴上原有刀具放回它在刀库中的正确位置，然后将 2 号刀具装在主轴上。

4.3.4　程序的输入与编辑

1. 程序输入

在加工中心上有多种方法输入程序，除了传统的 MDI 键盘输入外，还可以用串行通信、软盘读入、IC 卡读入等。对于较长的程序，VTC—16A 加工中心还可以通过网卡与外部计算机联网，利用 10/100M 网卡高速复制。

1）在图 4-40 所示的主菜单中选择 "程序" 菜单键，就进入了编程画面。编程画面的菜单项如图 4-41 所示。

2）在图 4-41 所示的菜单项中，选择 "工件号" 菜单键，系统会打开一个窗口，窗口内显示的是已经存在的加工程序，如果要编制一个新的加工程序，在对话框内输入一个新的工件号（输入工件号 1234），并按下 "INPUT" 键（⇄）。

位 置	刀 具编 排	程 序	刀 具数 据	切 削条 件	参 数	诊 断	数 据I/O		画 面向 导

图 4-40　主菜单

工件号	查 找	程 序编 辑	TPC	WPC测 量	刀 尖路 径	工 序控 制	程 序编 排	帮 助	程 序文 件

图 4-41　编程画面菜单 1

3）如果要创建一个 MAZATROL 程序，在图 4-42 所示的菜单项中，选择 "MAZATROL 程序" 菜单键，进入 MAZATROL 程序的编写。

4）如果要创建一个 EIA/ISO 程序，在图 4-42 所示的菜单项中，选择"EIA/ISO 程序"菜单键，进入 EIA/ISO 程序编写。

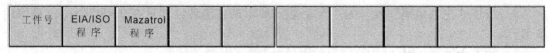

工件号	EIA/ISO 程序	Mazatrol 程序							

图 4-42　编程画面菜单 2

2. 删除程序

1）在图 4-40 所示的主菜单中选择"程序"菜单键，进入编程画面。

2）在图 4-41 所示的菜单项中，选择"程序文件"菜单键，系统打开程序文件画面，程序文件画面显示已在 NC 中注册的程序编号和其他数据。程序文件画面的菜单项如图 4-43 所示。

重编程序号	程序删除	名称输入	复制程序	全部删除	工件形状		改变目录	程序传送	程序

图 4-43　程序文件画面的菜单项

3）在图 4-43 所示的菜单项中，选择"程序删除"菜单项。

4）输入要删除的程序编号，并按下"INPUT"键。所选程序被删除。

如果输入了在位置画面指定的自动运行程序编号，并按下"INPUT"键，监控器显示信息"删除当前程序 < INPUT > ？"。若要删除，再次按下"INPUT"键，或按下其他键取消删除。

注意：如果在步骤 4）输入的"程序号"未在 NC 中注册，则会出现 405 号报警信息（工件号未找到）。

3. 程序复制

本操作用于复制 NC 单元中已注册的程序。利用此功能可以创建功能、结构相类似的程序。

1）在图 4-40 所示的主菜单中选择"程序"菜单项，进入编程画面。

2）在图 4-41 所示的菜单项中，选择"程序文件"菜单项，系统打开程序文件画面。

3）在程序文件画面中，将光标移动到要复制的程序编号行。

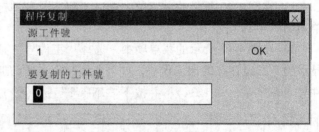

图 4-44　程序复制窗口

4）在图 4-43 所示的菜单项中，选择"复制程序"菜单项。菜单项反衬显示，出现图 4-44 所示的窗口。输入新的程序编号，按"INPUT"键，创建一个内容与原程序相同的新程序。

4.3.5　工件坐标系的建立

数控机床回参考点之后，机床的所有坐标均以机床零点为基准，而工件的加工程序则以工件零点为基准，工件零点相对于机床零点在 X、Y、Z 三轴上的偏移量作为零点偏置值输入数控系统后，就在机床坐标系中建立了工件坐标系。MAZATROL FUSION 640 数控系统提供了两种方式设置零点偏置值。

1. 输入或修改零点偏置值

此方式下的对刀操作与 4.2 节中，设定 G54～G59 工件坐标系的方法相同。通过对刀操作获得的工件坐标系原点在机床坐标系中的坐标，即是零点偏置值。输入或修改零点偏置值的操作步骤如下：

1）按下系统操作面板上的"画面选择"键两次（按下一次，显示图 4-40 所示的主菜单），显示图 4-45 所示的菜单。

加工向导结果	主轴负载圖示	工件偏置	附加 WPC		工件形状描繪	EIA 監控	宏變量	測量	自定义显示

图 4-45　工件偏置画面菜单 1

2）在图 4-45 所示的菜单中，选择"工件偏置"菜单项，系统打开工件偏置画面，工件偏置画面如图 4-46 所示。

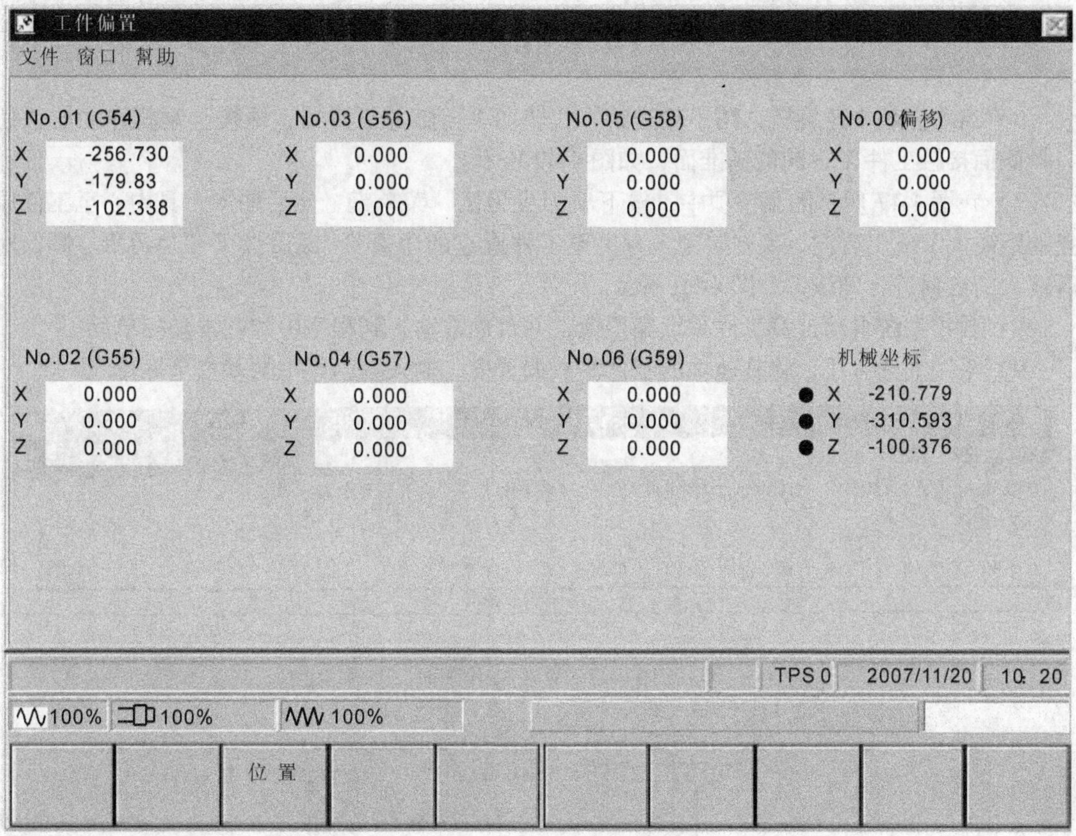

图 4-46　工件偏置画面

3）将光标移动到要设定偏置值的坐标系的相应轴的位置。

4）设定偏置值。输入已知数据，并按下"INPUT"键，将数据输入到工件偏置画面中。

5）重复步骤 3）和 4），直到全部设定完成。

2. 利用刀尖记忆功能测量工件坐标系（仅用于 MAZATROL 程序）

采用此功能，用手动操作方式使刀具（测量器具）接触到工件，以接触工件时刀具的位置（坐标值）作为依据来自动地计算工件零点偏置值，并自动地输入到程序中的基本坐标单元。具体操作步骤如下：

1）利用刀具自动交换装置在主轴上安装测量器具或刀具。

2）按下"画面选择"键，显示图4-40所示的主菜单。

3）在图4-40所示的主菜单中选择"程序"菜单项，进入了编程画面。编程画面的菜单项如图4-41所示。

4）在图4-41所示的菜单项中，选择"WPC测量"菜单键。出现图4-47所示的菜单项。

| WPC
查找 | | 刀尖
记忆 | | +X
传感器 | -X
传感器 | +Y
传感器 | -Y
传感器 | -Z
传感器 | |

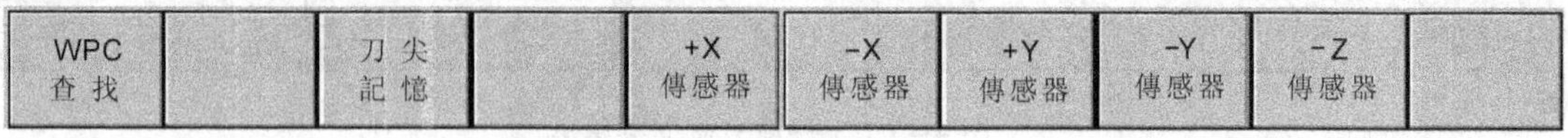

图4-47　WPC查找菜单

5）在图4-47所示的菜单项中，按下"WPC查找"菜单键，选择需要设置的基本坐标WPC单元。然后按下"INPUT"键，光标自动移至"WPC"单元的"X"栏，如图4-48所示。

6）启动主轴中速旋转，用手轮进给方式转动手摇脉冲发生器，缓慢移动机床主轴，使刀具侧面接触工件 X 方向的基准面，如图4-49所示。

7）在图4-47所示的菜单项中，按下"刀尖记忆"菜单键，然后输入刀具中心至工件原点的距离（X 或 Y 方向，Z 方向输入刀尖至工件原点的距离），最后按下"INPUT"键，对所输入的数据进行确认，如图4-50所示。

8）数控系统自动计算工件零点偏置值，并自动地输入到程序中的基本坐标单元。

9）采用上述方法，将其他轴的工件零点偏置值，输入到程序中的基本坐标单元。

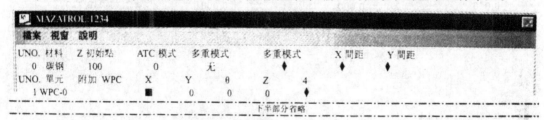

图4-48　WPC查找画面

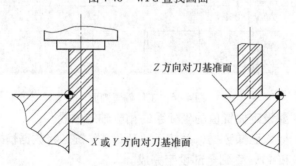

图4-49　对刀操作

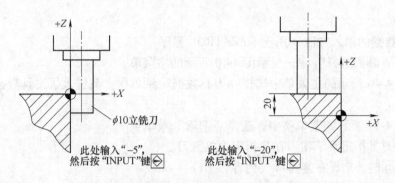

图 4-50　刀尖记忆数据设置图示

4.3.6　刀具数据设定

　　加工中心上使用的刀具都要在数控系统中输入相应的刀具数据。对于 EIA/ISO 程序来说，要设定刀具的刀具补偿值。对于 MAZATROL 程序来说，要输入的刀具数据就更为详细了，这些数据主要包括刀具直径、长度、刀具刃口数、刀具的最大推力、刀具切削的最大功率、刀具的寿命时间、刀具的材质、刀具的转速极限等。刀具数据画面如图 4-51 所示，画面左侧为刀具数据表，右侧为左侧刀具数据表中所选刀具的详细情况。利用█键可在两个窗

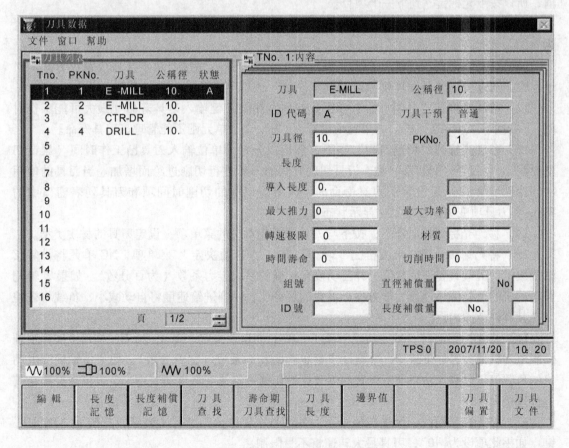

图 4-51　刀具数据画面

口间进行切换。

1. 刀具数据的输入方法（用于 MAZATROL 程序）

1）按下"画面选择"键，显示图 4-40 所示的主菜单。

2）在图 4-40 所示的主菜单中选择"刀具数据"菜单项，就进入了刀具数据画面，如图 4-51 所示。

3）在图 4-51 所示的菜单项中，选择"编辑"菜单项。

4）按下刀具指定菜单项，在此指定为立铣刀。

5）按下▣键，选择右侧窗口（内容）。

6）按下光标键，使光标移动到"刀具径"文本框下。

7）利用数字键设定刀具的直径值，然后按下"INPUT"键。

8）测量刀具的实际长度。

9）在长度项下输入刀具长度值。

10）利用数字键设定"导入长度"值（切削刃位置补偿值）并按下"INPUT"键。对于像钻头、锪刀、反镗刀等实际切削位置不在刀尖的刀具都必须设置切削刃位置补偿值。对于钻头的切削刃位置补偿值，可在按下"切削角度输入"菜单项后，通过设定刀尖顶角，由系统自动的设置切削刃位置补偿值。由于本例所示为立铣刀，不需要输入切削刃位置补偿值，所以按下光标键➡到下一个项目。

导入长度、最大推力、最大功率、时间寿命、切削时间、转速极限等项目，最初都设置为"0"。

11）移动光标到"辅助"项下，设定钻头切削刃数、立铣刀角半径或攻螺纹方式。对于丝锥，通过按下"浮动攻丝"或"同步攻丝"菜单项来设置攻螺纹方式。

12）移动光标到"时间寿命"项下，然后利用数字键输入刀具寿命（最大可能工作时间），并按下"INPUT"键。如果此项设置为"0"，NC 单元则不能管理该刀具寿命。

13）移动光标到"切削时间"项下，然后以分钟为单位输入刀具已工作时间（累计切削时间），并按下"INPUT"键。刀具切削时间随刀具进行切削进给而增加。当刀具的使用时间达到步骤 12）所设定的刀具寿命时，内容窗口中的切削时间项和刀具列表窗口中的 TNo. 和刀具项变为深红色反衬显示状态。

14）移动光标到材质项下，按下与刀具材质相对应的菜单项，设定刀具的材质类型。

15）将光标移动到"最大推力"项下，按下"自动决定"菜单项，NC 单元将计算 Z 轴伺服电动机最大容许负载值，并自动设置正确的最大推力系数（为百分数）。如果 Z 轴伺服电动机的负载值超过最大推力项下设置的百分比，切削进给速度将自动减小，负载将被控制在其容许范围内。

16）将光标移动到"最大功率"项下，按下"自动决定"菜单项，NC 单元将计算主轴伺服电动机最大容许负载值，并自动设置正确的功率系数（为百分数）。如果主轴伺服电动机的负载值超过最大功率项下设置的百分比，切削进给速度将自动减小，负载将被控制在其容许范围内。

17）将光标移动到"转速极限"下，使用数字键输入刀具最大转速，并按下"INPUT"键。如果此项设为"0"，刀具最大转速将不受限制。

2. 刀具偏置值的设定（用于 EIA/ISO 程序）

在图 4-51 所示的菜单项中，选择"刀具偏置"菜单项，就进入了刀具偏置画面，如图 4-52 所示。刀具偏置画面主要用于给 EIA/ISO 程序中的刀具设定刀具半径和长度补偿值。

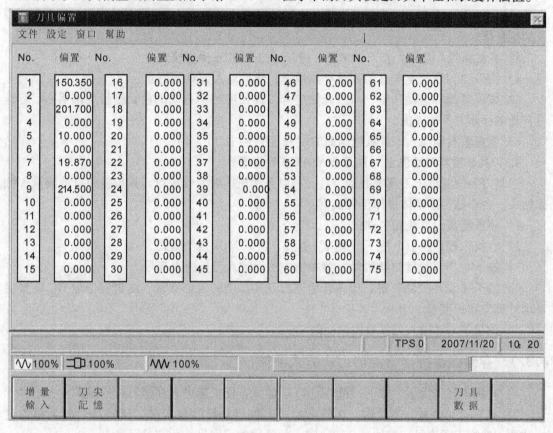

图 4-52　刀具偏置画面

（1）手动设定方法

① 首先按下光标键调用光标。

② 将光标移动到要输入数据的位置。

③ 利用数字键输入所要设定的数据，然后按下"INPUT"键，将数据输入到刀具偏置画面中。

（2）利用刀尖记忆功能进行自动设置

① 采用手动方式操作机床，移动机床各个轴，使刀尖与基准块上表面或工件的上表面相接触。

② 调用刀具偏置画面中的光标，将光标移动到需要设置刀具长度偏置值的刀具补偿号位置。

③ 选择"刀尖记忆"菜单项。

④ 使用数字键设定基准块或工件的高度，并按下"INPUT"键。NC 单元将计算刀具长度补偿值，并将计算得出的数据自动设置在偏置项下。

3. 刀具长度半自动测量（用于 MAZATROL 程序）

对于刀具的刀尖位置不在刀具中心的刀具，可以采用机内对刀仪进行刀具长度的半自动测量，例如立铣刀、面铣刀等。具体操作步骤如下：

1）将被测量刀具装到主轴上。

2）用手轮进给方式转动手摇脉冲发生器，缓慢移动机床主轴，使刀具的刀尖对准对刀仪的测量体。

3）在机床操作面板上按下"MDI"键🔲，进入 MDI 操作模式。

4）按下"刀具长度半自动测量"菜单键，然后输入刀具的刀套号。

5）按下"循环启动"键，机床开始进行刀具长度的半自动测量，测量完毕后 NC 装置将自动的计算刀具长度值。

6）测量值自动输入刀具数据画面的"长度"栏中。

4. 刀具长度半自动测量（用于 MAZATROL 程序）

刀具刀尖位置位于刀具中心的刀具，可以采用机内对刀仪进行刀具长度的自动测量，例如钻头、中心钻等。具体操作步骤如下：

1）将被测量刀具装到主轴上。

2）在机床操作面板上按下"MDI"键🔲，进入 MDI 操作模式。

3）按下"刀具长度自动测量"菜单键，然后输入刀具的刀套号。

4）按下"循环启动"键，机床开始进行刀具长度的自动测量，测量完毕后 NC 装置将自动计算刀具长度值。

5）测量值自动输入刀具数据画面的"长度"栏中。

4.3.7 存储器运行（自动加工）方式操作

1）在机床操作面板上按下"MEMORY"键🔲，使机床进入存储器运行模式。

2）按下"工件号"菜单键，在跳出的"工件号选择"窗口的"工件号"对话框内输入欲调用的加工程序号，按"INPUT"键，所调用的程序号显示在显示屏上。

3）在完成"工件偏置"和"刀具偏置"的设置后，并检查程序无误后，调整合适的RAPID、SPINDLE 和 FEED 倍率，按下"CYCLE START"循环启动键，执行加工程序。

4）如遇特殊情况可按下"FEEDHOLD"进给保持键，暂停执行（主轴仍旋转，X、Y、Z 轴的进给暂停）程序。在紧急情况下可按压"紧急停止"按钮，中止机床的所有动作。

4.3.8 硬盘操作功能

对于特殊曲面的加工，可以用 CAM 软件进行计算机辅助编程，此时所得到的加工程序其数据量都比较庞大，无法在存储器运行方式下进行自动加工。这时可以将加工程序复制到 NC 硬盘的专业文件夹中，然后在硬盘操作模式下进行零件的自动加工。

1. 硬盘操作准备

为了能够执行硬盘操作，首先要创建加工程序，并将其存入硬盘专用文件夹中。创建和保存（复制）程序可以通过 Windows 操作系统中的资源管理器或其他软件（记事本）来完成。

如果加工程序是由外部计算机上的 CAM 软件所生成的，可以将加工程序存储在软磁盘上并通过数控系统上的磁盘驱动器将加工程序拷贝至硬盘上的专用文件夹中。

硬盘操作的程序存储专用文件夹路径为：C：\ Direct Mode Programs \ 。

2. 选择操作方式

可以通过设定 F40 参数的取值来定义按下"纸带运行"键🔄时，所对应的操作模式。F40 参数的具体含义如下所述。

1）当 F40 参数的取值为 0 时，按下"纸带运行"键🔄，所对应的操作模式为"通用纸带操作"模式。

2）当 F40 参数的取值为 1 时，按下"纸带运行"键🔄，所对应的操作模式为"硬盘操作"模式。

3）当 F40 参数的取值为 2 时，按下"纸带运行"键🔄，所对应的操作模式为"IC 存储卡操作"模式。

4）当 F40 参数的取值为 3 时，按下"纸带运行"键🔄，所对应的操作模式为"以太网操作"模式。

3. 硬盘操作模式的具体操作步骤

1）将加工程序复制至硬盘操作的程序存储专用文件。

2）在机床操作面板上按"TYPE"键🔄，使机床进入硬盘操作模式。

3）按下"工件号"菜单项，在跳出的"工件号选择"窗口的"工件号"对话框内输入欲调用的加工程序号，按"INPUT"键，所调用的程序号显示在显示屏上。

4）在完成"工件偏置"和"刀具偏置"的设置后，并检查程序无误后，调整合适的 RAPID、SPINDLE 和 FEED 倍率，按下"CYCLE START"循环启动键，执行加工程序。

4. 有关硬盘操作的规定

1）只有 EIA/ISO 格式的程序可用于硬盘操作。

2）存储在硬盘中的程序不能在"程序画面"中进行编辑，要使用能编辑文本文件的编辑器。

3）存储在硬盘中的程序不能进行外部程序号搜索。

4）存储在硬盘中的程序不能在刀具路径画面中检查刀尖路径和加工形状。

复 习 题

4.1 简述数控车床建立工件坐标系的过程。

4.2 简述数控铣床建立工件坐标系的过程。

4.3 简述加工中心建立工件坐标系的过程。

第 5 章　数控机床的机械结构

5.1　概述

从本质上说，数控机床与普通机床一样，也是一种经过切削将金属材料加工成各种不同形状零件的设备。早期的数控机床，包括目前部分改造、改装的数控机床，大都是在普通机床的基础上，通过对进给系统革新、改造而成的。因此在许多场合，普通机床的构成模式、零部件的设计计算方法仍然适用于数控机床。但是，随着数控技术（包括伺服驱动、主轴驱动）的迅速发展，为了适应现代制造业对生产效率、加工精度和安全环保等方面越来越高的要求，现代数控机床的机械结构已经从初期对普通机床的局部改进，逐步发展形成了自己独特的结构。特别是近年来，随着电主轴、直线电动机等新技术、新产品在数控机床上的推广应用，数控机床的机械结构正在发生重大的变化。虚拟轴机床的出现和实用化，使传统的机床结构面临着更严峻的挑战。

5.1.1　数控机床机械结构的主要特点

数控机床作为一种高速、高效和高精度的自动化加工设备，其强大的控制系统功能，使机床的性能得到大大提高。部分机械结构日趋简化，新的结构、功能部件不断涌现，使得其机械结构和传统的机床相比，有了明显的改进和变化，主要体现在以下几个方面：

1. 结构简单、操作方便、自动化程度高

数控机床需要根据数控系统的指令，自动完成对进给速度、主轴转速、刀具运动轨迹以及其他机床辅助机能（如自动换刀、自动冷却等）的控制。它必须利用伺服进给系统代替普通机床的进给系统，并可以通过主轴调速系统实现主轴自动变速。数控机床在机械结构上，其主轴箱、进给变速箱结构一般都非常简单；齿轮、轴类零件、轴承的数量大为减少；电动机可以直接连接主轴和滚珠丝杠，而不用齿轮。在使用直线电动机、电主轴的场合，甚至可以不用丝杠、主轴箱。在操作上，它不像普通机床那样，需要操作者通过手柄进行调整和变速，操作机构比普通机床要简单得多，许多机床甚至没有手动机械操作机构。此外，由于数控机床的大部分辅助动作都可以通过数控系统的辅助机能（M 机能）进行控制，因此常用的操作按钮也普通机床少，操作更方便、更简单。

2. 广泛采用高效、无间隙传动装置和新技术、新产品

数控机床进行的是高速、高精度加工，在简化机械结构的同时，对机械传动装置和元件也提出了更高的要求。高效、无间隙传动装置和元件在数控机床上得到了广泛的应用。如滚珠丝杠副、塑料滑动导轨、静压导轨、直线滚动导轨等高效执行部件，不仅可以减少进给系统的摩擦阻力，提高传动效率，而且还可以使运动平稳并获得较高的定位精度。

近年来，随着新材料、新工艺的普及和应用，目前高速加工已经成为数控机床的发展方向之一。快进速度达到了每分钟数十米，甚至上百米，主轴转速达到每分钟上万转，甚至十几万转，采用电主轴、直线电动机、直线滚动导轨等新产品、新技术已势在必行。

3. 具有适应无人化、柔性化加工的特殊部件

"工艺复合化"和"功能集成化"是无人化、柔性化加工的基本要求，也是数控机床的最显著的特点和当前的发展方向。在加工中心上，工件一次装夹，可以完成钻、铣、镗、攻螺纹等多工序加工；在车削中心上，除能加工内孔、外圆、端面外，还可在外圆、端面的任意位置进行钻、铣、镗、攻螺纹和曲面的加工。因此自动换刀装置（ATC）、动力刀架、自动排屑装置、自动润滑装置等特殊机械部件是必不可少的，有的机床还带有自动工作台交换装置（APC）。

"功能集成化"是当前数控机床的另一重要发展方向。在现代数控机床上，自动换刀装置、自动工作台交换装置等已经成为基本装置。随着数控机床向无人化、柔性化加工发展，功能集成化更多地体现在工件的自动装卸、自动定位，刀具的自动对刀、破损检测、寿命管理，工件的自动测量与自动补偿等功能上。此外，国外还最新开发了几种突破传统机床界限，集钻、铣、镗、车、磨等加工于一体的所谓"万能加工机床"，大大提高了机床的附加值，并随之不断出现新颖的机械部件。

4. 对机械结构、零部件的要求高

高速、高效、高精度的加工要求，无人化的管理，以及工艺复合化、功能集成化一方面可以大大提高生产率，同时，也必然会使机床的开机时间、工作负载随之增加，机床必须在高负载下，长时间可靠工作，因此对组成机床的各种零部件和控制系统的可靠性要求很高。

此外为了提高加工效率，充分发挥机床性能，数控机床通常都能够同时进行粗加工与精加工。这就要求机床既能满足大切削量的粗加工对机床刚度、强度和抗振性的要求，而且也能达到精密加工机床对机床精度的要求。因此数控机床的主轴电动机的功率一般都比同规格的普通机床大；主要部件和基础件的加工精度通常比普通机床高；对组成机床各部件的动、静态性能，热稳定性和精度保持性也提出了更高的要求。

5.1.2　数控机床对机械结构的基本要求

1. 具有较高的静、动刚度和良好的抗振性

机床的刚度反映了机床结构抵抗变形的能力。机床变形所产生的误差，通常很难通过调整和补偿的办法予以彻底解决。为了满足数控机床高效、高精度、高可靠性以及自动化的要求，与普通机床相比，数控机床应具有更高的静刚度。此外，为了充分发挥机床的效率，加大切削用量，还必须提高机床的抗振性，避免切削时的共振和颤振。提高结构的动刚度是提高机床抗振性的基本途径。

2. 具有良好的热稳定性

机床的热变形是影响机床加工精度的主要因素之一。由于数控机床的主轴转速、快进速度都远远高于普通机床，机床又长时间处于连续工作状态，电动机、丝杠、轴承和导轨的发热都比较严重，加上高速切削产生的切屑影响，使得数控机床的热变形影响比普通机床要严重得多。虽然在先进的数控系统中具有热变形补偿功能，但是它并不能完全消除热变形对于加工精度的影响。因此在数控机床上还应采取必要的措施，尽可能减小机床的热变形。

3. 具有较高的运动精度与良好的低速稳定性

利用伺服系统代替普通机床的进给系统是数控机床的主要特点。伺服系统的最小移动量（脉冲当量），一般只有 0.001mm，甚至更小；最低进给速度，一般只有 1mm/min，甚至更低。这就要求进给系统具有较高的运动精度，良好的跟踪性能和低速稳定性，才能对数控系统的位置指令作出准确的响应，从而达到要求的定位精度。

传动装置的间隙直接影响着机床的定位精度，虽然在数控系统中可以通过采取间隙补偿、单向定位等措施减小这一影响，但不能完全消除。特别是对于非均匀间隙，必须采用机械消除间隙的措施，问题才能得到较好的解决。

4. 具有良好的操作、安全防护性能

方便、舒适的操作性能，是操作者普遍关心的问题。在大部分数控机床上，刀具和工件的装卸、刀具和夹具的调整等还需要操作者完成，机床的维修更不可能离开人。由于加工效率的提高，数控机床的工件装卸可能比普通机床更加频繁。良好的操作性能是数控机床设计时必须考虑的问题。

数控机床是一种高度自动化的加工设备，动作复杂，高速运动部件较多，对机床动作互锁、安全防护性能等要求也比普通机床要高得多。同时，数控机床一般都有高压、大流量的冷却系统，为了防止切屑、切削液的飞溅，数控机床通常都应采用封闭或半封闭的防护形式，增加防护性能。

5.1.3 提高数控机床性能的措施

1. 合理选择数控机床的总体布局

机床的总体布局直接影响到机床的结构和性能。合理选择机床布局，不仅可以使机械结构更简单、合理、经济，而且能提高机床刚性，改善机床受力情况，提高热稳定性和操作性能，使机床满足数控化的要求。

例如，在数控车床上采用斜床身布局，可以改善受力情况，提高床身的刚度，提高操作性能。在卧式数控镗铣床（卧式加工中心）采用 T 形床身、框架结构双立柱、立柱移动式（Z 轴）布局，减少了机床的结构层次，大大提高了机床结构刚度和加工精度，精度的稳定性好，热变形的影响小。

在高速加工机床上，则通过采用固定门式立柱、"箱中箱"等特殊的布局型式，以最大限度地降低运动部件的质量，提高机床运动部件的快进速度和加速度，以满足高速加工的需要。

2. 提高结构件的刚度

结构件的刚度直接影响机床的精度和动态性能。机床的刚度主要决定于组成机械系统的部件质量、刚度、阻尼、固有频率以及负载激振频率等。提高机床结构件刚度的主要措施有：改善机械部件的结构，减少部件承受的弯曲、扭转负载；合理设计截面、布置肋板；选用焊接构件；利用平衡机构补偿部件变形；改善构件间的连接形式；缩短传动链，适当加大传动轴，对轴承和滚珠丝杠等传动部件进行预紧等。

3. 提高机床抗振性

高速旋转零件的动态不平衡力与切削产生的振动，是引起机床振动的主要原因。提高数控机床抗振性的措施主要有：对机床高速旋转部件，特别是主轴部件进行动平衡，对传动部件进行消除间隙处理，减少机床激振力；提高机械部件的静态刚度和固有频率，避免共振；在机床结构大件中充填阻尼材料，在大件表面喷涂阻尼涂层抑制振动等。

4. 改善机床的热变形

　　引起机床热变形的主要原因是机床内部热源、摩擦及切削产生的发热。减少机床热变形的措施主要有：采用伺服电动机和主轴电动机、变量泵等低能耗执行元件，减少热量的产生；简化传动系统的结构，减少传动齿轮、传动轴，采用低摩擦因数的导轨和轴承，减少摩擦发热；改善散热条件，增加隔热措施，对发热部件（如电柜、丝杠、油箱等）进行强制冷却，吸收热量，避免温升；采用对称结构设计，使部件均匀受热；对切削部分采用高压、大流量冷却系统冷却等。

5. 保证运动的精度和稳定性

　　机床的运动精度和稳定性，不仅和数控系统的分辨率、伺服系统的精度和稳定性有关，而且还在很大程度上取决于机械传动系统的精度。传动系统的刚度、间隙、摩擦死区、非线性环节等都对机床精度和稳定性产生很大的影响。减小运动部件的质量，采用低摩擦因数的导轨和轴承，以及滚珠丝杠副、静压导轨、直线滚动导轨、塑料滑动导轨等高效执行部件，可以减小系统的摩擦阻力，提高运动精度，避免低速爬行。缩短传动链，对传动部件进行消隙，对轴承和滚珠丝杠等进行预紧，可以减小机械系统的间隙和非线性影响，提高机床的运动精度和稳定性。

5.2　数控机床的主传动系统

5.2.1　主传动系统的要求及传动方式

1. 主传动系统的要求

　　数控机床的主传动系统包括主轴电动机、传动系统和主轴组件。与普通机床的主传动系统相比在结构上比较简单，这是因为变速功能全部或大部分由主轴电动机的无级调速来承担，省去了繁杂的齿轮变速机构，有些只有二级或三级齿轮变速系统用以扩大电动机无级调速的范围。

　　对数控机床的主传动系统有以下几点要求：

　　（1）调速范围　各种不同的机床对调速范围的要求不同。多用途、通用性大的机床要求主轴的调速范围大，不但有低速大转矩功能，而且还要有较高的速度，如车削中心。而对于普通数控机床就不需要有较大的调速范围。

　　（2）热变形　电动机、主轴及传动件都是热源。低温升、小的热变形是对主传动系统要求的重要指标。

　　（3）主轴的旋转精度和运动精度　主轴的旋转精度是指装配后，在无载荷、低速转动条件下测量主轴前端和 300mm 处的径向和轴向跳动值。主轴在工作速度旋转时测量上述两项精度称为运动精度。数控机床要求有高的旋转精度和运动精度。

　　（4）主轴的静刚度和抗振性　由于数控机床加工精度较高，主轴的转速又很高，因此对主轴的静刚度和抗振性要求较高。主轴的轴颈尺寸、轴承类型及配置方式，轴承预紧量大小，主轴组件的质量分布是否均匀及主轴组件的阻尼等，对主轴组件的静刚度和抗振性都会产生影响。

　　（5）主轴组件的耐磨性　主轴组件必须有足够的耐磨性，使之能够长期保持精度。凡有机械摩擦的部件，如轴承、锥孔等都应有足够高的硬度，轴承处还应有良好的润滑。

2. 传动方式

数控机床主传动系统主要有三种配置方式，如图 5-1 所示。

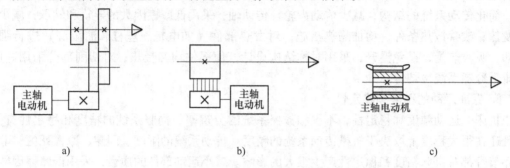

图 5-1　数控机床主轴传动方式

a）齿轮传动　b）同步带传动　c）电动机直接驱动

（1）带有变速齿轮的主传动（见图 5-1a）　　这是大中型数控机床较常采用的配置方式，通过少数几对齿轮传动，扩大变速范围。由于电动机在额定转速以上的恒功率调速范围为 $2 \sim 5$，当需扩大这个调速范围时常用变速齿轮的办法来扩大调速范围，滑动齿轮的移位大都采用液压拨叉或直接由液压缸带功齿轮来实现。

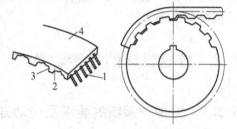

图 5-2　同步带的结构与传动原理

1—强力层　2—带齿　3—包布层　4—带背

（2）通过带传动的主传动（见图 5-1b）　　这种传动主要用于转速较高、变速范围不大的机床，电动机本身的调速就能够满足要求，不用齿轮变速，可以避免由齿轮传动时所引起的振动和噪声。它适用于对高速、低转矩特性有要求的主轴。常用的是同步齿形带。图 5-2 为同步带的结构与传动原理。

5.2.2　主轴部件的支承方式

数控机床主轴部件是影响机床加工精度的主要部件，它的回转精度影响工件的加工精度；它的功率大小与回转速度影响加工效率；它的自动变速、准停等动作影响机床的自动化程度，因此要求主轴部件具有与本机床工作性能相适应的高回转精度、刚度、抗振性、耐磨性和低温升；在结构上，必须很好地解决刀具或工件的装夹、轴承的配置、轴承间隙调整、润滑密封等问题。

1. 主轴轴承

主轴应根据数控机床的规格、精度采用不同的轴承。一般中、小规格的数控机床（如车床、铣床、加工中心、磨床等）的主轴部件多采用成组高精度滚动轴承，重型数控机床采用液体静压轴承，高精度数控机床（如坐标磨床）采用气体静压轴承，转速达 $2 \times 10^{4} \sim 10 \times 10^{4} \mathrm{r/min}$ 的主轴可采用磁力轴承或氮化硅材料的陶瓷滚珠轴承。

数控机床的主轴一般都采用滚动轴承作为支承。图 5-3 所示为主轴常用的几种滚动轴承。

图 5-3a 所示为锥孔双列圆柱滚子轴承，内圈为 1∶12 的锥孔，当内圈沿锥形轴轴向移动时，内圈胀大，可以调整滚道间隙。这种轴承的特点是滚子数量多，两列滚子交错排列，因此承载能力大，刚性好，允许转速较高。但它对箱体孔、主轴颈的加工精度要求高，且只能

承受径向载荷。

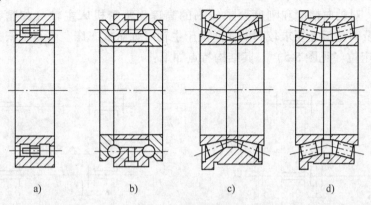

图 5-3　常用的主轴轴承

图 5-3b 所示为双列推力向心球轴承，接触角为 60°。这种轴承的球径小、数量多，允许转速高，轴向刚度较高，能承受双向轴向载荷。该种轴承一般与双列圆柱滚子轴承配套用作主轴的前支承。

图 5-3c 所示为双列圆锥滚子轴承。这种轴承的特点是内、外列滚子数量相差一个，能使振动频率不一致，因此可以改善轴承的动态性能。轴承可以同时承受径向载荷和轴向载荷，通常用作主轴的前支承。

图 5-3d 所示为带凸肩的双列圆锥滚子轴承。这种轴承的结构和图 5-3c 相似，特点是滚子被做成空心，故能进行有效润滑和冷却；此外，还能在承受冲击载荷时产生微小变形，增加接触面积，起到有效吸振和缓冲作用。

这三类轴承的性能比较可参考表 5-1。

表 5-1　滚动轴承性能比较

轴承种类	允许转速	刚　度	阻　尼	温　升
圆柱滚子轴承	较高	高	中	中、高
深沟球轴承	高	较高	低	低
圆锥滚子轴承	中	中、高	较大	中、高

滚动轴承的公差有 P6 级（高级）、P5 级（精密级）、P4 级（特精级）、P2 级（超精级）四种等级。前轴承的精度一般比后轴承高一个精度等级。数控机床前支承通常采用 B、C 级精度的轴承，后支承则常采用 P4、P5 级。

2. 轴承的配置

合理配置轴承，可以提高主轴精度，降低温升，简化支承结构。机床主轴一般承受两个方向的轴向载荷，需要两个相应的推力轴承匹配使用。在数控机床上配置轴承时，前后轴承都应能承受径向载荷，支承间的距离要选择合理，并根据机床的实际情况配置承受轴向力的轴承。主轴的定位方式有以下三种：

（1）前端定位（见图 5-4）　其结构特点如下：

① 主轴受热变形，向后伸长（热位移），不影响主轴前端的轴向精度。

② 主轴切削力受压段短，纵向稳定性好。

③ 前支承的角刚度高，角阻尼大，因此主轴组件的刚度高和抗振性好。

④　前支承的结构较复杂，温升较高。

适用范围：对轴向精度和刚度要求较高的高速、精密机床主轴（如精密车床、镗床、坐标镗床等）及对抗振性要求较高的普通机床主轴（如卧式车床、多刀车床、铣床等）。

（2）后端定位（见图5-5）　　其结构特点如下：

图5-4　前端定位方式　　　　　　　　　　　图5-5　后端定位方式

①　前支承的结构简单、温升较小。

②　主轴受热向前伸长，影响主轴的轴向精度。

③　刚度及抗振性较差。

适用范围：不宜用于精密、抗振性要求高的机床，可用于要求不高的中速、普通精度机床的主轴（卧式车床、多刀车床、立式铣床等）。

（3）两端定位（见图5-6）　　其结构特点如下：

①　支承结构简单，间隙调整方便。

②　主轴受热伸长会改变轴承间隙，影响轴承的旋转精度及寿命。

③　刚度和抗振性较差。

适用范围：轴向间隙变化不影响正常工作的机床主轴，如钻床；支距短的机床主轴，如组合机床；有自动补偿轴向间隙装置的机床主轴。

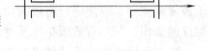

图5-6　两端定位方式

5.2.3　主轴部件典型结构

主轴单元在结构上要处理好卡盘或刀具的装卡，主轴轴承的定位和间隙调整，主轴的润滑和密封等一系列问题。对于数控镗铣床的主轴，为实现刀具的快速或自动装卸，主轴上还必须设计有刀具的自动装卸、主轴定向停止和主轴孔内的切屑清除等装置。

1. 主轴及主轴前端结构

数控机床的主轴单元是机床重要部件之一，它带动工件或刀具按照系统指令，执行机床的切削运动，由主轴直接承受切削力，而且主轴的转速范围很大，因此数控机床主轴单元要具有高的回转精度、刚度、抗振性和耐磨性。

主轴的直径越大，则刚度越高，但同时要求轴上的其他零件和轴承的尺寸相应增大，这样保证主轴的回转精度就会越困难，同时主轴的最高转速也会受到制约。

主轴内孔是用于通过棒料或刀具夹紧装置的，孔径越大，可通过的棒料直径越大，主轴的质量越轻，但是主轴的刚度就会越差。

主轴的轴端用于安装刀具和夹具。数控车床的主轴端部结构，一般采用短圆锥法兰盘结构，具有很高的定心精度，主轴的悬伸长度短，刚度好。数控铣床和加工中心的主轴前端为7：24 锥孔，刀柄安装在主轴锥孔中，定心精度高。表 5-2 所示为几种典型数控机床主轴轴端的结构。

表 5-2　几种典型数控机床主轴前端的结构

序号	主轴轴端形式	应用	序号	主轴轴端形式	应用
1		数控车床	3		数控镗铣床和加工中心
2		外圆磨床、平面磨床、无心磨床等的砂轮主轴	4		内圆磨床砂轮主轴

2. 数控车床的液压动力卡盘

数控车床液压驱动动力自定心卡盘如图 5-7 所示。图 5-8 所示为数控车床用液压动力卡盘的液压缸结构图，回转液压缸 2 通过法兰盘 4 固定在主轴的后端，可随主轴一起转动。引油导套 1 固定在动力卡盘壳体 5 上，其内孔的两个轴承用于支承回转液压缸。当发出卡盘夹紧或松开电信号时，通过液压系统使压力油送入液压缸的左腔或右腔，使活塞 3 向左或向右移动，再通过图 5-9 所示动力卡盘前端的拉杆 2 使主轴前端动力卡盘的卡爪夹紧或松开。拉杆 2 的外螺纹与活塞杆的内螺纹孔相联接。

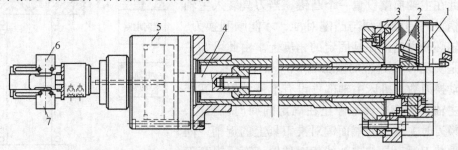

图 5-7　液压驱动动力自定心夹盘

1—驱动爪　2—卡爪　3—卡盘　4—活塞杆　5—液压缸　6、7—行程开关

图 5-9 所示为动力卡盘前端的结构图，用螺钉将卡爪 6 和 T 形滑块 5 紧固在卡爪滑座 4 的齿面上，与卡爪滑座构成一个整体，卡爪滑座与滑体 3 之间以斜楔接触，滑体通过拉杆 2 与液压缸活塞杆相连。当活塞作往复移动时，带动滑体轴向移动，通过楔面作用卡爪滑座可在卡盘盘体 1 上的三个 T 形槽内作径向移动，实现卡爪 6 将工件夹紧或松开。

液压动力卡盘的夹紧力可以通过液压系统进行调整，分为高压夹紧和低压夹紧，加工一般的工件时，采用高压夹紧；加工薄壁零件时，采用低压夹紧。液压动力卡盘具有结构紧凑、动作灵敏和工作性能稳定等特点。

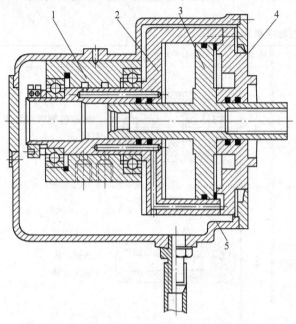

图 5-8　液压动力卡盘的液压缸结构图
1—引油导套　2—回转液压缸　3—活塞
4—法兰盘　5—卡盘壳体

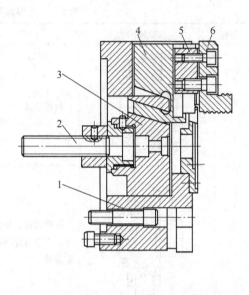

图 5-9　动力卡盘前端结构图
1—卡盘盘体　2—拉杆　3—滑体
4—卡爪滑座　5—T形滑块　6—卡爪

3. 主轴的准停装置

数控机床为了完成刀具自动交换（ATC）的动作过程，必须设置主轴准停机构。由于刀具装在主轴上，切削时切削转矩不可能仅靠锥孔的摩擦力来传递，因此在主轴前端设置一个凸键，当刀具装入主轴时，刀柄上的键槽必须与凸键对准，才能顺利换刀，因此主轴必须准确停在某固定的角度上。由此可知主轴准停是实现 ATC 过程的重要环节。

自动换刀数控机床主轴部件设有准停装置，其作用是使主轴每次都准确地停止在固定的周向位置上，以保证换刀时主轴上的端面键对准刀具上的键槽，同时使每次装刀时刀具与主轴的相对位置不变，提高刀具的重复安装精度，从而提高孔加工时孔径的一致性。

图 5-10 所示为主轴电气准停装置工作原理图，在带动主轴 5 旋转的带轮 1 的端面上装有一个厚垫片 4，垫片上装有一个体积很小的永久磁铁 3。在主轴箱箱体对应于主轴准停的位置上，装有磁传感器 2。当机床需要停车换刀时，数控系统发出主轴停转的指令，主轴电动机立即降速，当

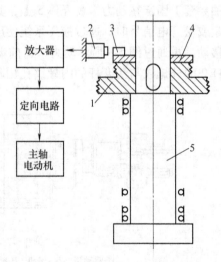

图 5-10　主轴电气准停装置工作原理图
1—带轮　2—磁传感器　3—永久磁铁
4—厚垫片　5—主轴

　　主轴以最低转速慢转很少几转，永久磁铁 3 对准磁传感器 2 时，传感器发出主轴准停信号。此信号经放大后，由定向电路控制主轴电动机准确地停止在规定的周向位置上。该主轴准停装置可保证主轴准停的重复精度在 ±1° 范围内。

　　主轴的准停机构设置在主轴的尾端，如图 5-11 所示。交流调速电动机 11 通过多联 V 带 9 和带轮 10 带动主轴旋转，当主轴需要停车换刀时，发出降速信号，主轴电动机自动减速，使主轴以最低转速运转；延时等待数秒之后，切断主轴电动机电源，使主轴作低速惯性空转。当位于图中带轮 5 左侧的永久磁铁 4 对准磁传感器 3 时，主轴准停制动，同时发出制动完成信号。

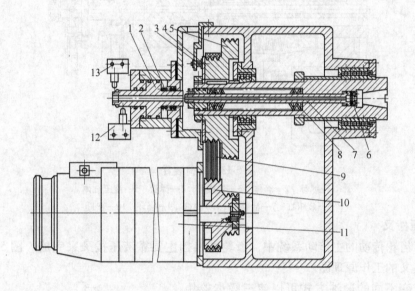

图 5-11　自动换刀机床的主轴准停、夹紧机构

1—活塞　2—螺旋弹簧　3—磁传感器　4—永久磁铁　5、10—带轮　6—钢球　7—拉杆
8—碟形弹簧　9—多联 V 带　11—交流调速电动机　12、13—限位开关

4. 主轴刀具自动装夹和切屑清除装置

　　在自动换刀的数控机床中，为了实现刀具的自动装卸，其主轴必须设计有刀具的自动夹紧机构，如图 5-11 所示。刀柄锥度为 7∶24，采用大锥度的锥柄既有利于定心，也为松夹带来了方便。在锥柄的尾端轴颈被拉紧的同时，通过锥柄的定心和摩擦作用将刀杆夹紧于主轴的端部。

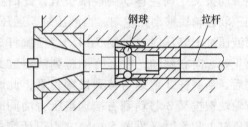

图 5-12　拉紧装置

　　这种装置主要用于主运动是刀具旋转运动的情形。图 5-11 所示为数控铣钻镗加工中心的主轴部件，由装刀部件（包括刀夹、拉钉、钢球、端面键）、换刀部件（主轴、拉杆、碟形弹簧、液压缸、活塞）和吹扫部件（包括空压机、压缩空气管接头）组成。

　　取用刀具过程（见图 5-12、图 5-13）：CNC 发出换刀指令→液压缸右腔进油→活塞左移→推动拉杆克服弹簧的作用左移→带动钢球移至大空间→钢球失去对拉钉的作用→取刀。

吹扫过程：旧刀取走后→CNC 发出指令→电磁阀开启→压缩空气经压缩空气管接头吹扫装刀部位并用定时器计时。

装刀过程（见图 5-12、图 5-13）：时间到→CNC 发出装刀指令→机械手装新刀→液压缸右腔回油→拉杆在碟形弹簧的作用下复位→拉杆带动拉钉右移至小直径部位→通过钢球将拉钉卡死。

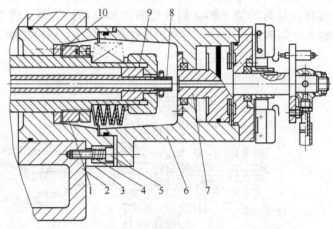

图 5-13　卸荷装置
1—螺母　2—箱体　3—连接座　4—弹簧　5—液压缸体
6—液压缸　7—活塞杆　8—拉杆　9—套环　10—垫圈

5. 液压拨叉

在带有齿轮传动的主传动系统中，齿轮的换挡主要靠液压拨叉来完成。图 5-14 所示为三位液压拨叉的工作原理图。

通过改变不同的通油方式可以使三联齿轮块获得三个不同的变速位置。该机构除液压缸和活塞杆外，还增加了套筒 4。当液压缸 1 通入压力油，而液压缸 5 卸压时（见图 5-14a），活塞杆 2 便带动拨叉 3 向左移动到极限位置，此时拨叉带动三联齿轮块移动到左端。当液压缸 5 通压力油，而液压缸 1 卸压时（见图 5-14b），活塞杆 2 和套筒 4 一起向右移动，在套筒 4 碰到液压缸 5 的端部后，活塞杆 2 继续右移到极限位置，此时三联齿轮块被拨叉 3 移动到右端。当压力油同时进入液压缸 1 和 5 时（见图 5-14c），由于活塞杆 2 的两端直径不同，使活塞杆处在中间位置。在设计活塞杆 2 和套筒 4 的截面直径时，应使套筒 4 的圆环面上的向右推力大于活塞杆 2 的向左的推力。

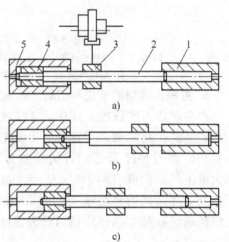

图 5-14　三位液压拨叉工作原理图
1、5—液压缸　2—活塞杆　3—拨叉　4—套筒

液压拨叉换挡在主轴停车之后才能进行，但停车时拨叉带动齿轮块移动又可能产生"顶齿"现象，因此在这种主运动系统中通常设有一台微电动机，它在拨叉移动齿轮块的同时带动各传动齿轮作低速回转，使移动齿轮与主动齿轮顺利啮合。

5.2.4　电主轴

数控机床为了实现高速、高效、高精度的加工，要采用特定的主轴功能部件，对于高速数控机床，其主轴的转速特性值（dn 值）至少应达到（$5 \sim 15$）$\times 10^5 \text{mm} \cdot \text{r/min}$ 以上，并且要具有大功率、宽调速范围的特性。最适合高速运转的主轴形式是将主轴电动机的定子、转子直接装入主轴单元内部（称之为电主轴），通过交流变频控制系统，使主轴获得所需的工作速度和转矩。电主轴结构紧凑、速度快、转动效率高，取消了传动带、带轮和齿轮等环节，实现"零传动"，大大减少了主传动的转动惯量，提高了主轴动态响应速度和工作精度，彻底解决了主轴高速运转时传动带和带轮等传动件的振动和噪声问题。图 5-15 所示为用于加工中心的电主轴外观图；图 5-16 所示为立式加工中心电主轴的组成。

图 5-15　加工中心用电主轴的外观图

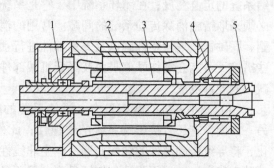

图 5-16　加工中心用电主轴的组成

1—后轴承　2—定子磁极　3—转子磁极

4—前轴承　5—主轴

以往电主轴主要用于轴承行业的高速内圆磨削，随着数控技术和变频技术的发展，电主轴在数控机床中的应用越来越广泛，不仅在高速切削机床上得到广泛应用，也应用于对工件加工有高效率、高表面质量要求的场合以及小孔的加工。一般主轴转速越高，加工的表面质量越好，尤其是对于直径为零点几毫米的小孔，采用高转速的主轴有利于提高内孔加工质量。

5.3　数控机床的进给传动系统

5.3.1　数控机床对进给传动系统的基本要求及基本形式

1. 进给传动系统的基本要求

进给传动系统的精度、灵敏度、稳定性直接影响了数控机床的定位精度和轮廓加工精度。从系统控制的角度分析，其中起决定作用的因素主要有：① 传动系统的刚度和惯量，它直接影响进给系统的稳定性和灵敏度；② 传动部件的精度与传动系统的非线性，它直接影响系统的位置精度和轮廓加工精度，在闭环系统中还影响系统的稳定性。

传动系统的刚度和惯量主要决定于机械结构设计，而传动系统的间隙、摩擦死区则是造成传动系统非线性的主要原因。因此数控机床对机械传动系统的要求可以概括如下：

（1）提高传动部件的刚度　一般来说，数控机床直线运动的定位精度和分辨率都要达到微米级，回转运动的定位精度和分辨率都要达到角秒级，伺服电动机的驱动力矩（特别是起动、制动时的力矩）也很大。如果传动部件的刚度不足，必然会使传动部件产生弹性变形，影响系统的定位精度、动态稳定性和响应的快速性。加大滚珠丝杠的直径，对滚珠丝杠螺母副、支承部件进行预紧，对滚珠丝杠进行预拉伸等，都是提高传动系统刚度的有效措施。

（2）减小传动部件的惯量 在确定驱动电动机后，传动部件的惯量直接决定了进给系统的加速度，它是影响进给系统快速性的主要因素。特别是在高速加工的数控机床上，由于对进给系统的加速度要求高，因此在满足系统强度和刚度的前提下，应尽可能减小零部件的质量、直径，以降低惯量，提高快速性。

（3）减小传动部件的间隙 在开环、半闭环进给系统中，传动部件的间隙直接影响进给系统的定位精度；在闭环系统中，它是系统的主要非线性环节，影响系统的稳定性，因此必须采取措施消除传动系统的间隙。常用的消除传动部件间隙的措施是对齿轮副、丝杠螺母副、联轴器、蜗轮蜗杆副以及支承部件进行预紧或消除间隙。但是，值得注意的是，采取这些措施后可能会增加摩擦阻力及降低机械部件的使用寿命，必须综合考虑各种因素，使间隙减小到允许范围。

（4）减小系统的摩擦阻力 进给系统的摩擦阻力一方面会降低传动效率，产生发热；另一方面，它还直接影响系统的快速性；此外，由于摩擦力的存在，动、静摩擦因数的变化，将导致传动部件的弹性变形，产生非线性的摩擦死区，影响系统的定位精度和闭环系统的动态稳定性。采用滚珠丝杠螺母副、静压丝杠螺母副、直线滚动导轨、静压导轨和塑料导轨等高效执行部件，可以减少系统的摩擦阻力，提高运动精度，避免低速爬行。

2. 进给传动系统的基本形式

数控机床进给传动系统的基本形式可以分为直线运动和圆周运动两大类。直线进给运动包括机床的基本坐标轴（X、Y、Z 轴）以及和基本坐标轴平行的坐标轴（U、V、W 等）的运动；圆周进给运动是指绕基本坐标轴回转的坐标轴运动。在数控机床上，实现直线进给运动主要有三种形式：① 通过丝杠（通常为滚珠丝杠或静压丝杠）螺母副，将伺服电动机的旋转运动变成直线运动；② 通过齿轮、齿条副，将伺服电动机的旋转运动变成直线运动；③ 直接采用直线电动机进行驱动。实现圆周运动除少数情况直接使用齿轮副外，一般都采用蜗轮蜗杆。

（1）滚珠丝杠螺母副 滚珠丝杠螺母副具有以下特点：

① 摩擦损失小，传动效率高。

② 丝杠螺母预紧后，可以消除间隙，提高了传动刚度。

③ 摩擦阻力小，而且它几乎与运动速度无关，动、静摩擦力的变化也很小，不易产生低速爬行现象。

④ 长期工作磨损小，使用寿命长，精度保持性好。

因此，滚珠丝杠螺母副在数控机床上得到了广泛应用，是目前中、小型数控机床最为常见的传动形式。

但由于它有运动的可逆性，即一方面能将旋转运动转换为直线运动，反过来也能将直线运动转换为旋转运动，不能实现自锁。当用在垂直传动或水平放置的高速大惯量传动中必须装有制动装置，使用具有制动装置的伺服驱动电动机是最简单的弥补方法。另外为了防止安装、使用时螺母脱离丝杠滚道，在机床上还必须配置超程保护装置，这一点对于高速加工数控机床来说尤为重要。

（2）静压丝杠螺母副 静压丝杠螺母副是通过油压在丝杠和螺母的接触面之间，产生一层保持一定厚度且具有一定刚度的压力油膜，使丝杠和螺母之间由边界摩擦变为液体摩擦。当丝杠转动时通过油膜推动螺母直线移动，反之，螺母转动也可使丝杠直线移动。

静压丝杠螺母副具有以下特点：

① 摩擦因数很小，仅为 0.0005，比滚珠丝杠（摩擦因数为 0.002 ~ 0.005）的摩擦损失更小。因此其起动力矩很小，传动灵敏，避免了爬行。

② 油膜层可以吸振，提高了运动的平稳性。

③ 由于油液的不断流动，有利于散热和减少热变形，提高了机床的加工精度。

④ 油膜层具有一定刚度，减小了反向间隙。

⑤ 油膜层介于螺母与丝杠之间，对丝杠的误差有"均化"作用，即可以使丝杠的传动误差小于丝杠本身的制造误差。

⑥ 承载能力与供油压力成正比，与转速无关。

但静压丝杠螺母副应有一套供油系统，而且对油的清洁度要求高，如果在运动中供油忽然中断，将造成不良后果。

（3）静压蜗杆蜗条副和齿轮齿条副 大型数控机床不宜采用丝杠传动，因长丝杠制造困难，且容易弯曲下垂，影响传动精度，同时轴向刚度与扭转刚度也难提高。如果加大丝杠直径，则转动惯量增大，伺服系统的动态特性不易保证，故常用静压蜗杆蜗条副和齿轮齿条副传动。

静压蜗杆蜗条副的工作原理与静压丝杠螺母副相同，蜗条实质上是螺母的一部分，蜗杆相当于一根短丝杠。这种传动机构，压力油必须从蜗杆进入静压油腔，加上蜗杆是旋转的，与蜗条的接触区只有 120°左右，要使压力油只能进入接触区，必须解决蜗杆的配油问题。

齿轮齿条副传动用于行程较长的大型机床上，可以得到较大的传动比，进行实现高速直线运动，刚度及机械效率也高。但其传动不够平稳，传动精度不高，

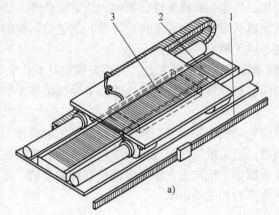

a)

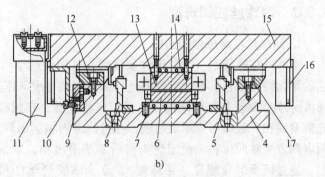

b)

图 5-17 直线电动机及安装

1—位置检测器 2—转子 3—定子 4—床身 5、8—辅助导轨
6、13—次级 7、14—冷却板 9、10—测量系统 11—拖链
12、17—导轨 15—工作台 16—防护

而且还不能自锁。采用齿轮齿条副传动时必须采取措施消除齿侧间隙，当传动负载小时，也可采用双片薄齿轮调整法，分别与齿条齿槽的左、右两侧贴紧，从而消除齿侧间隙。当传动负载大时，可采用双厚齿轮传动结构。

（4）直线电动机直接驱动　直线电动机是近年来发展起来的高速、高精度数控机床最有代表性的先进技术之一。利用直线电动机驱动，可以完全取消传动系统中将旋转运动变为直线运动的环节，大大简化机械传动系统的结构，实现所谓的"零传动"。它从根本上消除传动环节对精度、刚度、快速性和稳定性的影响，故可以获得比传统进给驱动系统更高的定位精度、快进速度和加速度。直线电动机的原理与机床上实际安装结构如图 5-17 所示。

1）采用直线电动机驱动与旋转电动机驱动相比，它具有以下优点：

①　采用直线电动机驱动，不需要丝杠、齿轮齿条等转换装置即能直接实现直线运动，因此它大大简化了进给系统结构，提高了传递效率。

②　旋转电动机本身机械结构由于受到离心力的作用，其旋转速度受到限制；滚珠丝杠又受转速特征值的约束，转速不能太高。对于高速加工机床来说，虽然可以通过加大螺距提高进给速度，但是难以提高加速度。采用直线电动机驱动时，则可以不受此限制，它可以达到大于 100m/min 的进给速度和大于 $10m/s^2$ 的加速度。

③　旋转电动机必须通过丝杠、齿条等转换机构将旋转运动转换成直线运动，传动环节对精度、刚度、快速性和稳定性的影响无法避免，并且这些转换机构在运动中必然会带来噪声。直线电动机从根本上消除了传动环节，故进给系统的精度高、刚度大、快速性和稳定性好，噪声很小或无噪声。

2）直线电动机也有不足之处，主要表现在以下几个方面：

①　与同容量旋转电动机相比，直线电动机的效率和功率因数要低，特别在低速时更明显。

②　直线电动机，特别是直线感应电动机的起动推力受电源电压的影响较大，故对驱动器的要求较高，应采取措施保证或改变电动机的有关特性来减少或消除这种影响。

③　在金属加工机床上，由于电动机直接和导轨、工作台做成一体，必须采取措施以防止磁力和热变形对加工的影响。

5.3.2　滚珠丝杠螺母副

1. 滚珠丝杠螺母副的结构

滚珠丝杠螺母副（简称滚珠丝杠副）是回转运动与直线运动相互转换的理想传动装置，它的结构特点是在具有螺旋槽的丝杠螺母间装有滚珠作为中间传动元件，以减少摩擦。图 5-18 所示为滚珠丝杠副的结构图，其工作原理是：在丝杠和螺母上加工有弧形螺旋槽，当把它们套装在一起时形成螺旋通道，并且滚道内填满滚珠，当丝杠相对于螺母作旋转运动时，两者间发生轴向位移，而滚珠则可沿着滚道滚动，减少摩擦阻力，滚珠在丝杠上滚过数圈后，通过回程引导装置（回珠器），逐个滚回到丝杠和螺母之间，构成一个闭合的回路管道。

按滚珠循环方式的不同可以分为内循环式和外循环式两种。如图 5-18a 所示，滚珠在返回过程中与丝杠脱离接触的称为外循环式。外循环式的滚珠丝杠副按滚珠返回的方式不同，有插管式和螺旋槽式。图 5-19a 所示为插管式，其上弯管即为返回滚道，滚珠在丝杠与螺母

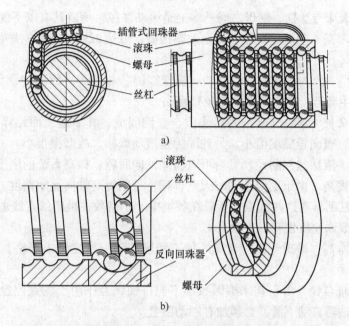

a)

b)

图 5-18　滚珠丝杠副的结构图

a）外循环式　b）内循环式

副之间可以作周而复始的循环运动，弯管的两端还能起到阻挡滚珠的作用，避免滚珠沿滚道滑出。插管式外循环的特点是结构工艺性好，但由于回珠管突出于螺母体外，径向尺寸较大。图 5-19b 所示为螺旋槽式，即在螺母外圆上铣出螺旋槽，在槽的两端钻出通孔并与螺纹滚道相切，以形成返回通道。与插管式的结构相比，螺旋槽式径向尺寸小，但制造上较为复杂。

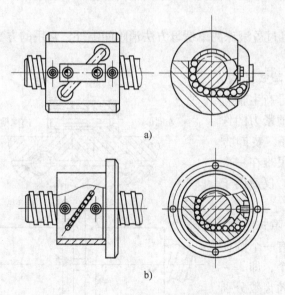

a)

b)

图 5-19　外循环式滚珠丝杠

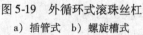

a）插管式　b）螺旋槽式

2. 滚珠丝杠副的特点

在传动时，滚珠与丝杠、螺母之间基本上是滚动摩擦，所以具有以下优点：

（1）传动效率高　滚珠丝杠副的传动效率很高，可达92%～98%，是普通丝杠传动的2～4倍。

（2）摩擦力小　因为滚珠滚动时的动、静摩擦因数相差小，因而传动灵敏，运动平稳、低速运行不易产生爬行，随动精度和定位精度高。

（3）使用寿命长　滚珠丝杠副采用优质合金钢制成，其滚道表面经淬火热处理后硬度高达60～62HRC，表面粗糙度值小，另外因为是滚动摩擦，故磨损很小。

（4）刚度高　滚珠丝杠副经预紧后可以消除轴向间隙，提高系统的刚度。

（5）运动精度高　由于反向运动时无空行程，可以提高轴向运动精度。

因为滚珠丝杠副具有这些优点，所以在各类中、小型数控机床的直线进给系统普遍采用滚珠丝杠，但是滚珠丝杠也有以下缺点：

（1）制造成本高　滚珠丝杠对自身的加工精度和装配精度要求严格，其制造成本大大高于普通丝杠。

（2）不能实现自锁　由于其摩擦因数小不能自锁，当作用于垂直位置时，为防止因突然停电而造成主轴箱自动下滑，必须加有制动装置。

3. 滚珠丝杠副的间隙消除机构

滚珠丝杠副的传动间隙是轴向间隙。轴向间隙通常是指丝杠和螺母无相对转动时，丝杠和螺母之间的最大轴向窜动量，除了结构本身所有的游隙之外，还包括施加轴向载荷后产生弹性变形所造成的轴向窜动量。为了保证滚珠丝杠反向传动精度和轴向刚度，必须消除轴向间隙。预加载荷能够有效地减少弹性变形所带来的轴向位移。用预紧方法消除轴向间隙时应注意，预紧力不宜过大，过大的预紧载荷将增加摩擦力，使传动效率降低，缩短丝杠的使用寿命。所以一般需要经过多次调整，才能保证机床在最大轴向载荷下既有效消除间隙又能灵活运转。

消除轴向间隙除了少数用微量过盈滚珠的单螺母方法消除间隙外，常用的方法是用双螺母消除丝杠螺母的间隙。

图5-20所示为双螺母垫片调隙式结构，通过调整垫片的厚度使左、右螺母产生轴向位移，就可达到消除间隙和产生预紧力的作用。这种方法结构简单，刚性好，装卸方便、可靠；但缺点是调整费时，很难在一次修磨中调整完成，调整精度不高，仅适用于一般精度的数控机床。

图5-21所示为双螺母齿差调隙式结构，在两个螺母2和5的凸缘上各自有一个圆柱齿轮，两个齿轮的齿数只相差一个，即$z_2 - z_1 = 1$。两个内齿圈1和4与外齿轮齿数分别相同，并用螺钉和销钉固定在螺母座3的两端。调整时先将内齿圈取下，根据间隙的大小调整两个螺母2、5分别向相同的方向转

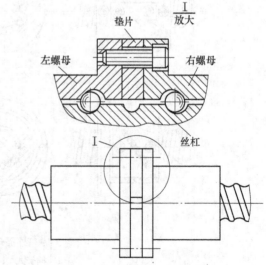

图5-20　双螺母垫片调隙式结构

过一个或多个齿，使两个螺母在轴向移近了相应的距离，达到调整间隙和预紧的目的。

间隙消除量 Δ 可用下式简便地计算出来：

$$\Delta = \frac{nt}{z_1 z_2} \text{ 或 } n = \Delta \frac{z_1 z_2}{t}$$

式中　n——螺母在同一方向转过的齿数；

　　　t——滚珠丝杠的导程；

　　z_2、z_1——齿轮的齿数。

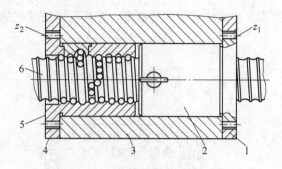

图 5-21　双螺母齿差调隙式结构
1、4—内齿圈　2、5—螺母
3—螺母座　6—丝杠

图 5-22 所示为利用螺母上的外螺纹，通过圆螺母调整两个螺母的相对轴向位置实现预紧，调整好后用另外一个圆螺母锁紧。这种结构调整方便，且可在使用过程中随时调整，但预紧力大小不能准确控制。

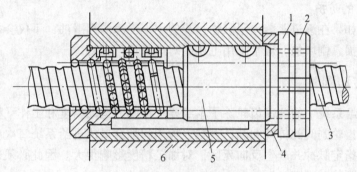

图 5-22　双螺母螺纹调隙式结构
1、2—圆螺母　3—丝杠　4—垫片
5—螺母　6—螺母座

4. 滚珠丝杠的支承

滚珠丝杠所承受的主要是轴向载荷，它的径向载荷主要是卧式丝杠的自重。因此对滚珠丝杠的轴向精度和刚度要求较高。此外，滚珠丝杠的正确安装及其支承的结构刚度也不容忽视。滚珠丝杠的两端支承布置结构形式有以下几种：

（1）一端固定、一端自由　如图 5-23a 所示，固定端安装一对推力轴承，其特点是结构简单，承载能力小，轴向刚度和临界转速都较低，故在设计时应尽量使丝杠受拉伸。该支承形式适用于短丝杠，例如，用于数控机床的调节环节或升降台式铣床的垂直坐标进给传动机构。

（2）一端固定一端浮动　如图 5-23b 所示，固定端安装一对推力轴承，另一端安装向心球轴承。丝杠轴向刚度与上述形式相同，而临界转速比图 5-23a 所示形式同长度的丝杠高。当丝杠受热膨胀伸长时，一端固定，另一端能作微量的轴向浮动，减少丝杠热变形的影响。这种形式的配置结构适用于较长丝杠或卧式丝杠。

（3）两端固定（见图 5-23c、d）　图 5-23c 所示为推力轴承装在丝杠的两端，并施加预紧力，可以提高轴向刚度，该支承形式的结构及装配工艺性都较复杂，对丝杠热变形较为敏感，适用于长丝杠；图 5-23d 所示为两端均采用推力轴承和向心球轴承的双重支承并施加预紧力，使丝杠有较大的刚度，并且可以使丝杠的温度变形转化为推力轴承的顶紧力。

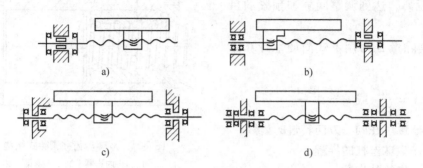

图 5-23　丝杠两端支承形式

a）一端装推力轴承，另一端自由　b）一端装推力轴承，另一端装向心轴承
c）两端装推力轴承　d）两端均装推力轴承和向心轴承

5. 滚珠丝杠的防护

滚珠丝杠副如果在滚道上落入了脏物，或使用不干净的润滑油，不仅会妨碍滚珠的正常运转，而且使磨损急剧增加。通常采用毛毡圈对螺母进行密封。

5.3.3　齿轮传动副

数控机床进给系统中的减速齿轮除了本身要求很高的运动精度和工作平稳性以外，还需尽可能消除传动齿轮副间的传动间隙；否则，齿侧间隙会造成进给系统每次反向运动滞后于指令信号，丢失指定脉冲并产生反向死区，对加工精度影响很大。因此必须采用各种方法去减少或消除齿轮副传动间隙。

齿轮传动副的作用是传递伺服电动机输出的转矩和转速，并使伺服电动机与负载之间的转矩和负载惯量相匹配。在开环系统中，还可通过齿轮传动匹配系统的脉冲当量。

1. 直齿圆柱齿轮传动

（1）偏心套调整法　采用偏心套来调整和消除齿侧间隙是最简单的方法，如图 5-24 所示，电动机 1 通过偏心套 2 装到壳体上，通过转动偏心套就能够使电动机中心轴线的位置上移，而从动齿轮轴线位置不变，所以相互啮合的两个齿轮的中心距减小，从而方便地消除齿侧间隙。

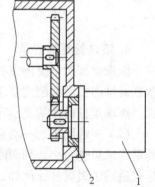

图 5-24　偏心套消除间隙
1—电动机　2—偏心套

（2）锥度齿轮垫片调整法　图 5-25 所示为用轴向垫片来消除间隙的结构。在加工相互啮合的两个齿轮 1、2 时，将分度圆柱面制成带有小锥度的圆锥面，使齿轮齿厚在轴向稍有变化，装配时，两齿轮按齿厚相反变化走向啮合。调整时，只需改变垫片 3 的厚度，使齿轮 2 作轴向移动，使两齿轮沿轴向产生相对位移，即可达到消除齿侧间隙的目的。

上述两种方法的特点是结构比较简单、传动刚度好，能传递较大的动力，但齿轮磨损后齿侧间隙不能自动补偿。因此加工时对齿轮的齿厚及齿距公差要求较严，否则传动的灵活性将受到影响。

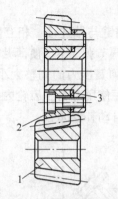

图 5-25　垫片调整消除间隙

1、2—齿轮　3—垫片

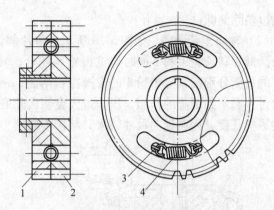

图 5-26　双齿轮错齿调整

1、2—薄片齿轮　3—短圆柱　4—弹簧

（3）双齿轮错齿调整法　如图 5-26 所示，两个齿数相同的薄片齿轮 1、2 与另外一个宽齿轮啮合。薄片齿轮 1、2 套装在一起，并可作相对回转运动。每个薄片齿轮上分别开有周向圆弧槽，并在齿轮 1、2 的槽内压有装弹簧的圆柱销 3，由于弹簧 4 的作用使薄片齿轮 1、2 错位，分别与宽齿轮的齿槽左右侧贴紧，消除了齿侧间隙。无论齿轮正向或反向旋转，因为分别只有一个齿轮承受转矩，因此承载能力受到限制，设计时须计算弹簧 4 的拉力，使它能克服最大转矩。

这种调整法结构较复杂，传动刚度低，不宜传递大转矩，对齿轮的齿厚和齿距要求较低，可始终保持齿侧无间隙啮合，尤其适用于检测装置。

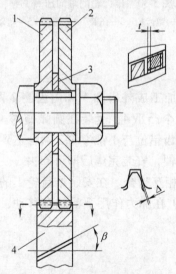

图 5-27　垫片调整法消除斜齿轮间隙

1、2—薄片齿轮　3—垫片　4—宽齿轮

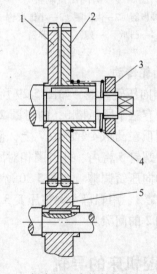

图 5-28　斜齿圆柱齿轮的轴向压簧调整

1、2—薄片斜齿轮　3—螺母　4—碟形弹簧　5—宽齿轮

2. 斜齿圆柱齿轮传动

（1）垫片调整法　如图 5-27 所示，宽齿轮 4 同时与两个相同齿数的薄片齿轮 1 和 2 啮合，薄片齿轮经平键与轴连接，相互之间无相对回转。斜齿轮 1 和 2 间加厚度为 t 的垫片，用螺母拧紧，使两薄片齿轮 1 和 2 的螺旋线产生错位，其后两齿轮面分别与宽齿轮 4 的齿面

紧贴以消除间隙。

（2）轴向压簧调整　如图5-28所示，薄片斜齿轮1和2用键与轴连接，相互间无相对转动。薄片斜齿轮1和2同时与宽齿轮5啮合，转动螺母3，调节弹簧4，使薄片斜齿轮1和2的齿侧分别贴紧宽齿轮5的齿槽左右两侧，消除了间隙。弹簧压力的调整大小应适当，压力过小起不到消隙的作用，压力过大会使齿轮磨损加快，缩短使用寿命。齿轮内孔应有较长的导向长度，因而轴向尺寸较大，结构不紧凑，优点是可以自动补偿间隙。

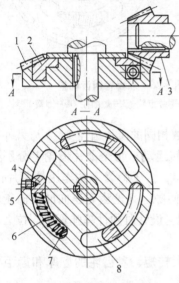 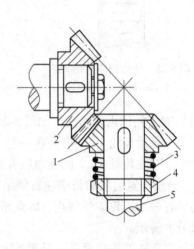

图5-29　周向压簧调整

1—外齿圈　2—内齿圈　3—小锥齿轮

4—凸爪　5—螺钉　6—弹簧

7—镶块　8—圆弧槽

图5-30　锥齿轮的轴向压簧调整

1、2—锥齿轮　3—压簧　4—螺母　5—传动轴

3. 锥齿轮传动

（1）周向压簧调整　如图5-29所示，将大锥齿轮加工成外齿圈1和内齿圈2两部分，外齿圈上开有三个圆弧槽8，内齿圈2的下端面带有三个凸爪4，套装在圆弧槽内。弹簧6的两端分别顶在凸爪4和镶块7上，使内、外齿圈的锥齿错位与小锥齿轮3啮合达到消除间隙的作用。螺钉5将内、外齿圈相对固定是为了安装方便，安装完毕后即可卸去。

（2）轴向压簧调整　如图5-30所示，锥齿轮1、2相互啮合。在安装锥齿轮1的传动轴5上装有压簧3，用螺母4调整压簧3的弹力。锥齿轮1在弹力作用下沿轴向移动，可消除锥齿轮1和2的间隙。

5.4　数控机床的导轨

机床导轨是用来支承和引导运动部件沿一定的轨道运动的。导轨副中运动的部件称为动导轨，固定不动的部件称为支承导轨。动导轨相对支承导轨的运动形式有直线运动和回转运动两种。

机床的加工精度和使用寿命很大程度上决定于导轨的质量。加工精度较高的数控机床对于导轨有着更高的要求，如导向精度高，灵敏度高，高速进给时不振动，低速进给时不爬行，耐磨性好，能在高速重载条件下长期连续工作，精度保持性好。目前数控机床使用较多的是摩擦因数较小的滚动导轨和贴塑导轨，也有采用静压导轨的。

5.4.1　导轨的要求

为满足高精度、高效率的加工要求，数控机床上的导轨必须具有以下特性：

（1）导向精度高　导向精度是指机床的运动部件沿导轨移动时的直线性和与有关基面之间的相互位置的准确性。无论在空载或切削状态下导轨都应有足够的导向精度。影响导轨精度的主要因素除制造精度外，还有导轨的结构形式、装配质量、导轨及其支承件的刚度和热变形等。

（2）耐磨性好　导轨的耐磨性是指导轨在长期使用过程中能否保持一定的导向精度。因导轨在工作过程中有磨损，故应力求减少磨损量，并在磨损后能自动补偿或便于调整。

（3）足够的刚度　导轨受力变形会影响部件之间的导向精度和相对位置，故要求导轨应有足够的刚度。为了减轻或平衡外力的影响，数控机床常采用加大导轨面的尺寸提高刚度。

（4）低速运动平稳性　应使导轨的摩擦阻力小，运动轻便，低速运动时无爬行现象。

（5）结构简单、工艺性好　所设计的导轨应使制造和维修方便，在使用时便于调整和维护。

5.4.2　滑动导轨及静压导轨

1. 滑动导轨

滑动导轨具有结构简单、制造方便、刚度好、抗振性高等优点，在数控机床上应用广泛。但对于金属对金属形式的导轨，静摩擦因数大，动摩擦因数随速度变化而变化，在低速时易产生爬行现象。可通过选用合适的导轨材料、热处理方法，提高导轨的耐磨性，改善摩擦特性。例如，可采用优质铸铁、耐磨铸铁或镶淬火钢导轨，采用导轨表面滚压强化、表面淬硬、镀铬、镀钼等方法提高导轨的耐磨性能。目前多数使用金属对塑料形式的导轨，称为贴塑导轨。贴塑滑动导轨的塑料化学成分稳定、摩擦因数小、耐磨性好、耐蚀性好、吸振性好、密度小、加工成形简单、能在任何液体或无润滑条件下工作。其缺点是耐热性差、热导率低、线膨胀系数比金属大、在外力作用下易产生变形、刚性差、吸湿性大、影响尺寸稳定性。目前，国内外应用较多的塑料导轨有以下几种：

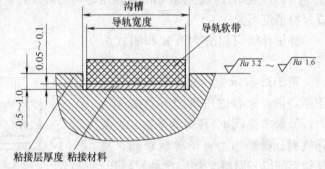

图 5-31　贴塑导轨的粘贴

1）以聚四氟乙烯为基体，添加合金粉和氧化物等构成的高分子复合材料。聚四氟乙烯的摩擦因数很小（为0.04），但不耐磨，因而需要添加青铜粉、石墨、MoS_2、铅粉等填充料增加耐磨性。这种材料具有良好的耐磨、吸振性能，适用工作温度范围广（200～280℃），动、静摩擦因数小且相差不大，防爬行性能好，可在干摩擦状态下使用，能吸收外界进入导轨面的硬粒，使配对金属导轨不至拉伤和磨损。这种材料可制成塑料软带的形式。软带应粘贴在机床导轨副的短导轨面上，如图 5-31 所示，圆形导轨应粘贴在下导轨面上。

2）以环氧树脂为基体，加入 MoS_2、胶体石墨、TiO_2 等制成的抗磨涂层材料，这种涂料附着力强，可用涂敷工艺或压注成形工艺涂到预先加工成锯齿形状的导轨上，涂层厚度 1.5 ~2.5mm。我国已生产了环氧树脂耐磨涂料（HNT），它涂于铸铁的导轨副中，摩擦因数为 0.1 ~0.12，在无润滑油情况下仍有较好的润滑和防爬行性能。

贴塑导轨主要用于大型及重型数控机床上，塑料导轨副的塑料软带一般贴在短的动导轨上，不受导轨形式的限制，各种组合形式的滑动导轨均可粘贴。图 5-32 所示为几种贴塑导轨的结构。

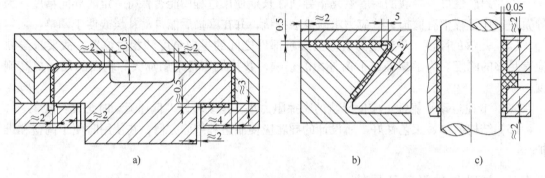

图 5-32　贴塑导轨的结构

a) 矩形导轨　b) 燕尾导轨　c) 圆柱导轨

2. 静压导轨

液体静压导轨是将具有一定压力的油液，经节流器输送到导轨面上的油腔中，形成承载油膜，将相互接触的导轨表面隔开，实现液体摩擦。这种导轨的摩擦因数小（一般为 0.0005 ~0.001），机械效率高，能长期保持导轨的导向精度。承载油膜有良好的吸振性，低速下不易产生爬行。这种导轨的缺点是结构复杂，且需一套液压系统，成本高，油膜厚度难以保持恒定不变。

静压导轨可以分为开式和闭式两种。

图 5-33 所示为开式静压导轨的工作原理图。来自液压泵的压力油（压力 p_0）经节流阀 4，压力降至 p_1，进入导轨面，借助压力将动导轨浮起，使导轨面间以一层厚度为 h_0 的油膜隔开，油腔中的油不断地经过各封油间隙流回油箱。当动导轨受到外负荷 F 作用时，使动导轨向下产生一个位移，导轨间隙由 h_0 减小至 h，使油腔回油阻力增大，油压增大，以平衡负载，使导轨仍在纯液体摩擦状态下工作。

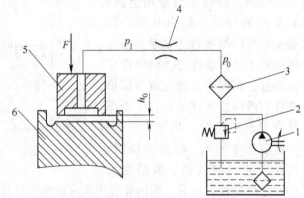

图 5-33　开式静压导轨工作原理

1—液压泵　2—溢流阀　3—过滤器　4—节流器

5—运动导轨　6—床身导轨

图 5-34 所示为闭式静压导轨的工作原理图。闭式静压导轨的各个方向的导轨面上均加工有油腔，所以闭式静压导轨具有承受各方向载荷的能力。设油腔各处的压力分别为 p_1、p_2、p_3、p_4、p_5、p_6，当受到力矩 M 时，p_1、p_6 处间隙变小，则 p_1、p_6 压力增大；p_3、p_4 处间隙变大，则 p_3、p_4 压力变小，这样形成一个与力矩 M 反向的力矩，从而使导轨保持平衡。

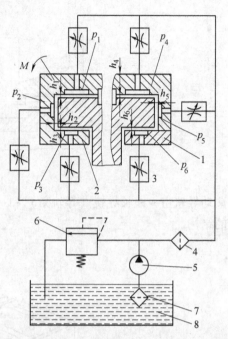

5.4.3　滚动导轨

滚动导轨在导轨工作面之间安装有滚动件，使两导轨面之间形成滚动摩擦，摩擦因数小。滚动导轨的动、静摩擦因数相差很小，运动轻便、灵活，所需功率小，精度高，无爬行。滚动导轨由标准导轨块构成，装拆方便，润滑简单。

滚动导轨是在导轨面之间放置滚珠、液体或滚针等滚动体的，使导轨面之间为滚动摩擦而不是滑动摩擦。滚动导轨的灵敏度高，摩擦因数小，且其动、静摩擦因数相差很小，因而运动均匀。尤其是

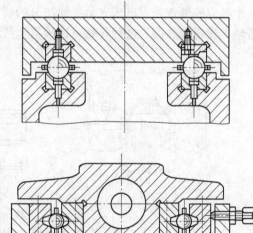

图 5-34　闭式静压导轨工作原理
1、2—导轨　3—节流阀　4、7—过滤器
5—液压泵　6—溢流阀　8—油箱

在低速移动时，不易出现爬行现象；定位精度高，重复定位精度可达 $0.2\mu m$；牵引力小，移动轻便；磨损小，精度保持性好，使用寿命长。但滚动导轨的抗振性差，对防护要求高，结构复杂，制造困难，成本较高。根据滚动体的种类，可以分为下列几种类型：

（1）滚珠导轨　这种导轨的承载能力小，刚度低。为了防止在导轨面上产生压坑，导轨面一般采用淬火钢制成。滚珠导轨适用于运动部件质量轻、切削力不大的数控机床，如图 5-35 所示。

（2）滚柱导轨　这种导轨的承载能力和刚度都比滚珠导轨大，适用于载荷较大的数控机床。但对于安装的偏斜反应大，支承的轴线与导轨的平行度误差不大时也会引起偏移和侧向滑动，从而使导轨磨损加快、精度降低。小滚柱（小于 $\phi10mm$）比大滚柱（大于 $\phi25mm$）对导轨面不平行敏感些，但小滚柱的抗振性高，如图 5-36 所示为滚柱导轨。

（3）滚针导轨　滚针导轨的滚针比滚柱的长径比大，滚针导轨的特点是尺寸小、结构紧凑，主要适用于导轨尺寸受限制的数控机床。

（4）直线滚动导轨（简称为直线导轨）　图 5-37 所示为直线滚动导轨副的外形，直线

图 5-35　滚珠导轨

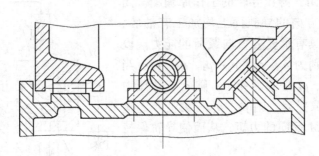

图 5-36　滚柱导轨

滚动导轨由一根长导轨（导轨条）和一个或几个滑块组成。图 5-38 所示为直线滚动导轨副的结构。

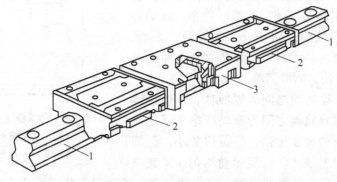

图 5-37　直线滚动导轨副的外形

1—导轨条　2—循环滚柱滑座　3—抗振阻尼滑座

直线滚动导轨的特点是摩擦因数小，精度高，安装和维修都很方便；由于直线滚动导轨是一个独立的部件，对机床支承导轨部分的要求不高，既不需要淬硬也不需要磨削或刮研，只需精铣或精刨。因为这种导轨可以预紧，所以其刚度高。

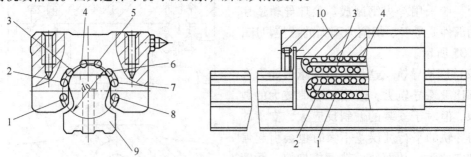

图 5-38　直线滚动导轨副的结构

1、4、5、8—回珠（回柱）　2、3、6、7—负载
滚珠（滚柱）　9—导轨条　10—滑块

直线滚动导轨通常两条成对使用，可以水平安装，也可以竖直或倾斜安装。当长度不够时可以多根接长安装。为保证两条或多条导轨平行，通常把一条导轨作为基准导轨，安装在床身的基准面上，其底面和侧面都有定位面。另一条导轨为非基准导轨，床身上没有侧面定位面。这种安装形式称为单导轨定位，如图 5-39 所示。单导轨定位容易安装，便于保证平

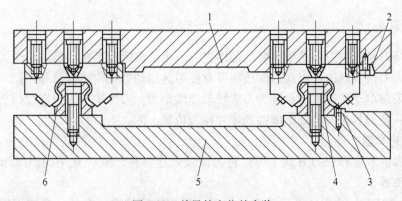

图 5-39　单导轨定位的安装

1—工作台　2、3—镶块　4—基准导轨　5—床身　6—非定位导轨

行，对床身没有侧面定位面的平行要求。

当振动和冲击较大，精度要求较高时，两条导轨的侧面都要定位，称双导轨定位，双导轨定位要求定位面平行度高，如图 5-40 所示。

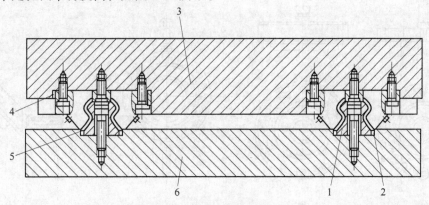

图 5-40　双导轨定位的安装

1—基准导轨　2、4、5—调整垫　3—工作台　6—床身

5.5　数控机床的自动换刀装置

加工中心具备完善的自动换刀系统。自动换刀系统由刀库和刀具交换装置组成。刀库形式有盘式刀库、链式刀库等。盘式刀库结构简单，刀库容量较小；链式刀库结构紧凑，灵活性好，刀库容量较大。刀具交换装置有单臂机械手和双臂机械手等。按刀库类型和刀库相对机床布局形式的不同，形成多种类型的自动换刀系统。

带刀库和自动换刀装置的数控机床，其主轴箱内只有一个主轴，主轴部件具有足够的刚度，因而能够满足各种精密加工的要求。另外刀库可以存放数量很多的刀具，以进行复杂零件的多工步加工，可明显提高数控机床的适应性和加工效率。自动换刀系统特别适用于加工中心。

自动换刀系统应当满足的基本要求包括：换刀时间短、刀具重复定位精度高、足够的刀具储存量、刀库占用空间少。

5.5.1 刀库

在自动换刀系统中刀库是最主要的部件之一。由于多数加工中心的取、送刀具都是在刀库中某一固定刀位实现的，因此刀库还需要有使刀具运动的机构来保证每一把刀具能够到达换刀位置，采用电动机或液压系统为刀库转动提供动力。刀库中的刀具定位机构是用来保证要更换的每一把刀具或刀套都能准确地停在换刀位置上的。

1. 刀库的类型

根据刀库的容量和取刀方式，可以将刀库设计成各种形式，常用的刀库形式有盘式刀库、链式刀库等。

（1）盘式刀库 图 5-41 所示为盘式刀库，根据机床的总体布局，盘式刀库中刀具可以按照不同的方向进行配置。图 5-41a、b 所示为刀具轴线与刀盘轴线平行布置的刀库，其中图 5-41a 所示为径向取刀形式；图 5-41b 所示为轴向取刀形式。图 5-41c 所示为刀具径向安装在刀库上的结构；图 5-41d 所示为刀具轴线与刀盘轴线成一定角度布置的结构。

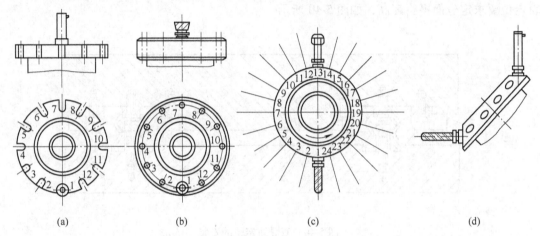

图 5-41 盘式刀库

a）径向取刀形式 b）轴向取刀形式 c）刀具径向安装 d）刀具轴线与刀盘轴线成一定角度

盘式刀库的特点是结构简单，应用较多，但由于刀具环形排列，空间利用率低，受刀盘尺寸的限制，刀库容量较小，通常容量为 15～32 把刀。也有将刀具在刀盘中用双环或多环排列，以增加空间利用率，存放更多刀具。但这样做会使刀库的外径过大，转动惯量也很大，选刀的时间也很长，因此盘式刀库一般用于刀具容量较小的数控机床。

（2）链式刀库 链式刀库是较常用的形式。这种刀库刀座固定在环形链节上。常用的有单排链式刀库，如图 5-42 所示。这种刀库使用加长链条，让链条折叠回绕可提高空间利用率，进一步增加存刀量。链式刀库结构紧凑，刀库容量大，链环的形状可根据机床的布局制成各种形状。同时也可以将换刀位突出以便于换刀。在一定范围内，需要增加刀具数量

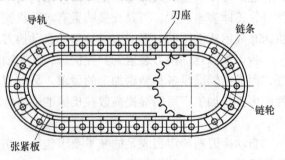

图 5-42 链式刀库

时，可增加链条的长度，而不增加链轮直径。因此链轮的圆周速度（链条线速度）可不增加，刀库运动惯量的增加可不予考虑。这些为系列刀库的设计与制造提供了很多方便。一般当刀具数量在 30～120 把时，多采用链式刀库。

2. 刀库的容量

刀库中的刀具并不是越多越好，太大的容量会增加刀库的尺寸和占地面积，使选刀时间增长。刀库的容量首先要考虑加工工艺的需要。根据以钻、铣为主的立式加工中心所需刀具数的统计表明，用 10 把孔加工刀具可完成 70% 的钻削工艺，4 把铣刀可完成 90% 的铣削工艺。据此可以看出，用 14 把刀具就可以完成 70% 以上的钻铣加工。若是从完成被加工工件的全部工序进行统计，得到的结果是，大部分（超过 80%）的工件完成全部加工过程只需40 把刀具就够了。因此从使用角度出发，刀库的容量一般取为 10～40 把，盲目地加大刀库容量，将会使刀库的利用率降低，结构过于复杂，造成很大浪费。

3. 刀具的选择方式

根据数控系统的选择刀具指令，刀具交换装置从刀库中挑选相应工序所需要的刀具的操作称为自动选刀。常用的刀具选择方法有顺序选刀方式和任意选刀方式两种。

（1）顺序选刀方式　顺序选刀是在加工之前，将加工零件所需使用刀具按照工艺要求依次插入刀库的刀套中，顺序不能有差错。加工时按顺序调用刀具。加工不同的工件时必须重新调整刀库中的刀具顺序，因而操作十分繁琐，而且加工同一工件中各工步的刀具不能重复使用，这样就会增加刀具的数量。其优点是刀库的驱动和控制都比较简单。因此这种方式适合于加工批量较大、工件品种数量较少的中、小型数控机床的自动换刀系统。

（2）任意选刀方式　随着数控系统的发展，目前绝大多数的数控系统都具有刀具任选功能。任选刀具的换刀方式可以有刀座编码、刀具编码和刀具记忆等方式。刀具编码或刀座编码都需要在刀具或刀座上安装用于识别的编码条，一般都是根据二进制编码原理进行编码的。

1）刀具编码选刀方式。刀具编码选刀方式采用了一种特殊的刀柄结构，并对每把刀具进行编码。

由于每把刀具都具有自己的代码，刀具可以放在刀库中的任何一个刀座内，这样不仅刀库中的刀具可以在不同的工步中多次重复使用，而且换下的刀具也不用放回原来的刀座，对刀具选用和放回都十分有利，刀库的容量也可以相应地减少，而且还可以避免由于刀具顺序的差错所造成的事故。但是，由于每把刀具上都带有专用的编码系统，使刀具的长度加长，制造困难，刀具刚度降低，同时使得刀库和机械手的结构也变得复杂。

刀具编码的具体结构如图 5-43 所示。在刀柄后端的拉杆上套装着等间隔的编码环，由锁紧螺母固定。编码环既可以是整体的，也可由圆环组装而成。编码环直径有大小两种，大直径为二进制的"1"，小直径的为"0"。通过这两个圆环的不同排列，可以得到一系列代码。例如由六个直径大小不同的圆环便可组成能区别 63（$2^6 - 1 = 63$）种刀具的编码。通常全部为 0 的代码不许使用，以避免与刀座中没有刀具的状况相混淆。为了便于操作者的记忆和识别，也可采用二-八进制编码来表示。

2）刀座编码选刀方式。刀座编码选刀方式是对刀库中的刀座进行编码，一把刀具只对应一个刀座，从一个刀座中取出的刀具必须放回同一个刀套中，取送刀具十分麻烦，换刀时间长。与顺序选刀方式相比较，刀座编码选刀方式最突出的优点是刀具可以在加工过程中重

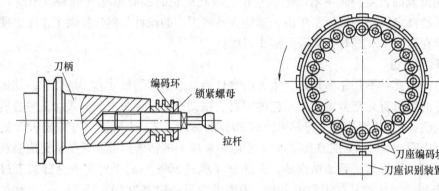

图 5-43　刀具编码的结构

复多次使用。

无论是刀具编码选刀还是刀座编码选刀都给换刀系统带来麻烦。目前在加工中心上绝大多数都使用记忆式的任选换刀方式。这种方式能将刀具号和刀库中的刀座位置（地址）对应地记忆在数控系统的 PLC 中，无论刀具放在哪个刀库内都始终记忆着它的踪迹。刀库上装有位置检测装置（一般与电动机装在一起），可以检测出每个刀座的位置，这样，刀具就可以任意取出并送回。刀库上还设有机械原点，使每次选刀时就近选取，对于盘式刀库来说，每次选刀，刀库正转或反转都不会超过 180°。

5.5.2　刀具交换装置的分类

加工中心中用以实现刀库与主轴之间传递和装卸刀具的装置称为刀具交换装置。它的作用是将刀库上预先存放的刀具，按照工序的要求，依次更换到主轴上去工作。刀具的更换方式通常分为采用机械手刀具交换和由刀库与机床主轴的相对运动实现无机械手刀具交换。采用机械手进行刀具交换的方式在加工中心中应用最为普遍。机械手换刀有很大的灵活性，可以减少换刀时间。

1. 有机械手换刀

刀具交换装置中，对机械手的具体要求是动作迅速可靠，准确协调。由于不同的加工中心的刀库与主轴的相对位置不同，各种加工中心所使用的换刀机械手也不尽相同，但是从机械手手臂的类型来看，有单臂机械手和双臂机械手等。

刀具交换装置由于刀库和刀具交换方式的不同而有多种形式。图 5-44 所示为通常采用的几种交换装置的形式。图 5-44a、b、c 所示为机械手交换形式，由机械手从刀库取刀，再传送到机床的主轴上去，当距主轴位置较远时，还可通过中间搬运装置传送到主轴上去；图 5-44d、e 所示为无机械手交换形式，刀库本身即起交换装置的作用。

双臂机械手中最常用的几种手爪结构形式如图 5-45 所示。图中各机械手能够完成抓刀→拔刀→回转→插刀→返回等一系列动作。为了防止刀具滑落，各机械手的活动爪都带有自锁机构。由于双臂回转机械手的动作比较简单，而且能够同时抓取和装卸机床主轴和刀库中的刀具，换刀时间进一步缩短。

机械手换刀的工作过程如图 5-46 所示。

1）机械手从原来位置转换到工作位置，同时抓住主轴及刀库里的刀具，如图 5-46a 所

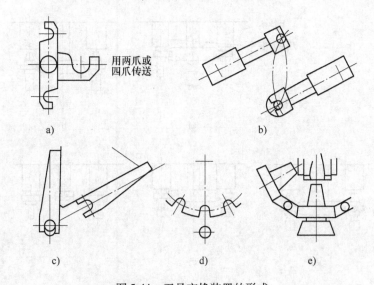

图 5-44　刀具交换装置的形式

a）回转机械手　b）双机械手（回转）　c）双机械手（交叉）

d）刀库（盘式）　e）刀库（链式）

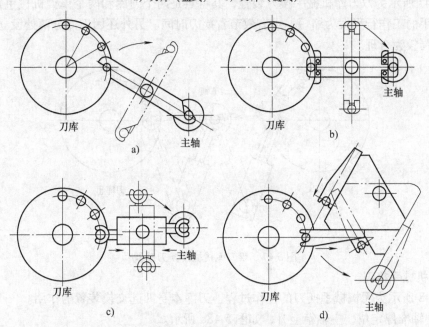

图 5-45　双臂机械手常用结构

a）钩手　b）抱手　c）伸缩手　d）插手

示。

2）随主轴夹紧装置松开刀具，机械手同时把刀具从主轴及刀库（或搬运装置）中取出，如图 5-46b 所示。

3）机械手转过 180°（新旧刀具进行交换），如图 5-46c 所示。

4）把新刀具装入主轴，而旧刀具装入刀库（或搬运装置），随即主轴夹紧装置夹紧刀具，如图 5-46d 所示。

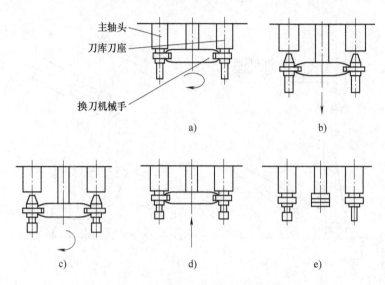

图 5-46　机械手换刀的工作过程

5）机械手回至原先位置，如图 5-46e 所示。

图 5-47 所示为双刀库机械手换刀装置，其特点是两个刀库和两个单臂机械手进行工作，因此机械手的工作行程大为缩短，可有效节省换刀时间。另外还因刀库分两处设立，故使机床整体布局较为合理。

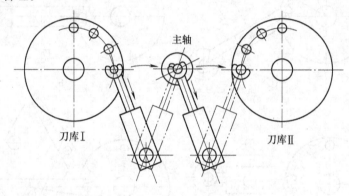

图 5-47　双刀库机械手换刀装置

2. 无机械手换刀

图 5-48 所示为无机械手换刀的工作过程，刀库本身即起交换装置的作用。

1）主轴准停定位，主轴箱上升，如图 5-48a 所示。

2）主轴箱上升至顶部换刀位置，刀具进入刀库的交换位置（空位）。这时，刀具被刀库上的固定钩固定，主轴上的刀具自动夹紧装置松开，如图 5-48b 所示。

3）刀库前移，把刀具从主轴孔中取出，如图 5-48c 所示。

4）刀库转位，根据指令将新刀具转到换刀位置，同时，主轴孔被吹屑装置清洁干净，如图 5-48d 所示。

5）刀库后退，把新刀具装入主轴孔，主轴上的刀具自动夹紧装置动作，夹紧主轴中的刀具，如图 5-48e 所示。

6）主轴箱下降到工作位置，如图 5-48f 所示。

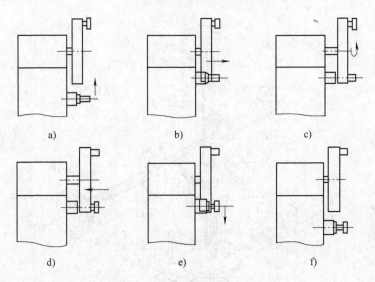

図 5-48　无机械手换刀的工作过程

3. 更换主轴换刀

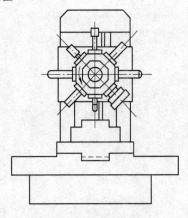

图 5-49　更换主轴换刀

在带有旋转刀具的数控机床中，更换主轴换刀是一种常见的换刀方式。按照主轴的位置，主轴头有立式和卧式两种，而且常用转塔的转位来更换主轴以实现自动换刀。在各个主轴头上预先装有各工步加工需要使用的旋转刀具，当接到换刀指令时，各主轴头依次转到工作位置，并通过主运动使相应的主轴带动刀具旋转，而其他不处于加工位置的主轴都与主运动脱开，如图 5-49 所示。

转塔主轴换刀方式的主要优点是省去了自动松开、卸刀、装刀、夹紧以及刀具搬运等一系列复杂的操作，从而减少了换刀时间，提高了换刀的可靠性。但是由于结构上的原因和空间位置的限制，主轴的数目不可能很多。因此转塔主轴换刀通常只适用于工步较少、精度要求不太高的数控机床，如钻削中心等。车削中心转塔刀架上带有驱动工具，也属于更换主轴换刀的方式。

5.5.3　刀具交换装置的工作原理

以某立式加工中心为例，介绍其刀具交换装置的结构组成及动作过程。

该机床上使用的换刀机械手为回转式单臂双机械手。在自动换刀过程中，机械手要完成抓刀、拔刀、换刀、插刀、复位等动作。

1. 机械手的结构及动作过程

图 5-50 所示为机械手传动结构示意图；图 5-51 所示为机械手传动局部结构图。其换刀动作过程如下所述：

（1）机械手抓刀　如前面介绍刀库结构时所述，刀套向下转 90°后，压下行程开关，发出机械手抓刀信号。此时机械手 21 处在图 5-50 所示位置。液压缸 18 右腔通入压力油，活

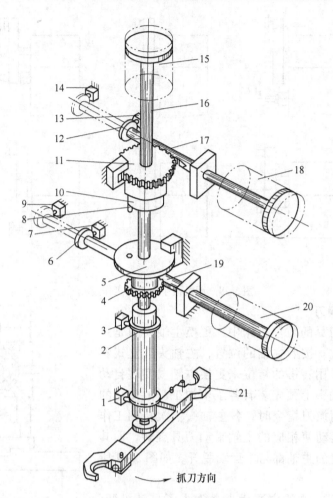

图 5-50　机械手传动结构示意图

1、3、7、9、13、14—位置开关（行程开关）　2、6、12—挡环　4、11—齿轮　5—连接盘
8—销子　10—传动盘　15、18、20—液压缸　16—机械手臂轴
17、19—齿条　21—机械手

塞杆推着齿条 17 向左移动，使得齿轮 11 转动。

　　如图 5-51 所示，件 8 为图 5-50 中液压缸 15 的活塞杆，图 5-51 中的齿轮 1、齿条 7 和机械手臂轴 2 分别为图 5-50 中的齿轮 11、齿条 17 和机械手臂轴 16，图 5-51 中的连接盘 3 与齿轮 1 用螺钉联接，它们空套在机械手臂轴 2 上，传动盘 5 带动机械手臂轴 2 转动，使机械手回转 75°，实现抓刀动作。

　　（2）机械手拔刀　抓刀动作结束时，图 5-50 中的齿条 17 上的挡环 12 压下位置开关 14，发出拔刀信号，液压缸 15 的上腔通入压力油，活塞杆推动机械手臂轴 16 下降，实现拔刀动作。

　　在轴 16 下降时，传动盘 10 随之下降，其下端的销子 8（即图 5-51 中的销子 6）插入连接盘 5 的销孔中，连接盘 5 和其下面的齿轮 4 也是用螺钉联接的，它们空套在机械手臂轴 16 上。

　　（3）机械手换刀　当拔刀动作完成后，机械手臂轴 16 上的挡环 2 压下位置开关 1，发出换刀信号。这时液压缸 20 的右腔通入压力油，活塞杆推着齿条 19 向左移动，使齿轮 4 和连接盘 5 转动，通过销子 8，由传动盘带动机械手转动 180°，交换两刀具位置，完成换刀动作。

（4）机械手插刀 换刀动作完成后，齿条 19 上的挡环 6 压下位置开关 9，发出插刀信号，使液压缸 15 的下腔通入压力油，活塞杆带动机械手臂轴 16 上升，实现插刀动作。同时，传动盘 10 下面的销子 8 从连接盘 5 的销孔中移出。

（5）机械手复位 插刀动作完成后，机械手臂轴 16 上的挡环 2 压下位置开关 3，使液压缸 20 的左腔通入压力油，活塞杆带着齿条 19 向右移动复位，而齿轮 4 空转，机械手无动作。

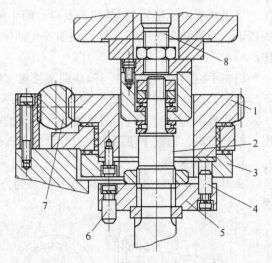

图 5-51 机械手传动局部结构图

1—齿轮 2—机械手臂轴 3—连接盘 4、6—销子
5—传动盘 7—齿条 8—活塞杆

齿条 19 复位后，其上的挡环压下位置开关 7，使液压缸 18 的左腔通入压力油，活塞杆带着齿条 17 向右移动，通过齿轮 11、传动盘 10 及机械手臂轴 16 使机械手反转 75°，实现机械手复位。

机械手复位后，齿条 17 上的挡环压下位置开关 13，发出换刀完成信号，使刀套向上翻转 90°，为下次选刀做好准备。

2. 机械手抓刀部分的结构

图 5-52 所示为机械手抓刀部分的结构，它主要由机械手臂 1 和固定其两端的结构完全相同的两个手爪 7 组成。手爪上握刀的圆弧部分有一个锥销 6，机械手抓刀时，该锥销插入刀柄的键槽中。

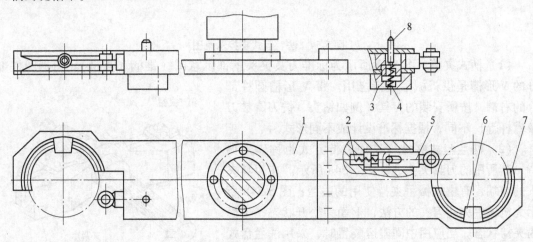

图 5-52 机械手抓刀部分的结构图

1—机械手臂 2、4—弹簧 3—锁紧销 5—活动销 6—锥销 7—手爪 8—长销

当机械手由原位转75°抓住刀具时，两手爪上的长销8分别被主轴的端面和刀库上的挡块压下，锁紧销3被压下，使活动销5（轴向开有长槽）可以移动，机械手爪实现抓刀动作。

机械手拔刀时，长销8与挡块脱离接触，锁紧销3被弹簧4弹起，使活动销5顶住刀具不能后退，这样机械手在回转180°时，刀具不会被甩出。

当机械手上升插刀时，两长销8又分别被两块挡块压下，锁紧销3从活动销5的槽中退出，松开刀具，机械手便可放开刀具反转75°复位。

3. 刀具的夹持

在刀具自动交换装置上，机械手抓刀的方法大体上可分为柄式夹持、法兰盘式夹持两类。

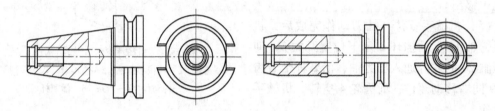

图5-53　标准刀具夹头柄部示意图

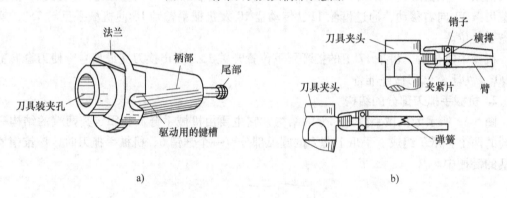

a)　　　　　　　　　　　　b)

图5-54　法兰盘式夹持示意图

（1）柄式夹持　图5-53所示为标准刀具夹头柄部示意图（锥柄和直柄）。刀柄圆柱部分的V形槽是供机械手夹持之用。带V形槽圆柱部分的右端，按所安装的刀具（例如钻头、铣刀、铰刀及镗杆等）不同，根据标准设计成不同形式。

（2）法兰盘式夹持　这种夹持方式也称碟形夹持，其所用的刀具夹头，如图5-54a所示。在刀具夹头的前端，有供机械手夹持使用的法兰；图5-54b所示为机械手夹持刀夹的方法，上面为松开状态，下面为夹持状态。当应用中间搬运装置时，采用法兰盘式（碟式）夹持，可以很方便地将刀具夹头从一个机械手过渡到另一个辅助机械手，如图5-55所示。

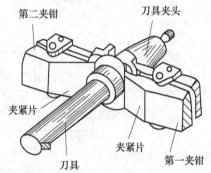

图5-55　法兰盘式夹持交换示意图

5.5.4　回转刀架

数控车床上使用的回转刀架是一种最简单的自动换刀装置。根据不同的使用对象，刀架可设计为四方形、六角形或其他形式。回转刀架可分别安装 4 把、6 把以及更多的刀具并按数控装置发出的脉冲指令回转换刀。

由于数控车床的切削加工精度在很大程度上取决于刀尖位置，而且在加工过程中刀尖位置不能进行人工调整，因此回转刀架在结构上必须有良好的强度和刚性，以及合理的定位结

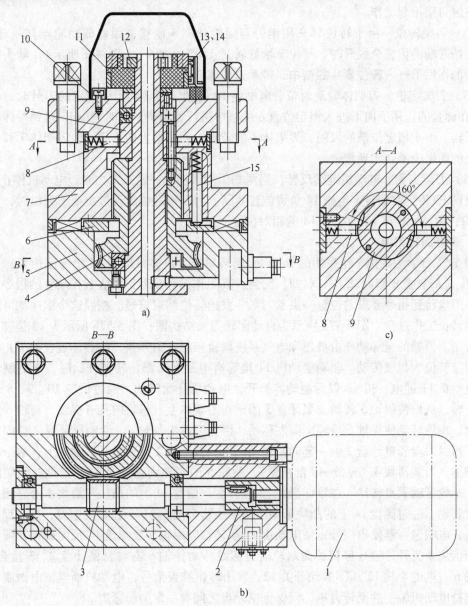

图 5-56　四方形回转刀架结构图

1—电动机　2—联轴器　3—蜗杆轴　4—蜗轮丝杠　5—刀架底座　6—粗定位盘　7—刀架体　8—球头销
9—转位套　10—电刷座　11—发信体　12—螺母　13、14—电刷　15—粗定位销

构，以保证回转刀架在每一次转位后，具有尽可能高的重复定位精度。

1. 四方形回转刀架

图 5-56 所示为四方形回转刀架结构图，该刀架广泛应用于经济型数控车床。当机床执行加工程序中的换刀指令时，刀架自动转位换刀，其换刀过程如下：

（1）刀架抬起　当数控装置发出换刀指令后，电动机 1 正转，经联轴器 2 带动蜗杆轴 3 转动，蜗杆轴传动蜗轮丝杠 4。刀架体 7 的内孔加工有螺纹，其与蜗轮上的丝杠联接，刀架底座 5 与机床固定连接，当蜗轮丝杠转动时，刀架体 7 的端齿盘与刀架底座的端齿盘脱开啮合，完成刀架抬起动作。

（2）刀架转位　由于转位套 9 用销钉与蜗轮丝杠 4 联接，因此随蜗轮丝杠一起转动，当刀架抬起端面齿完全脱开时，转位套恰好转过 160°（如 A—A 剖视图所示），球头销 8 在弹簧力的作用下进入转位套 9 的槽中，带动刀架体转位。

（3）刀架定位　刀架体转动时带着电刷座 10 转动，当转到程序指定的刀号时，粗定位销 15 在弹簧的作用下向下进入粗定位盘 6 的槽中进行粗定位，同时电刷 13 接触导体使电动机 1 反转。由于粗定位槽的限制，刀架体不能转动，而是垂直向下移动，刀架体 7 和刀架底座 5 上的端面齿啮合实现定位。

（4）刀架夹紧　电动机继续反转，当两端面齿增加到一定夹紧力时，电动机停止转动。

电刷 13 负责发信号，电刷 14 负责位置判断。当刀架定位出现过位或不到位时，可松开螺母 12，调整发信体 11 与电刷 14 的相对位置。

2. 盘形回转刀架

图 5-57 所示为数控车床采用的 BA200L 回转刀架，最多可以有 24 个分度位置，可以选用 12 位（A 型或 B 型）、8 位（C 型）刀盘。其工作循环是刀架接收数控装置的指令→松开刀盘→刀盘转到指令要求的位置→夹紧刀盘→发出转位结束信号。按照这个顺序就可以分析刀架的转位工作过程。图 5-57a 所示为自动回转刀架结构图；图 5-57b 所示为 12 位和 8 位刀盘布置图。刀架的全部动作由液压和电气系统联合控制，刀架换刀的具体过程如下：

刀架转位为机械传动。驱动电动机 11 尾部有电磁制动器，转位开始时，电磁制动器断电，电动机 11 通电，30 ms 以后制动器松开，电动机开始转动，通过齿轮 10、9、8 带动蜗杆 7 旋转，从而使蜗轮 5 转动。鼠牙盘 3 固定在刀架体上。蜗轮内孔有螺纹，与轴 6 上的螺纹旋合，蜗轮转动使得轴 6 沿轴向向左移动，因为刀盘 1 与轴 6、活动鼠牙盘 2 是固定在一起的，所以刀盘和鼠牙盘 2 也一起向左移动，直到鼠牙盘 2 与 3 脱开。轴 6 上有两个相互对称的键槽，内装滑块 4（见 B—B 剖视图），蜗轮 5 的右侧固连圆盘 14，圆盘左侧端面上是凸块，蜗轮带动圆盘转动。在鼠牙盘 2、3 脱开后，圆盘 14 上的凸块与滑块 4 恰好相碰，蜗轮继续转动，通过圆盘 14 上的凸块带动滑块 4 及轴 6、刀盘 1 一起转位选刀，当达到要求的位置后，电刷选择器发出信号，使电动机 11 反转，则蜗轮 5 及圆盘 14 反向旋转，圆盘上的凸块与滑块 4 脱开，轴 6 停转；而蜗轮通过螺纹传动使轴 6 右移，鼠牙盘 2、3 接合定位。同时轴 6 右端的小轴 13 压下微动开关 12，发出转位结束信号，电动机断电，电磁制动器通电，维持电动机轴上的反转力矩，以保证鼠牙盘之间有一定的压紧力。

刀具在刀盘上由压板 15 及楔铁 16 来夹紧，更换和对刀都十分方便。

回转刀架的选位由一组位置开关进行当前刀位检测控制，刀盘松开、夹紧的位置检测由微动开关 12 控制，整个刀架是一个纯电气控制系统，结构简单。

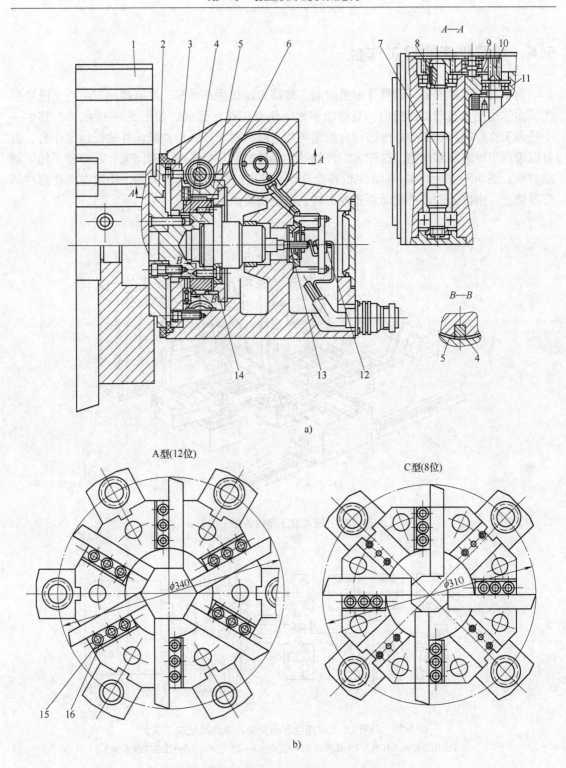

图 5-57　数控机床采用的 BA200L 回转刀架

a）自动回转刀架结构图　b）12 位和 8 位刀盘布置图

1—刀盘　2、3—鼠牙盘　4—滑块　5—蜗轮　6—轴　7—蜗杆　8、9、10—齿轮
11—电动机　12—微动开关　13—小轴　14—圆盘　15—压板　16—楔铁

5.6 数控机床的双工作台

为了减少工件安装、调整等辅助时间，提高自动化生产水平，在有些加工中心上已经采用了多工位托盘自动交换机构。目前较多地采用双工作台形式，如图 5-58 所示。当其中一个托盘工作台进入加工中心内进行自动循环加工时，对于另一个在机床外的托盘工作台，就可以进行工件的装卸调整。这样，工件的装卸调整时间与机床加工时间重合，节省了加工辅助时间。图 5-59 所示为具有 10 工位托盘自动交换系统的柔性加工单元，托盘支撑在圆柱环形导轨上，由内侧的环链拖动而实现回转，链轮由电动机驱动。

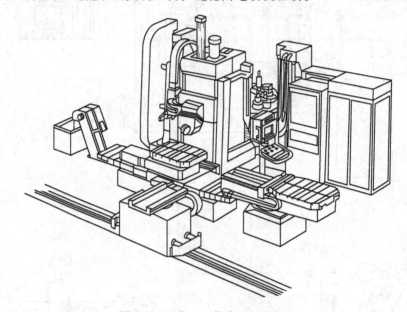

图 5-58 配备双工作台的加工中心

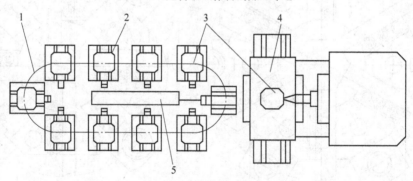

图 5-59 具有 10 工位托盘自动交换系统的柔性加工单元
1—环形交换工作台 2—托盘座 3—托盘 4—加工中心 5—托盘交换装置

复 习 题

5.1 数控机床机械结构的主要特点和要求有哪些?

5.2 提高数控机床性能的措施有哪些?

5.3 数控机床对主传动系统有哪些要求？

5.4 数控机床的主轴变速方式有哪几种？试述其特点及应用场合。

5.5 主轴轴承的配置形式有哪些？试述其各自结构特点。

5.6 主轴准停装置的种类有哪些？试述磁传感器准停控制的结构与工作原理。

5.7 数控机床对进给传动系统的要求有哪些？

5.8 数控机床进给传动系统的基本形式有哪些？

5.9 数控机床为什么常采用滚珠丝杠螺母副作为传动元件？

5.10 为什么要消除数控机床进给传动齿轮的齿侧间隙？消除齿侧间隙的措施有哪些？各有何优缺点？

5.11 为什么要消除数控机床滚珠丝杠螺母副的间隙？如何消除？

5.12 对数控机床的导轨有哪些要求？常用的导轨有哪些？

5.13 数控机床刀库的类型有哪几种？如何进行选刀？

5.14 叙述采用回转式单臂双机械手的立式加工中心机械手的换刀动作过程。

5.15 数控车床上的回转刀架换刀时需完成哪些动作？如何实现？

第6章 数控系统

6.1 数控装置

6.1.1 概述

1. CNC 系统的组成

现代数控系统主要是靠存储程序来实现各种机床的不同控制要求。如图 6-1 所示，整个数控系统是由输入/输出设备、计算机数控（CNC）装置、可编程序控制器单元、主轴控制单元和速度控制单元等部分组成。CNC 系统能自动阅读输入载体上事先给定的数字值并将其译码，从而使机床动作并加工出符合要求的零件。

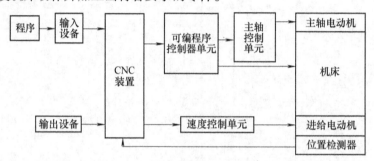

图 6-1 CNC 系统的组成框图

CNC 系统的核心是 CNC 装置。CNC 装置实质上是一种专用计算机，它除了具有一般计算机的结构外，还有和数控机床功能有关的功能模块结构和接口单元。CNC 装置由硬件和软件两大部分组成。硬件是基础，软件必须在硬件的支持下运行，软件是灵魂，离开软件，硬件便无法工作，两者相辅相成，缺一不可。硬件的集成度、位数、运算速度、指令系统和内存容量等在很大程度上决定了数控装置的性能，然而高水平的软件又可以弥补硬件性能的某些不足。

2. CNC 装置的工作过程

CNC 装置的工作过程是在硬件的支持下，执行软件的过程。CNC 装置的工作原理是通过输入设备输入机床加工零件所需的各种数据信息，经过译码、计算机的处理、运算，将每个坐标轴的移动分量送到其相应的驱动电路，经过转换、放大，驱动伺服电动机，带动坐标轴运动，同时进行实时位置反馈控制，使每个坐标轴都能精确移动到指令所要求的位置。下面从输入、译码、刀具补偿、进给速度处理、插补、位置控制、I/O 接口、显示和诊断等方面来简述 CNC 装置的工作过程。

（1）输入 CNC 装置开始工作时，首先要通过输入设备完成加工零件各种数据信息的输入工作。输入给 CNC 装置的各种数据信息包括零件程序、控制参数和补偿数据。输入的方式有键盘输入、磁盘输入、通信接口输入和连接上级计算机的 DNC 接口输入。在输入过程中，CNC装置还要完成输入代码校验和代码转换。输入的全部数据信息都存放在CNC装置的内存储器中。

（2）译码 在输入过程完成之后，CNC装置就要对输入的信息进行译码，即将零件程序以程序段为单位进行处理，把其中的零件轮廓信息、加工速度信息及其他辅助信息，按照一定的语法规则翻译成计算机能识别的数据形式，并以一定的数据格式存放在指定的内存专用区内。在译码过程中还要完成对程序段的语法检查等工作。

（3）刀具补偿 通常情况下，CNC机床是以零件加工轮廓轨迹来编程的，但是CNC装置实际控制的是刀具中心轨迹（刀架中心点和刀具中心点），而不是刀尖轨迹。刀具补偿的作用是把零件轮廓轨迹转换为刀具中心轨迹。刀具补偿是CNC装置在实时插补前要完成的一项插补准备工作。刀具补偿包括刀具半径补偿（刀具偏置）和刀具长度补偿。目前，在较先进的CNC装置中，刀具补偿的功能还包括程序段之间的自动转接和切削判别，即所谓的C功能刀具补偿。

（4）进给速度处理 CNC装置在实时插补前要完成的另一项插补准备工作是进给速度处理。因为编程指令给出的刀具移动速度是在各坐标合成方向上的速度，进给速度处理要根据合成速度计算出各坐标方向的分速度。此外，还要对机床允许的最低速度和最高速度的限制进行判别处理，以及用软件对进给速度进行自动加减速处理。

（5）插补 插补就是通过插补程序在一条已知曲线的起点和终点之间进行"数据点的密化"工作。CNC装置中有一个采样周期，即插补周期，一个插补周期形成一个微小的数据段。若干个插补周期后实现从曲线的起点到终点的加工。插补程序在一个插补周期内运行一次，程序执行的时间直接决定了进给速度的大小。因此，插补计算的实时性很强，只有尽量缩短每一次插补运算的时间，才能提高最大进给速度和留有一定的空闲时间，以便更好地处理其他工作。

（6）位置控制 由图6-1可见，位置控制是在伺服系统的位置环上。位置控制可以由软件完成，也可以由硬件完成。它的主要任务是在每个采样周期内，将插补计算出的指令位置与实际位置反馈相比较，获得差值去控制进给伺服电动机。在位置控制中，通常还要完成位置回路的增益调整、各坐标方向的螺距误差补偿和反向间隙补偿，以提高机床的定位精度。

（7）I/O接口 I/O接口主要是处理CNC装置与机床之间强电信号的输入、输出和控制，例如换刀、换挡、冷却等。

（8）显示 CNC装置显示的主要作用是便于操作者对机床进行各种操作，通常有零件程序显示、参数显示、刀具位置显示、机床状态显示、报警显示等。有些CNC装置中还有刀具加工轨迹的静态和动态图形显示。

（9）诊断 现代CNC机床都具有联机和脱机诊断功能。联机诊断是指CNC装置中的自诊断程序随时检查不正常的事件。脱机诊断是指系统空运转条件下的诊断。一般CNC装置都配备脱机诊断程序，用以检查存储器、外围设备和I/O接口等。脱机诊断还可以采用远程通信方式进行诊断。把用户的CNC装置通过电话线与远程通信诊断中心的计算机相连，由诊断中心计算机对CNC机床进行诊断、故障定位和修复。

3. CNC装置的功能

CNC装置的功能是指它满足不同控制对象各种要求的能力，通常包括基本功能和选择功能。基本功能是数控系统必备的功能，如控制功能、准备功能、插补功能、进给功能、主轴功能、辅助功能、刀具功能、字符显示功能和自诊断功能等。选择功能是供用户根据不同机床的特点和用途进行选择的功能，如补偿功能、固定循环功能、通信功能和人机对话编程功能等。

6.1.2　CNC 装置的硬件结构

CNC 装置的工作过程是在硬件的支持下，执行系统软件的过程，数控装置的控制功能在很大程度上取决于硬件结构。CNC 装置的硬件结构按照控制功能的复杂程度可分为单微处理机硬件结构和多微处理机硬件结构。初期的 CNC 机床和现有的一些经济型 CNC 机床采用单微处理机硬件结构。多微处理机硬件结构多用于高档的、全功能型的 CNC 机床，可实现机床的复杂功能，满足高进给速度和高加工精度的要求。

1. 单微处理机硬件结构

在单微处理机硬件结构中，只有一个微处理器，以集中控制方法分时处理系统的各个任务。有些 CNC 装置虽然有两个以上的微处理器，但只有其中一个微处理器能够控制系统总线，而其他微处理器只作为专用的智能部件，不能控制系统总线，不能访问主存储器，它们组成主从结构，也被归于单微处理机硬件结构。图 6-2 所示为单微处理机硬件结构框图，由图可见，单微处理机硬件结构包括了微型计算机系统的基本结构：微处理器和总线、存储器和接口等。接口包括 I/O 接口、串行接口、MDI/CRT 接口，还包括数控技术中的控制单元部件接口电路以及其他选件接口等。

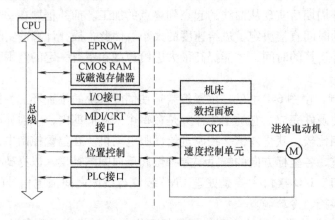

图 6-2　单微处理机硬件结构框图

（1）微处理器和总线　微处理器（CPU）是 CNC 装置的核心，主要由运算器和控制器两部分组成。运算器包含算术逻辑运算器、寄存器和堆栈等部件，对数据进行算术和逻辑运算。在运算过程中，运算器将运算结果存放在存储器中。通过对运算结果的判断，设置状态寄存器的相应状态。控制器从存储器中依次取出程序指令，经过译码，向 CNC 装置各部分按顺序发出执行操作的控制信号，使指令得以执行。同时接收执行部件发回来的反馈信息，决定了下一步命令操作。

总线可分为数据总线、地址总线和控制总线三组。数据总线为各部件之间传送数据，数据总线的位数和传送的数据宽度相等，采用双方向线。地址总线传送的是地址信号，与数据总线结合使用，以确定数据总线上传输的数据来源或目的地，采用单方向线。控制总线传输的是管理总线的某些控制信号,采用单方向线。

(2) 存储器　存储器用于存放数据、参数和程序等。它包括只读存储器 (ROM) 和随机存储器 (RAM) 两类。系统控制程序存放在只读存储器 (EPROM) 中,即使系统断电,控制程序也不会丢失。该程序只能被 CPU 读出,不能随机写入。必要时可用紫外线擦除 EPROM,再重写监控程序。运算的中间结果、需显示的数据、运行中的状态、标志信息等存放在随机存储器 (RAM) 中,它可以随时读出和写入,断电后信息消失。加工的零件程序、机床参数等存放在有后备电池的 CMOS RAM 或磁泡存储器中,这些信息能被随机读出,还可以根据操作需要写入和修改,断电后信息仍保留。

(3) I/O 接口　CNC 装置和机床之间的信号一般不直接连接,需要通过输入和输出 I/O 接口电路连接。接口电路的作用主要有两个:一是进行必要的电气隔离,防止干扰信号引起误动作,主要用光电耦合器或继电器将 CNC 装置和机床之间的信号在电气上加以隔离;二是进行电平转换和功率放大,一般 CNC 装置的信号是 TTL 电平,而机床控制的信号通常不是 TTL 电平,负载较大,需进行必要的信号电平转换和功率放大。

(4) MDI/CRT 接口　MDI 手动数据输入可通过数控面板上的键盘来操作。当扫描到有键按下时,将数据送入移位寄存器,经数据处理判别该键的属性及其有效性,并进行相关的监控处理。CRT 接口在 CNC 装置软件的控制下实现对数控代码程序、参数、各种补偿数据、零件图形和动态刀具轨迹等的实时显示。

(5) 位置控制模块　CNC 装置中的位置控制模块又称为位置控制单元。位置控制模块的主要功能是对数控机床的进给运动坐标轴的位置进行控制。进给坐标轴的位置控制硬件一般采用大规模专用集成电路位置控制芯片和位置控制模板。

图 6-3 所示为采用位置控制模板的 CNC 装置结构框图。位置控制功能由软件和硬件共同实现,软件负责跟随误差和进给速度指令数值的计算。硬件由位置控制输出模板和位置测量模板组成,接收进给指令进行 D/A 转换,为速度单元提供指令电压。同时,位置反馈信号被处理,去跟随误差计数器与指令值进行比较。

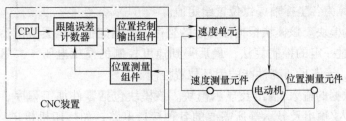

图 6-3　位置控制模板框图

(6) 可编程序控制器 (PLC)　可编程序控制器 (PLC) 的功能是代替传统机床的继电器逻辑控制来实现各种开关量的控制。数控机床中使用的 PLC 可以分为两类:一类是内装型 PLC,它是为实现机床的顺序控制而专门设计制造的;另一类是独立型 PLC,它是在技术规范、功能和参数上均可满足数控机床要求的独立部件。数控机床上的 PLC 多采用内装式,因此 PLC 已成为 CNC 装置的一个部件。

由于只有一个微处理器集中控制单微处理机硬件结构,导致对实时性要求较高的插补计算受到微处理器字长、数据宽度、寻址能力和运算速度等因素的影响和限制。为了提高处理速度,增强数控功能,可以采用带微处理器的 PLC、CRT 等智能部件,甚至采用多微处理机硬件结构。

2. 多微处理机硬件结构

在多微处理机硬件结构的 CNC 装置中，有两个或两个以上的微处理器。各处理器之间既可以采用紧耦合，共享资源，具有集中的操作系统，也可以采用松耦合，将各处理器组成独立部件，具有多层操作系统实行并行处理。多微处理机硬件结构的 CNC 装置中采用模块化技术，图 6-4 所示为多微处理机 CNC 装置共享总线结构框图。

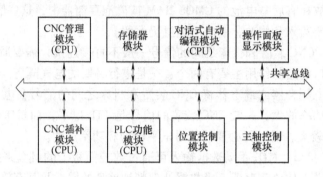

图 6-4　多微处理机 CNC 装置共享总线结构框图

（1）多微处理机硬件结构的基本功能　一般情况下，多微处理机硬件结构包括以下六种基本功能模块。

1）CNC 管理模块。该模块管理和组织整个 CNC 装置各功能协调工作，如系统的初始化、中断管理、总线裁决、系统错误识别和处理、系统软硬件诊断等。它还完成数控代码编译、坐标计算和转换、刀具补偿和进给速度处理等插补前的预处理。

2）存储器模块。该模块存放程序和数据，为主存储器。每个 CPU 控制模块中还有局部存储器。主存储器模块是各功能模块间数据传送的共享存储器。

3）CNC 插补模块。该模块根据前面的编译指令和数据进行插补计算，按规定的插补类型通过粗插补计算为各坐标轴提供位置给定值。

4）位置控制模块。该模块根据插补后的坐标位置给定值与位置检测器测得的位置实际值进行比较，经过一定的控制算法，最后得到速度控制的模拟电压，去驱动进给伺服电动机，实现无超调、无滞后、高性能的闭环位置控制。

5）指令、数据的输入/输出及显示模块。该模块包括零件加工程序、参数和数据、各种操作命令的输入/输出及显示等所需要的各种接口电路，如打印机接口、键盘接口、CRT 接口、通信接口等。

6）PLC 功能模块。该模块将零件程序中的开关功能和由机床来的信号等进行逻辑处理，实现各功能和操作方式之间的连锁，实现机床电气设备的启、停，实现刀具交换、转台分度、工件数量和运转时间的计数等。

（2）多微处理机硬件结构的特点　多微处理机硬件结构的 CNC 装置具有以下特点：

1）计算处理速度高。多微处理机硬件结构中每一个微处理器完成系统指定的一部分功能，独立执行程序，并行运行，因而比单微处理机硬件结构提高了计算处理速度。

2）可靠性高。多微处理机硬件结构采用模块化结构，每个模块完成自己的任务。模块拆装方便，将故障对系统的影响减到最小。共享资源不仅节省了重复机构，降低了成本，而且也提高了系统的可靠性。

3）有良好的适应性和扩展性。多微处理机硬件结构按其功能可由以上各种基本功能的硬件模块组成，其相应的软件也是模块结构，固化在硬件结构中。功能模块间有明确定义的接口，接口是固定的，成为工业标准，彼此可以进行信息交换。模块化结构使系统不仅设计简单，而且有良好的适应性和扩展性。

3. 开放式 CNC 系统

无论 CNC 装置是单微处理机硬件结构还是多微处理机硬件结构，都是以数控机床为控制对象的专用计算机系统。采用专用计算机系统必然会有兼容性差、可扩充性差、成本高等缺点。相比之下，开放式体系结构采用通用计算机及其配套模块，建立一个开放式体系结构系统，使控制机设计标准化、模块化，进而实现系列化、可兼容、可扩充和易升级换代，大大降低了系统的研制费用，提高了用户设备和资源的利用率以及数控产品的市场竞争力，以满足现代制造业发展的需要。因为数控机床在国民经济发展中处于非常重要的地位，目前各发达国家竞相开展了新一代开放式 CNC 系统的基础和应用研究。

（1）单元 PC 结构　如图 6-5 所示，该系统是能满足数控功能要求的单元 PC 结构数控系统。它可以是以工业 PC 为基础构建的系统，可以是单板式 PC，也可以是总线式工业 PC。通过多轴位置环控制模块，实现对各坐标轴的定位控制和运动轨迹控制。可根据要求接若干个 I/O 模块。通过以太网接口实现该系统与上位机或其他数控系统之间的连接。作为选件，系统可提供一个机床操作面板，为系统的独立运行提供必要的显示、编程等功能。

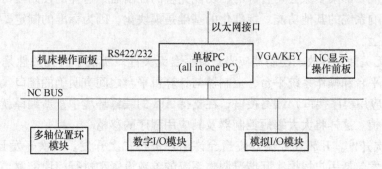

图 6-5　单元 PC 结构数控系统

（2）分层式多微处理机结构　如图 6-6 所示，该数控系统是将工作站功能、NC 功能分别由单独的 PC 管理，并根据应用的要求配备不同用途的智能模块的分层式多 PC 结构。这里所说的工作站功能是指实时性不强或非实时性的任务，如调度和管理，用 CAD/CAM 软件设计加工零件和编制工艺过程等。NC 功能则是指实时性强的直接影响加工过程的任务，如加工轨迹的控制、伺服控制、采样和传感器数据的处理等。这种多 PC 结构可满足高速、高精度加工以及其他一些高级数控功能。图 6-6 中的工作站单元由单板 PC 构成。通过以太网接口，系统可根据需要连接多个 NC 控制单元，实现多通道控制。其中每个 NC 控制单元可由图 6-5 所示的系统组成。

开放式数控系统具有以下基本特征：

1）模块化。开放式数控系统应当具有高度模块化的特征。模块化的含义有两层：一层含义是数控功能的模块化，可以根据机床厂的要求选装各种功能；另一层含义是系统体系结

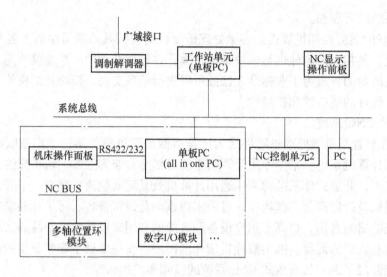

图 6-6 分层式多微处理机结构数控系统

构模块化，即数控系统内部实现各功能的算法是可分离的、可替换的。系统体系模块化是功能模块化的基础，也是系统配置、重组的基础，只有模块化的数控系统才能看做是开放系统。

2）标准化。"开放"并不是毫无约束的开放，而是在一定的规范下开放。不同公司的产品可以拼装成一部集多家公司智慧的、功能完整的控制器，这样的控制器可以实现部分升级，而不会影响系统的其他功能。标准化的基础是模块化，因为标准的制定要建立在模块合理划分的基础上。

3）平台无关性。开放式控制器应当具有平台无关性。所谓平台无关性是指控制器不依赖特定的硬件平台和操作系统平台，控制器与计算机平台之间有明确的接口，只要使用具体平台的 API（应用程序接口）编写接口，在支持 API 的编译环境中重新编译就可以实现控制器的跨平台移植。这样将大大缩短控制器及其应用程序的移植。

4）可再次开发。开放式控制器应当允许用户进行二次开发。二次开发具有不同层次，简单的二次开发包括用户根据实际情况调整系统的参数设置和进行模块配置，进一步的二次开发包括对用户界面的重新设计。更深层的开发应当允许用户将自己按照规范设计的功能部件集成到系统中去。为实现上述功能，系统应具有可扩展性。因此系统应当提供接口标准，包括访问和修改系统参数的机制以及控制系统提供的 API 和其他工具。

5）适应网络操作方式。作为开放式控制器，应当考虑到迅速发展的网络技术及其在工业领域内的应用。目前，网络技术还没有有机地融入控制器的体系结构中，仅停留在通过网络向数控系统传递零件程序、加工指令或进行一些远程监控的工作。可以预见，随着网络技术逐步融入 PC 及其后续机型，网络技术也必将融入开放式控制器的体系结构中。在网络技术支持下的多微处理器并行计算的控制器，可以高速传输大量数据，适应实时控制的需要。

6.1.3　CNC 装置的软件结构

1. CNC 装置的软件组成

CNC 装置的软件是为了完成数控机床的各项功能专门设计和编制的专用软件，通常称为系统软件。CNC 装置的系统软件由管理软件和控制软件两大部分组成的。管理软件包括输入/输出、显示、诊断等；控制软件包括译码、刀具补偿、速度控制、插补运算和位置控制等，如图 6-7 所示。

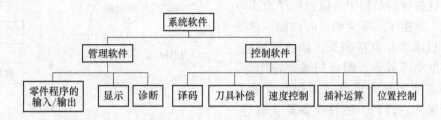

图 6-7　CNC 装置的软件组成

2. CNC 装置的软件结构特点

CNC 装置的软件结构，无论其硬件是采用单微处理机结构还是多微处理机结构，都具有两个特点：多任务并行处理和多重实时中断处理。

（1）多任务并行处理　在数控加工过程中，CNC 装置要完成许多任务，多数情况下 CNC 装置的管理和控制工作必须同时进行。所谓的并行处理是指计算机在同一时间间隔内完成两种或两种以上性质相同或不同的工作。并行处理的最大好处是提高了运算速度。例如，加工控制时必须同步

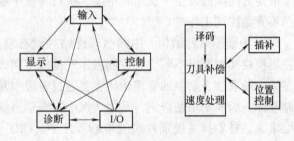

图 6-8　多任务并行处理图

显示系统的有关状态、位置控制与 I/O 同步处理，并始终伴随着故障诊断功能。图 6-8 所示为多任务并行处理图，图中用双向箭头连接的两个模块之间有并行处理关系。

（2）多重实时中断处理　CNC 装置软件结构的一个特点是多重实时中断处理。CNC 装置的多任务性和实时性决定了中断成为整个系统必不可少的组成部分。CNC 装置的中断管理主要靠硬件完成，而系统的中断结构决定了系统软件结构。CNC 装置的中断类型有以下四种：

1）外部中断。它主要有外部监控中断和键盘操作面板中断。通常前一种中断的实时性要求较高，把它设置在较高的优先级上，将键盘和操作面板插入放在较低的中断优先级上。

2）内部定时中断。它主要有插补周期定时中断和位置采样定时中断。有些系统这两种中断合二为一。在处理时，总是先处理位置控制，再处理插补运算。

3）硬件故障中断。它是由各种硬件故障检测装置发出的中断，如存储器出错、定时器出错、插补运算超时等。

4）程序性中断。它是程序中出现的各种异常情况的报警中断，如各种溢出、除零等。

3. CNC 装置的软件结构形式

CNC 装置的软件结构可以设计成不同的形式，不同的软件结构对各任务的安排方式、管理方式也不同。常见的 CNC 装置的软件结构形式有两种：前后台型软件结构和中断型软

件结构。

（1）前后台型软件结构　前后台型软件结构适合于采用集中控制的单微处理机 CNC 装置。在这种软件结构中，前台程序为实时中断程序，承担了几乎全部实时功能，这些功能都与机床动作直接相关，如位置控制、插补、辅助功能处理、面板扫描及输出等。后台程序主要用来完成准备工作和管理工作，包括输入、译码、插补准备及管理等，通常称为背景程序。背景程序是一个循环运行程序，在运行过程中不断插入实时中断程序，前后台程序相互配合完成加工任务。如

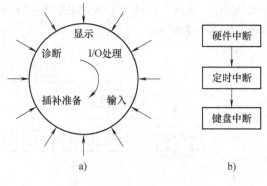

图 6-9　前后台型软件结构
a）后台程序　b）前台程序

图 6-9 所示，程序启动后，运行完初始化程序即进入背景程序环，同时开放定时中断，每隔一个固定时间间隔发生一次定时中断，执行一次中断服务程序。就这样中断程序和背景程序有条不紊地协同工作。

（2）中断型软件结构　中断型软件结构没有前后台之分，除了初始化程序之外，根据各控制模块实时要求不同，将控制程序安排成不同级别的中断服务程序，整个软件是一个大的多重中断系统，系统的管理功能主要通过各级中断服务程序之间的通信来实现。表 6-1 将控制程序分为 8 个中断级别，其中 7 级中断级别最高，0 级中断级别最低。位置控制因实时性要求高，被安排在级别较高的中断程序中。CRT 显示级别最低，在不发生其他中断的情况下才进行显示。

表 6-1　数控装置中断型软件结构

中断级别	主要功能	中断源
0	控制 CRT 显示	硬件
1	译码、刀具中心轨迹计算、显示处理	软件，16ms 定时
2	键盘监控、I/O 信号处理、穿孔机控制	软件，16ms 定时
3	外部操作面板、电传打字机处理	硬件
4	插补计算、终点判别及转段处理	软件，8ms 定时
5	阅读机中断	硬件
6	位置控制	4ms 硬件时钟
7	测试	硬件

6.1.4　CNC 装置的插补原理

1. 概述

对于连续切削的 CNC 机床，不仅要求工作台准确定位，还必须控制刀具相对于工件以给定速度沿着指定的路径运动，进行切削运动，并保证切削过程中每一点的精度，这取决于 CNC 装置的插补功能。数控机床加工曲线时，是用若干小段折线逼近要加工的曲线。插补实质是数控系统根据零件轮廓线型的有限信息，计算出刀具的一系列加工点，完成所谓的数

据"密化"工作。数控系统中完成插补工作的装置称为插补器。根据插补器的结构不同可分为硬件插补器和软件插补器。硬件插补器由分立元件或集成电路组成，特点是运算速度快，但灵活性差，不易改变。软件插补器利用 CPU 通过软件编程实现，其特点是灵活易变，但插补速度受 CPU 速度和插补算法的影响。现代数控系统大多采用软件插补或软、硬件插补相结合的方法。

根据插补所采用的原理和计算方法的不同，目前应用的插补方法分为两类：脉冲增量插补和数字增量插补。

（1）脉冲增量插补　脉冲增量插补又称基准脉冲插补，其特点是每次插补在一个轴上仅产生单个的行程增量，以一个脉冲的方式输出，实现一个脉冲当量的位移。脉冲增量插补适用于以步进电动机为驱动装置的开环数控系统。脉冲增量插补在计算过程中不断向各个坐标轴发出互相协调的进给脉冲，驱动坐标轴的步进电动机。常用的脉冲增量插补算法有逐点比较法和数字积分法。

（2）数字增量插补　数字增量插补又称数据采样插补，其特点是插补运算分两步完成。第一步是粗插补，即在给定起点和终点的曲线之间插入若干个点，用若干条微小直线段来逼近给定曲线，每一微小直线段的长度相等，且与给定的进给速度有关。粗插补在每个插补周期中计算一次，因此，每一微小直线段的长度，即进给量 f 与进给速度 F 和插补周期 T 有关，即 $f=FT$。粗插补的特点是把给定的一条曲线用一组直线段来逼近。第二步是精插补，它是在粗插补时算出的每一条微小直线段上再做数据点的"密化"工作，这一步相当于对直线的脉冲增量插补。粗、精二次插补的方法，适用于以直流或交流伺服电动机为驱动的闭环或半闭环位置采样控制系统，它能满足加工速度和精度的要求。常用的数字增量插补有时间分割法和扩展数字积分法等。

2. 脉冲增量插补（逐点比较法）

逐点比较法的基本思想是计算机在控制加工过程中，能逐点地计算和判别加工偏差，以控制坐标进给，按规定的图形加工出所需要的工件，用步进电动机或电液脉冲马达驱动机床，其进给是步进式的。插补器控制机床每走一步要完成以下四个工作节拍：

偏差判别：判别加工点对规定图形的偏离位置，决定进给方向。

坐标进给：控制工作台沿某个坐标进给一步，缩小偏差，趋近规定图形。

偏差计算：计算新的加工点对规定图形的偏差，作为下一步判别的依据。

终点判别：判断是否到达终点，若到达终点则停止插补，否则再回到第一拍重复上述循环过程。

这种算法的特点是运算直观，插补误差小于一个脉冲当量，输出脉冲均匀，且输出脉冲的速度变化小，调节方便。因此，在两坐标数控机床中应用较为普遍。逐点比较法既可作直线插补，也可进行圆弧插补。

（1）逐点比较法直线插补

1）偏差判别。在直线插补时，以第一象限直线 OE 为例，直线的起点 O 在坐标原点，终点坐标为 $E(x_e, y_e)$，如图 6-10 所示，对直线上任一点 (x, y)，则有直线方程

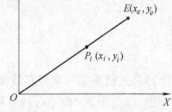

图 6-10　逐点比较法直线插补

$$\frac{x}{y} = \frac{x_e}{y_e}$$

即

$$x_e y - x y_e = 0$$

设 $P(x_i, y_i)$ 为加工动点，则

若 P 位于该加工直线上，有

$$x_e y_i - x_i y_e = 0$$

若 P 位于该加工直线上方，有

$$x_e y_i - x_i y_e > 0$$

若 P 位于该加工直线下方，有

$$x_e y_i - x_i y_e < 0$$

由此定义偏差判别函数 F_i 为

$$F_i = x_e y_i - x_i y_e$$

当 $F_i = 0$ 时，加工动点在直线上；当 $F_i > 0$ 时，加工动点在直线上方；当 $F_i < 0$ 时，加工动点在直线下方。

2）坐标进给。坐标进给是向使偏差缩小的方向进给一步，由插补装置发出一个进给脉冲，控制向某一方向进给。

当 $F_i > 0$ 时，向 $+X$ 方向进给一步，使加工动点接近直线 OE；当 $F_i < 0$ 时，向 $+Y$ 方向进给一步，使加工动点接近直线 OE；当 $F_i = 0$ 时，可任意向 $+X$ 方向或 $+Y$ 方向进给，但通常按 $F_i > 0$ 时处理。

3）偏差计算。若直接根据偏差函数的定义公式进行偏差计算，则要进行乘法和减法计算，还要对动点 P 的坐标进行计算。为了便于计算机的计算，在插补运算的偏差计算中，通常采用偏差函数的递推公式来进行。即设法找出相邻两个加工动点偏差值之间的关系，每进给一步后，新加工动点的偏差可用前一加工动点的偏差推算出来。起点是给定直线上的点，即 $F_0 = 0$。这样所有加工动点的偏差可以从起点开始一步步推算出来。

若 $F_i \geqslant 0$，加工动点向 $+X$ 方向进给一步，则有

$$F_{i+1} = x_e y_{i+1} - x_{i+1} y_e = F_i - y_e$$

$$x_{i+1} = x_i + 1$$

$$y_{i+1} = y_i$$

若 $F_i < 0$，加工动点向 $+Y$ 方向进给一步，则有

$$F_{i+1} = x_e y_{i+1} - x_{i+1} y_e = F_i + x_e$$

$$x_{i+1} = x_i$$

$$y_{i+1} = y_i + 1$$

上述公式就是第一象限直线插补的偏差递推公式。由此可见，偏差 F_{i+1} 计算只用到了终点坐标值 (x_e, y_e)，而不必计算每一加工动点的坐标值。

4）终点判别。直线插补的终点判别采用两种方法：

① 根据 X、Y 坐标方向所要走的总步数 Σ 来判断，即 $\Sigma = x_e + y_e$，每进给一步，均进

行 $\Sigma - 1$ 计算，当 Σ 减为零时即到终点。

② 比较 x_e 和 y_e，取其中的大值为 Σ，当沿该方向进给一步时，进行 $\Sigma - 1$ 计算，直至 $\Sigma = 0$ 时停止插补。注意：在终点判别中均用坐标的绝对值进行计算。

5）逐点比较法直线插补举例。例如，设欲加工第一象限直线 OE，起点在原点，终点坐标 $x_e = 5$，$y_e = 4$，试写出插补计算过程并绘制插补轨迹。

其插补运算过程见表 6-2。

表 6-2 逐点比较法直线插补过程

步数	偏差判别	坐标进给	偏差计算	终点判别
			$F_0 = 0$	$\Sigma = 9$
1	$F_0 = 0$	$+\Delta x$	$F_1 = F_0 - y_e = 0 - 4 = -4$	$\Sigma = 9 - 1 = 8$
2	$F_1 < 0$	$+\Delta y$	$F_2 = F_1 + x_e = -4 + 5 = 1$	$\Sigma = 8 - 1 = 7$
3	$F_2 > 0$	$+\Delta x$	$F_3 = F_2 - y_e = 1 - 4 = -3$	$\Sigma = 7 - 1 = 6$
4	$F_3 < 0$	$+\Delta y$	$F_4 = F_3 + x_e = -3 + 5 = 2$	$\Sigma = 6 - 1 = 5$
5	$F_4 > 0$	$+\Delta x$	$F_5 = F_4 - y_e = 2 - 4 = -2$	$\Sigma = 5 - 1 = 4$
6	$F_5 < 0$	$+\Delta y$	$F_6 = F_5 + x_e = -2 + 5 = 3$	$\Sigma = 4 - 1 = 3$
7	$F_6 > 0$	$+\Delta x$	$F_7 = F_6 - y_e = 3 - 4 = -1$	$\Sigma = 3 - 1 = 2$
8	$F_7 < 0$	$+\Delta y$	$F_8 = F_7 + x_e = -1 + 5 = 4$	$\Sigma = 2 - 1 = 1$
9	$F_8 > 0$	$+\Delta x$	$F_9 = F_8 - y_e = 4 - 4 = 0$	$\Sigma = 1 - 1 = 0$

插补轨迹如图 6-11 所示。

上面讨论的是第一象限的直线插补问题，对于其他象限的直线进行插补时，终点坐标 (x_e, y_e) 和加工点坐标均取绝对值，所以它们的计算公式与计算程序和第一象限相同。四个象限直线的逐点比较插补公式见表 6-3。

表 6-3 四个象限直线的逐点比较插补公式

象限	坐标进给		偏差计算	
	$F \geqslant 0$	$F < 0$	$F \geqslant 0$	$F < 0$
Ⅰ	$+\Delta x$	$+\Delta y$		
Ⅱ	$-\Delta x$	$+\Delta y$	$F_{i+1} = F_i - y_e$	$F_{i+1} = F_i + x_e$
Ⅲ	$-\Delta x$	$-\Delta y$		
Ⅳ	$+\Delta x$	$-\Delta y$		

（2）逐点比较法圆弧插补

1）偏差判别。如图 6-12 所示，设加工半径为 R 的第一象限逆时针圆弧 AE，将坐标原点定在圆心上，$A(x_0, y_0)$ 为圆弧起点，$E(x_e, y_e)$ 为圆弧终点，$P_i(x_i, y_i)$ 为加工动点。

若点 P 在圆弧上，则

$$(x_i^2 + y_i^2) - (x_0^2 + y_0^2) = 0$$

定义偏差函数 F_i 为

$$F_i = (x_i^2 + y_i^2) - (x_0^2 + y_0^2)$$

当 $F_i = 0$ 时，表示加工动点在圆弧上；当 $F_i > 0$ 时，表示加工动点在圆弧外；当 $F_i < 0$ 时，表示加工动点在圆弧内。

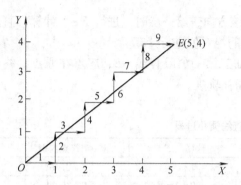

图 6-11 逐点比较法直线插补轨迹   图 6-12 逐点比较法圆弧插补轨迹

2）坐标进给。把 $F_i = 0$ 和 $F_i > 0$ 合在一起考虑，当 $F_i \geq 0$ 时，向 $-X$ 方向进给一步；当 $F_i < 0$ 时，向 $+Y$ 方向进给一步。

3）偏差计算。每进给一步后，计算一次偏差函数 F_i，以 F_i 符号作为下一步进给方向的判别标准。显然，直接按偏差函数的定义公式计算偏差很麻烦，为了便于计算，偏差函数的递推公式如下：

若 $F_i \geq 0$，向 $-X$ 方向进给一步，加工点由 $P_i(x_i, y_i)$ 移动到 $P_{i+1}(x_{i+1}, y_i)$，则新加工点 P_{i+1} 的偏差为

$$x_{i+1} = x_i - 1$$
$$F_{i+1} = F_i - 2x_i + 1$$

若 $F_i < 0$，向 $+Y$ 方向进给一步，则新加工点 P_{i+1} 的偏差为

$$y_{i+1} = y_i + 1$$
$$F_{i+1} = F_i + 2y_i + 1$$

以上就是第一象限逆圆插补加工时偏差计算的递推公式。

对于第一象限顺圆，当 $F_i \geq 0$，向 $-Y$ 方向进给一步；当 $F_i < 0$，向 $+X$ 方向进给一步。加工动点向 $-Y$ 方向进给一步时，新加工点 P_{i+1} 的偏差为

$$y_{i+1} = y_i - 1$$
$$F_{i+1} = F_i - 2y_i + 1$$

加工动点向 $+X$ 方向进给一步时，新加工点 P_{i+1} 的偏差为

$$x_{i+1} = x_i + 1$$
$$F_{i+1} = F_i + 2x_i + 1$$

以上是第一象限顺圆插补加工时偏差计算的递推公式。

4）终点判别。

① 根据 X、Y 方向应进给的总步数之和 Σ 判断，每进给一步，进行 $\Sigma - 1$ 计算，直至 $\Sigma = 0$ 停止插补。

② 分别判断各坐标的进给步数：$\Sigma_X = |x_e - x_0|$，$\Sigma_Y = |y_e - y_0|$。向坐标轴进给一步，相应的进给步数 $\Sigma - 1$，直至时 $\Sigma_X = 0$，$\Sigma_Y = 0$ 停止插补。

5）逐点比较法圆弧插补举例。例如，设欲加工第一象限逆时针圆弧 AB，起点 A（5，0），终点 B（0，5），如图 6-13 所示，试写出插补计算过程并绘制插补轨迹。

其插补运算过程见表6-4。

表6-4　逐点比较法圆弧插补过程

步数	偏差判别	坐标进给	偏差计算	终点判别
			$F_0 = 0$, $x_0 = 5$, $y_0 = 0$	$\Sigma = 5 + 5 = 10$
1	$F_0 = 0$	$-X$	$F_1 = 0 - 2 \times 5 + 1 = -9$, $x_1 = 5 - 1 = 4$, $y_1 = 0$	$\Sigma = 10 - 1 = 9$
2	$F_1 = -9 < 0$	$+Y$	$F_2 = -9 + 2 \times 0 + 1 = -8$, $x_2 = 4$, $y_2 = 0 + 1 = 1$	$\Sigma = 9 - 1 = 8$
3	$F_2 = -8 < 0$	$+Y$	$F_3 = -8 + 2 \times 1 + 1 = -5$, $x_3 = 4$, $y_3 = 1 + 1 = 2$	$\Sigma = 8 - 1 = 7$
4	$F_3 = -5 < 0$	$+Y$	$F_4 = -5 + 2 \times 2 + 1 = 0$, $x_4 = 4$, $y_4 = 2 + 1 = 3$	$\Sigma = 7 - 1 = 6$
5	$F_4 = 0$	$-X$	$F_5 = 0 - 2 \times 4 + 1 = -7$, $x_5 = 4 - 1 = 3$, $y_5 = 3$	$\Sigma = 6 - 1 = 5$
6	$F_5 = -7 < 0$	$+Y$	$F_6 = -7 + 2 \times 3 + 1 = 0$, $x_6 = 3$, $y_6 = 3 + 1 = 4$	$\Sigma = 5 - 1 = 4$
7	$F_6 = 0$	$-X$	$F_7 = 0 - 2 \times 3 + 1 = -5$, $x_7 = 3 - 1 = 2$, $y_7 = 4$	$\Sigma = 4 - 1 = 3$
8	$F_7 = -5 < 0$	$+Y$	$F_8 = -5 + 2 \times 4 + 1 = 4$, $x_8 = 2$, $y_8 = 4 + 1 = 5$	$\Sigma = 3 - 1 = 2$
9	$F_8 = 4 > 0$	$-X$	$F_9 = 4 - 2 \times 2 + 1 = 1$, $x_9 = 2 - 1 = 1$, $y_9 = 5$	$\Sigma = 2 - 1 = 1$
10	$F_9 = 1 > 0$	$-X$	$F_{10} = 1 - 2 \times 1 + 1 = 0$, $x_{10} = 1 - 1 = 0$, $y_{10} = 5$	$\Sigma = 1 - 1 = 0$

插补轨迹如图6-13所示。

（3）四个象限圆弧的插补计算　　上面讨论的第一象限逆圆插补问题，同时也给出了第一象限顺圆的插补计算公式。由图6-14所示的8种圆弧坐标进给方向可推知，用第一象限逆圆插补的偏差函数进行第三象限逆圆和第二、四象限顺圆插补的偏差计算，用第一象限顺圆插补的偏差函数进行第三象限顺圆和第二、四象限逆圆插补的偏差计算。

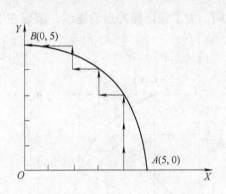

图6-13　逐点比较法圆弧插补轨迹

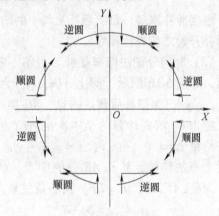

图6-14　不同象限圆弧的逐点比较插补

3. 数字增量插补（时间分割法插补）

时间分割法插补是把加工一段直线或圆弧的时间分为许多相等的时间间隔，该时间间隔称为单位时间间隔，即插补周期。在时间分割插补法中，每经过一个单位时间间隔就进行一次插补运算，计算出各个坐标轴在一个插补周期内的进给量。设 F 为程序编制中给定的速度指令（单位为 mm/min），插补周期为8ms，则一个插补周期的进给量 f（单位为 μm）为

$$f = \frac{F \times 1000 \times 8}{60 \times 1000} = \frac{2}{15}F$$

由上式可知在一个插补周期的进给量 f 后，根据刀具运动轨迹与坐标轴的几何关系，就可以求出各轴在一个插补周期内的进给量 Δx、Δy，如图6-15所示。

数字增量插补的时间分割法着重解决两个问题：一是如何选择插补周期，因插补周期与插补精度、速度有关；二是如何计算在一个周期内各坐标值的增量值，因为有了前一个插补

周期计算的动点位置值和本次插补周期内坐标轴的增量值，就很容易计算出本插补周期内的动点坐标值。

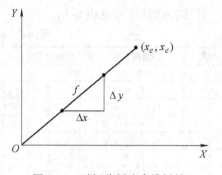

（1）时间分割法直线插补　如图 6-15 所示，根据编程进给速度 F 和插补周期 T，可计算出每个插补周期的进给长度为

$$f = FT$$

且有

$$\frac{\Delta x}{x_e} = \frac{f}{\sqrt{x_e^2 + y_e^2}}$$

$$\frac{\Delta y}{y_e} = \frac{f}{\sqrt{x_e^2 + y_e^2}}$$

图 6-15　时间分割法直线插补

由此可得第 i 点的插补计算公式为

$$x_i = x_{i-1} + \frac{f}{\sqrt{x_e^2 + y_e^2}} x_e$$

$$y_i = y_{i-1} + \frac{f}{\sqrt{x_e^2 + y_e^2}} y_e$$

根据插补原理，每次插补 x 与 y 的增量均不相同。为了保证插补运动连续，需要在下一段插补开始之前先计算好。

（2）时间分割法圆弧插补　以第一象限顺圆为例，如图 6-16 所示，圆上 $A(x_i, y_i)$ 为当前点，$B(x_{i+1}, y_{i+1})$ 为插补后到达的点，AB 插补后的线段长度为 f。需要计算的是本次插补 X 轴和 Y 轴的进给量 $\Delta x = x_{i+1} - x_i$，$\Delta y = y_{i+1} - y_i$。图中 AP 为过 A 点的切线，M 是 AB 弦的中点，$OM \perp AB$。由于 $ME \perp AF$，故 $AE = EF$。圆心角关系为

$$\phi_{i+1} = \phi_i + \delta$$

其中，δ 为进给弦 AB 所对应的角度增量。根据几何关系有

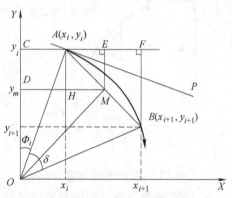

图 6-16　时间分割法顺圆插补

$$\angle AOC = \angle PAF = \phi_i$$

$$\angle BAP = \frac{1}{2} \angle AOB = \frac{1}{2} \delta$$

令

$$\alpha = \angle PAF + \angle BAP = \phi_i + \frac{1}{2} \delta$$

在 $\triangle MOD$ 中

$$\tan\alpha = \frac{\overline{DH} + \overline{HM}}{\overline{OC} - \overline{CD}}$$

式中 $\overline{DH} = x_i$，$\overline{OC} = y_i$，$\overline{HM} = \dfrac{1}{2}f\cos\alpha = \dfrac{1}{2}\Delta x$，$\overline{CD} = \dfrac{1}{2}f\sin\alpha = \dfrac{1}{2}\Delta y$

故

$$\tan\alpha = \frac{y_{i+1} - y_i}{x_{i+1} - x_i} = \frac{\Delta y}{\Delta x} = \frac{x_i + \dfrac{1}{2}\Delta x}{y_i - \dfrac{1}{2}\Delta y} = \frac{x_i + \dfrac{1}{2}f\cos\alpha}{y_i - \dfrac{1}{2}f\sin\alpha}$$

上式反映了 A 点与 B 点的位置关系，只要坐标满足上式，则 A 点与 B 点必在同一圆弧上。由于上式中 $\cos\alpha$ 和 $\sin\alpha$ 都是未知数，难以求解，采用近似计算求解 $\tan\alpha$，取 $\alpha \approx 45°$，即

$$\tan\alpha = \frac{x_i + \dfrac{1}{2}f\cos\alpha}{y_i - \dfrac{1}{2}f\sin\alpha} \approx \frac{x_i + \dfrac{1}{2}f\cos45°}{y_i - \dfrac{1}{2}f\sin45°}$$

由于每次的进给量 f 很小，所以在整个插补过程中，这种近似是可行的。由此可计算出：

$$\Delta x = f\cos\alpha$$

$$\Delta y = \frac{\left(x_i + \dfrac{1}{2}\Delta x\right)\Delta x}{y_i - \dfrac{1}{2}\Delta y}$$

这种近似处理所影响的仅是进给步长的微小变化 $AB \to AB'$，如图 6-17 所示。对 $\Delta x \to \Delta x'$，$\Delta y \to \Delta y'$，B' 不受近似的影响，一定在圆弧上。

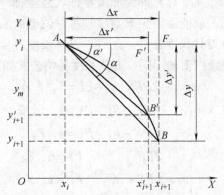

图 6-17 近似处理引起的进给速度误差

6.1.5 CNC 装置的刀具补偿与加减速控制

CNC 装置的刀具补偿就是将刀具垂直于刀具轨迹进行位移，用来修正刀具实际半径或直径与其程序规定的值之差。数控系统对刀具的控制是以刀架参考点为基准的，零件加工程序对应着零件轮廓轨迹，如不作处理，则数控系统仅能控制刀架的参考点，以实现加工轨迹，但实际上要用刀具的尖点实现加工，这样需要在刀架的参考点与加工刀具的刀尖之间进行位置偏置。这种位置偏置由两部分组成：刀具长度补偿及刀具半径补偿。不同类型的机床

与刀具，需要考虑的刀补参数也不同。对于铣刀而言，只需刀具半径补偿；对于钻头，只要一个坐标长度补偿；然而对于车刀，需要两个坐标长度补偿和刀具半径补偿。

1. CNC 装置的刀具补偿

（1）刀具长度补偿　刀具长度补偿是用来实现刀尖圆弧中心轨迹与刀架中心轨迹之间的转换，即如图 6-18 中 F 与 S 之间的转换，实际上是不能直接测得这两个中心点之间的矢量距离，而只能测得理论刀尖 P 与刀架参考点 F 之间的距离。根据是否考虑刀尖圆弧半径补偿，刀具长度补偿可以分为两种情况。

当没有考虑刀具半径补偿时，刀具长度补偿如图 6-18 所示，此种情况 $R_S = 0$，理论刀尖 P 相对于刀架参考点的坐标 XPF 和 ZPF 可由刀具长度测量装置测出，将 XPF 和 ZPF 的值存入刀具参数寄存器中。XPF 和 ZPF 定义如下

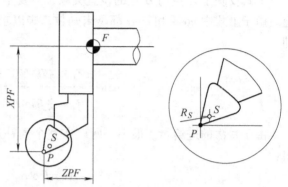

$$XPF = x_P - x$$

$$ZPF = z_P - z$$

式中　x_P、z_P——理论刀尖 P 点的坐标；

x、z——刀架参考点 F 的坐标。

图 6-18　刀具结构参数

没有刀具半径补偿时，刀具长度补偿的公式为

$$x = x_P - XPF$$

$$z = z_P - ZPF$$

式中，理论刀尖 P 点的坐标（x_P，z_P）即为加工零件轨迹坐标，可由零件加工程序中获得。零件轮廓轨迹经上式补偿后，就能由刀尖 P 点实现零件轨迹加工。

当 $R_S \neq 0$ 时，则要计算刀具长度补偿，此时，刀具长度补偿需要考虑刀具的安装方式，如图 6-19 所示，根据刀具参数 P1 的不同，刀具长度补偿公式如下

$$x = \begin{cases} x_P - XPF & P1 = 5, 7 \\ x_P - XPF + R_S & P1 = 1, 6, 2 \\ x_P - XPF - R_S & P1 = 4, 8, 3 \end{cases}$$

$$z = \begin{cases} z_P - ZPF & P1 = 6, 8 \\ z_P - ZPF + R_S & P1 = 1, 5, 4 \\ z_P - ZPF - R_S & P1 = 3, 7, 2 \end{cases}$$

式中　x_P、z_P——加工零件轮廓轨迹点的坐标；

x、z——刀架参考点 F 的坐标。

加工程序的零件轮廓轨迹经上式补偿后，就能由刀鼻圆弧中心 S 点完成零件加工，当然同时还需要进行刀具圆弧半径补偿。

（2）刀具半径补偿　在轮廓加工过程中，由于刀具有一定的半径，刀具中心的运动轨迹与工件轮廓是不一致的。若不考虑刀具半径，直接按照工件轮廓编程是比较方便的，但此时刀具中心轨迹是零件轮廓，加工出来的零件尺寸比图样中的尺寸小了一圈（外表面加工）或大了一圈（内表面加工）。因此必须使刀具沿工件轮廓的法向偏移一个刀具半径 r，这种

偏移通常称为刀具半径补偿。具有刀具半径补偿功能的数控系统，能够根据按零件轮廓编制的加工程序和输入系统的刀具半径值进行刀具偏移计算，自动地加工出符合图样要求的零件。

刀具半径补偿分为 B 功能刀具半径补偿和 C 功能刀具半径补偿，一般都采用 C 功能刀具半径补偿。

所谓 C 功能刀具半径补偿，主要是要解决下一段加工轨迹对本段加工轨迹的影响问题。在计算完本段加工轨迹后，应提前将下一段程序读入，然后根

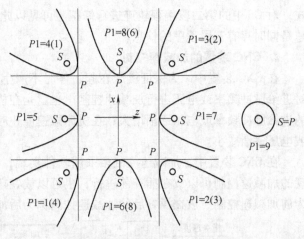

图 6-19　刀鼻半径中心 S 位置

据两段轨迹之间的具体转接情况，再对本段的加工轨迹作适当的修正，得到本段的正确加工轨迹。

图 6-20 所示为几种数控装置刀具补偿的工作流程。图 6-20a 所示为普通 NC 装置的工作方法，程序轨迹作为输入数据送到工作寄存区 AS 后，由运算器进行刀补运算，运算结果送输出寄存区 OS，直接作为伺服系统的控制信号。

图 6-20b 所示改进后的 NC 装置的工作方法。与改进前相比，系统增加了一组数据输入的缓冲寄存区 BS，节省了数据读入时间。通常是 AS 中存放着正在加工的信息，而 BS 已经存放了下一段所要加工的信息。

图 6-20c 所示为 CNC 装置中采用 C 功能刀补方法的原理框图。与上述方法不同的是，CNC 装置内部又设置了一个刀补寄存区 CS。零件程序的输入参数在 BS、CS 和 AS 内的存放格式是完全一样的。当某一程序在 BS、CS 和 AS 中被传送时，它的具体参数是不变的。这主要是为输入显示的需要，实际上，BS、CS 和 AS 各包含一个计算区域，编程轨迹的计

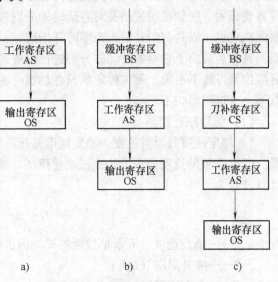

图 6-20　几种数控装置的工作流程

算以及刀补修正计算都是在这些区域中进行的。当系统启动后，第一段程序先被读入 BS，BS 中算得的第一段编程轨迹送到 CS 暂存后，又将第二段编程轨迹读入 BS，算出第二段编程轨迹。然后对第一、第二两段编程轨迹的连接方式进行判别，根据判别结果，再对 CS 中的第一段编程轨迹作相应的修正。修正结束后，顺序地将修正后的第一段编程轨迹由 CS 送到 AS 中，第二段编程轨迹由 BS 送到 CS。之后由 CPU 将 AS 中的内容送到 OS 进行插补运算，运算结果送伺服系统予以执行。当修正的第一段编程轨迹开始执行后，利用插补间隙，CPU 又命令第三段程序读入 BS，之后又根据 BS、CS 中的第三、第二段编程轨迹的连接方

式，对 CS 中的第二段编程轨迹进行修正。可见以此下去在刀补工作状态时，CNC 装置内部总是同时存有三段程序的信息。

2. CNC 装置的加减速控制

在 CNC 装置中，为保证机床在起、停时不产生冲击、失步、超程和振荡等现象，必须对进给脉冲频率或电压进行加减速控制。也就是在机床加速起动时，要使加在伺服电动机上的进给脉冲频率或电压逐渐增大；在机床减速停止时，使加在伺服电动机上的进给脉冲频率或电压逐渐减小。

在 CNC 装置中，加减速控制多采用软件实现，这时系统具有较大的灵活性。由软件实现的加减速控制可以放在插补前进行，也可以放在插补后进行。放在插补前的加减速控制称为前加减速控制，放在插补后的加减速控制称为后加减速控制，如图 6-21 所示。

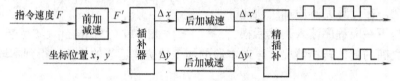

图 6-21　几种数控装置的工作流程

前加减速控制的优点是只对编程指令速度 F 进行控制，它不影响实际插补输出的位置精度。其缺点是要根据实际刀具位置与程序段终点之间的距离预测减速点，这种预测工作的计算量很大。后加减速控制是对各运动轴分别进行加减速控制，这种加减速控制不需要专门预测减速点，而是在插补输出为零时开始减速，并通过一定的时间延迟逐渐靠近程序段的终点，其缺点是由于它对各运动轴分别进行加减速控制，所以在加减速控制中各运动轴的实际合成位置可能不准确，但这种影响只在加速、减速过程中才存在，当系统进入匀速状态时，就不会有这种影响了。

（1）前加减速控制

1）稳定速度和瞬时速度。稳定速度是指系统处于稳定进给状态时一个插补周期的进给量。CNC 装置的速度命令及快速进给速度 F，需转换成每个插补周期的进给量。稳定速度的计算公式为

$$f_\mathrm{s} = \frac{TKF}{60 \times 1000}$$

式中　f_s——稳定速度，表示单位插补周期内进给的长度（mm）；

T——插补周期（ms）；

F——命令速度（mm/min）；

K——速度系数，包括快速倍率、切削进给倍率等。

稳定速度计算后，要对进给速度进行极限检验。如稳定速度大于由参数设定的极限速度，则取设定的极限速度作为稳定速度。

瞬时速度是指系统在每个插补周期的进给量。当系统处于稳定状态时，瞬时速度 f_i 等于稳定速度 f_s，当系统处于加速或减速时，$f_i < f_\mathrm{s}$。

2）线性加减速处理。当机床起、停时或切削加工过程中改变进给状态时，系统要自动进行加减速控制。加减速速率分为进给速率和切削速率两种，应作为机床参数预置好。设进给速度为 F（单位为 mm/min），加速到 F 所需时间为 t（单位为 ms），则加速度 a（单位为 10^{-6} m/

$(ms)^2$）为

$$a = 1.67 \times 10^{-2} \frac{F}{t}$$

① 加速处理。系统每插补一次都要进行稳定速度、瞬时速度计算和加减速处理。当计算出的稳定速度 f_s' 小于原来的稳定速度 f_s 时，需要加速。每加速一次，瞬时速度为 $f_{i+1} = f_i + aT$。新的瞬时速度参加插补计算，对各坐标轴进行分配，一直到新的稳定速度为止。

② 减速处理。系统每进行一次插补计算，都要进行终点判别，计算出离开终点的瞬时距离 s_i，并根据本程序段的减速标志，检查是否已达到减速区域 s。若已达到，则开始减速。当稳定速度 f_s 和设定的加减速度 a 确定以后，减速区域 s 则为

$$s = \frac{f_s'}{2a}$$

若本程序段要减速，且满足 $s_i < s$，则设置减速状态标志，开始减速处理。每减速一次，瞬时速度为 $f_{i+1} = f_i - aT$。新的瞬时速度参加插补运算，对各坐标轴进行分配，一直减到新的稳定速度或减到零为止。

3）终点判别处理。每次插补运算结束后，系统都要根据各轴的插补进给量计算刀具中心与本程序段终点的距离 s_i，之后进行终点判别，如到达终点则设置相应标志，若本程序段需要减速，则还要检查是否到达减速区域并开始减速。按直线和圆弧两种情况，分别对终点进行判别处理。

如图 6-22 所示，设刀具沿 OP 作直线运动，P 为程序段终点，A 为某一瞬时点。通过插补计算，求得 X 轴和 Y 轴的进给量 Δx 和 Δy。因此，A 点的瞬时坐标为

$$x_i = x_{i-1} + \Delta x$$
$$y_i = y_{i-1} + \Delta y$$

设 x 为长轴，已知其增量值，则刀具在 X 方向上离终点的距离为 $|x - x_i|$。因为长轴与刀具移动方向的夹角是定值，所以瞬时点 A 离终点 P 的距离 s_i 为

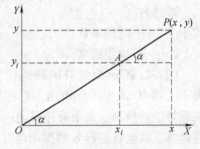

图 6-22 直线插补终点判别

$$s_i = |x - x_i| \frac{1}{\cos\alpha}$$

圆弧插补时 s_i 的计算。当圆弧对应的圆心角小于 π 时，瞬时点离圆弧终点的直线距离越来越小，如图 6-23 所示。A（x_i，y_i）为顺圆插补时圆弧上的某一瞬时点，P（x，y）为圆弧的终点；AM 为 A 点在 X 方向离终点的距离，$|\overline{AM}| = |x - x_i|$；$\overline{MP}$ 为 A 点在 Y 轴方向离终点的距离，$|\overline{MP}| = |y - y_i|$；$AP = s_i$。以 $\overline{MP}$ 为基准，则 A 点离终点的距离为

$$s_i = \frac{|\overline{MP}|}{\cos\alpha} = \frac{|y - y_i|}{\cos\alpha}$$

当圆弧弧长对应的圆心角大于 π 时，设 A 点为圆弧的起点，B 为离终点的弧长所对应的圆心角等于 π 时的分界点，C 点为插补到离终点的弧长所对应的圆心角小于 π 的某一瞬时点。这样瞬时点离圆弧终点的距离 s_i 的变化规律是：当从圆弧起点 A 开始，插补到 B 点时，s_i 越来越大，直到 s_i 等于直径；当插补越过分界点 B 后，s_i 越来越小。对于这种情况，计算时首先要判断 s_i 的变化趋势，若 s_i 变大，则不进行终点判别处理，只等到越过分界点；如

果 s_i 变小，则进行终点判别处理。

（2）后加减速控制　这里介绍两种后加减速控制算法：指数加减速控制算法和直线加减速控制算法。

1）指数加减速控制算法。采用指数加减速控制算法，是为了使起动或停止时的速度随时间按指数规律上升或下降，如图6-24所示。指数加减速控制速度与时间的关系如下：

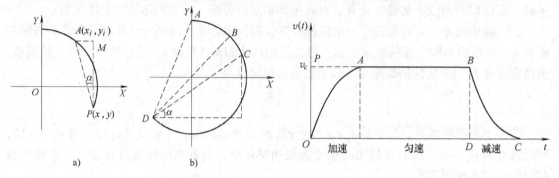

图 6-23　圆弧插补终点判别　　　　　　图 6-24　指数加减速

加速时
$$v\ (t)\ =v_c(1-e^{-\frac{t}{T}})$$

匀速时
$$v\ (t)\ =v_c$$

减速时
$$v\ (t)\ =v_c e^{-\frac{t}{T}}$$

式中　T——时间常数；

v_c——稳定速度。

图6-25所示为指数加减速控制算法的原理图。图中 Δt 为采样周期，它在算法中对加减运算进行控制，每个采样周期进行一次加减速运算。误差寄存器 E 的作用是对每个采样周期的输入速度 v_c 与输出速度 v 之差（$v_c - v$）进行累加，累加结果一是保存在误差寄存器

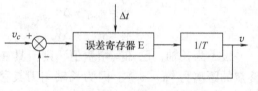

图 6-25　指数加减速控制算法的原理图

中，另外还与 $1/T$ 相乘，乘积作为当前采样周期加减速控制的输出 v；同时 v 又反馈到输入端，准备下一个采样周期重复以上过程。

上述过程用公式表达为

$$E_i = \sum_{k=0}^{i-1} (v_c - c_k)\ \Delta t$$

$$V_i = E_i \frac{1}{T}$$

式中，E_i、V_i 分别为第 i 个采样周期误差寄存器 E 中的值和输出速度值，迭代初值 V_0、E_0 为零。下面证明由上式实现的指数加减速控制。

只要 Δt 取得足够小，则以上两式可以近似为

$$\begin{cases} E(t) = \displaystyle\int_0^t [v_c - v(t)]\, dt \\ v(t) = \dfrac{E(t)}{T} \end{cases}$$

对两式的两端分别求导得

$$\begin{cases} \dfrac{dE(t)}{dt} = v_c - v(t) \\ \dfrac{dv(t)}{dt} = \dfrac{1}{T}\dfrac{dE(t)}{dt} \end{cases}$$

即

$$\frac{dv(t)}{v_c - v(t)} = \frac{dt}{T}$$

两端积分后得

$$\frac{v_c - v(t)}{v_c - v(0)} = e^{-\frac{t}{T}}$$

加速时 $v(0) = 0$，因此 $v(t) = v_c(1 - e^{-t/T})$；匀速时 $t \to \infty$，则有 $v(t) = v_c$；减速时输入为零，$v(0) = v_c = 0$，则可得

$$\frac{dE(t)}{dt} = -v(t)$$

因而有

$$\frac{dv(t)}{v(t)} = -\frac{dt}{T}$$

两端积分后得

$$v(t) = v_0 e^{-\frac{t}{T}} = v_c e^{-\frac{t}{T}}$$

证明完毕。

令 $\Delta s_i = v_i \Delta t$，$\Delta s_c = v_c \Delta t$，则 Δs_c 实际上为每个采样周期加减速的输入位置增量值，即每个插补周期粗插补运算输出的坐标位置数字增量，而 s_i 则为第 i 个插补周期加减速输出的位置增量值。由上面的推导可以得到数字增量式指数加减速迭代公式为

$$\begin{cases} E_i = \displaystyle\sum_{k=0}^{i-1} (\Delta s_c - \Delta s_k) = E_{i-1} + (\Delta s_c - \Delta s_{i-1}) \\ \Delta s_i = \dfrac{E_i}{T} \quad (\Delta t = 1) \end{cases}$$

2）直线加减速控制算法。直线加减速控制是机床在起动时，速度沿一定斜率的直线上升；机床在停止时，速度沿一定斜率的直线下降。如图6-26所示，速度变化曲线是 $OABC$。

直线加减速控制分为五个过程：

① 加速过程。如果输入速度 v_c 与输出速度 v_{i-1} 之差大于一个常值 KL，即 $v_c - v_{i-1} > KL$，则使输出的速度值增加 KL 值，即 $v_i = v_{i-1} + KL$，其中 KL 为加减速的速度阶跃因子。显然在加速过程中，输出速度沿斜率为 $K' = \dfrac{KL}{\Delta t}$ 的直线上升，Δt 为采样周期。

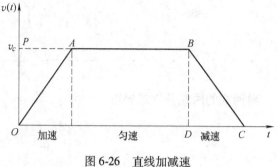

图 6-26 直线加减速

② 加速过渡过程。如果输入速度 v_c 大于输出速度 v_i，但其差值小于 KL 时，即 $0 < v_c - v_{i-1} < KL$，改变输出速度，使其与输入相等，即 $v_i = v_c$。经过此过程系统进入稳定速度状态。

③ 匀速过程。该过程中保持输出速度不变，即 $v_i = v_{i-1}$，但这时的输出速度 v_i 不一定等于输入速度 v_c。

④ 减速过渡过程。若输入速度 v_c 小于输出速度，但其差值不足 KL 值时，即 $0 < v_{i-1} - v_c < KL$，改变输出速度，使其减小到与输入速度相等，即 $v_i = v_c$。

⑤ 减速过程。若输入速度 v_c 小于输出速度 v_{i-1}，且其差值大于 KL 值时，即 $v_{i-1} - v_c > KL$，改变输出速度，使其减小到 KL 值，即 $v_i = v_{i-1} - KL$。显然在减速过程中，输出速度沿斜率为 $K' = -\dfrac{KL}{\Delta t}$ 的直线下降。

不论是采用指数加减速控制算法还是直线加减速控制算法，都必须保证系统不产生失步和超程，即在系统的整个加、减速过程中，输入到加减速控制器的总位移量之和必须等于该加减速控制器实际输出的位移量之和，这是加减速控制算法的关键。要做到这一点，在加速过程中，用位移误差累加器寄存由于加速延迟失去的位移增量之和，在减速过程中，又将位移误差累加器中的位移值按照指数或直线规律逐渐释放出来，这样就能保证在加减速过程全部结束时，机床到达指定的位置。

6.1.6 数控系统中的 PLC

1. 概述

可编程序控制器（Programmable Logic Controller）简称 PLC，它是一种以微处理器为基础的通用型自动控制装置。它一般以顺序控制为主，回路调节为辅，能够完成逻辑、顺序、计时、计数和算术运算等功能，既能控制开关量，也能控制模拟量。

在数控机床上采用 PLC 代替继电器控制，使数控机床结构更紧凑，功能更丰富，响应速度和可靠性大大提高。在数控机床、加工中心等自动化程度高的加工设备和生产制造系统中，PLC 是不可缺少的控制装置。

PLC 具有以下特点：

① PLC 是由计算机简化而来的。为适应顺序控制的要求，PLC 省去了计算机的一些数字运算功能，而强化了逻辑运算控制功能，是一种功能介于继电器控制和计算机控制之间的自动控制装置。

PLC 具有与计算机类似的一些功能器件和单元，它们包括：CPU、用于存储系统控制程序和用户程序的存储器、与外部设备进行数据通信的接口及工作电源等。为与外部机器和过程实现信号传送，PLC 还具有输入、输出信号接口。PLC 的结构简化框图如图 6-27 所示。

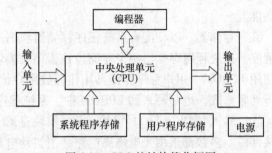

图 6-27 PLC 的结构简化框图

② 具有面向用户的指令和专用于存储用户程序的存储器。用户控制逻辑用软件实现，适用于控制对象动作复杂，控制逻辑需要灵活变化的场合。

③ 用户程序多采用图形符号和逻辑顺序关系与继电器电路十分近似的梯形图。梯形图形象直观，工作原理易于理解和掌握。

④ PLC 可与专用编程机、编程器、个人计算机等设备连接，可以很方便地实现程序的显示、编辑、诊断、存储和传送等操作。

⑤ PLC 没有继电器那种接触不良、触点熔焊、磨损和线圈烧断等故障，运行中无振动、无噪声，且具有较强的抗干扰能力，可以在环境较差（如粉尘、高温、潮湿等）的条件下稳定、可靠地工作。

⑥ PLC 结构紧凑、体积小，容易装入机床内部或电气箱内，便于实现数控机床的机电一体化。

2. PLC 的基本结构和工作过程

（1）PLC 的基本结构　PLC 与微型计算机结构基本相同，也是由硬件系统和软件系统两大部分组成。

1）PLC 的硬件。通用型 PLC 的硬件基本结构如图 6-28 所示，它是一种通用的可编程序控制器，主要由中央处理单元（CPU）、存储器、输入/输出（I/O）模块及供电电源组成。

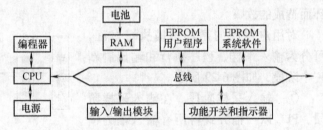

图 6-28　通用型 PLC 的硬件基本结构

另外，还必须有编程器——将用户程序写进规定的存储器内。

主机内各部分之间均通过总线连接。总线分为电源总线、控制总线、地址总线和数据总线。各部件的作用如下：

① 中央处理单元（CPU）。CPU 是 PLC 的核心部分，它按 PLC 中系统程序赋予的功能，接收并存储从编程器输入的用户程序和数据；用扫描方式查询现场输入装置的各种信号状态或数据，并存入输入过程状态寄存器或数据寄存器中；诊断电源及 PLC 内部电路工作状态和编程过程中的语法错误等；在 PLC 进入运行状态后，从存储器逐条读取用户程序，经过命令解释后，按指令规定的任务产生相应的控制信号，去启闭有关的控制电路；分时、分渠道地去执行数据的存取、传送、组合、比较和变换等动作，完成用户程序中规定的逻辑运算或算术运算等任务；根据运算结果，更新有关标志位的状态和输出状态寄存器的内容，再由输出状态寄存器的位状态或数据寄存器的有关内容实现输出控制、制表打印、数据通信

等功能。

②　存储器。PLC 配有系统程序存储器和用户程序存储器，分别用以存储系统程序和用户程序。系统程序存储器用来存储监控程序、模块化应用功能子程序和各种系统参数等，一般使用 EPROM。用户程序存储器用作存放用户编制的梯形图等程序，一般使用 RAM，若程序不经常修改，也可写入到 EPROM 中。系统程序存储器的内容不能由用户直接存取。

③　输入/输出（I/O）模块。I/O 模块是 CPU 与现场 I/O 设备或其他外部设备之间的连接部件。多数都采用光电隔离电路、消抖动电路、多级滤波等措施。I/O 模块可以制成各种标准模块，根据输入、输出点数来增减和组合。

④　电源。PLC 配有开关式稳压电源的电源模块，用来对 PLC 的内部电路供电。

⑤　编程器。编程器用作用户程序的编制、编辑、调试和监视，还可以通过其键盘去调用和显示 PLC 的一些内部状态和系统参数。它经过接口与 CPU 联系，完成人机对话。

（2）PLC 的工作过程　　PLC 内部 CPU 采取扫描工作机制，用户程序通过编程器顺序输入到用户存储器，CPU 对用户程序循环扫描并顺序执行。

当 PLC 运行时，用户程序中有众多的操作需要去执行。CPU 不能同时执行多个操作，它只能按分时操作原理，每一时刻执行一个操作。由于 CPU 运算处理速度很高，使得外部出现的结果似乎是同时完成的。这种分时操作的过程，称为 CPU 对程序的扫描。

PLC 接通电源并开始运行后，立即开始自诊断。自诊断通过后，CPU 就对用户程序进行扫描。扫描从 0000H 地址所存的第一条用户程序开始，顺序进行，直到用户程序占有的最后一个地址为止，形成一个扫描循环，周而复始。一方面所扫描到的指令被执行后，其结果马上就可以被将要扫描到的指令所利用；另一方面还可以通过 CPU 设置扫描时间监视定时器来监视每次扫描是否超过规定的时间，从而避免由于 CPU 内部故障使程序执行进入死循环而造成的故障。

对用户程序的循环扫描执行过程，可分为输入采样、程序执行和输出刷新三个阶段，如图 6-29 所示。

①　输入采样阶段。在输入采样阶段，PLC 以扫描方式将所有输入端的输入信号状态（ON/OFF 状态）读入到输入映像寄存器中寄存起来，称为对输入信号的采样。接着转入程序执行阶段，

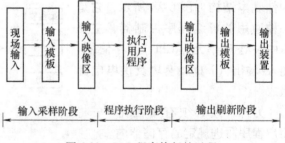

图 6-29　PLC 程序执行的过程

在程序执行期间，即使输入状态变化，输入映像寄存器的内容也不会改变。输入状态的变化只能在下一个工作周期的输入采样阶段才被重新读入。

②　程序执行阶段。在程序执行阶段，PLC 对程序按顺序进行扫描。如程序用梯形图表示，则总是按先上后下、先左后右的顺序扫描。每扫描到一条指令时所需要的输入状态或其他元素的状态，分别由输入映像寄存器或输出映像寄存器中读入，然后进行相应的逻辑或算术运算，运算结果再存入专用寄存器。若执行程序输出指令时，则将相应的运算结果存入输出映像寄存器。

③　输出刷新阶段。在所有指令执行完毕后，输出映像寄存器中的状态就是欲输出的状态。在输出刷新阶段将其转存到输出锁存电路，再经输出端子的输出信号去驱动用户输出设备，这就是 PLC 的实际输出。

PLC 重复地执行上述三个阶段，每重复一次就是一个工作周期（或称扫描周期）。工作周期的长短与程序的长短有关。

3. PLC 在数控机床控制中的应用

CNC 给 PLC 的信息主要是 M、S、T 等辅助功能代码。

（1）M、S、T 功能的实现

1）M 功能的实现。PLC 完成的 M 功能是多样的。根据不同的 M 代码，可以控制主轴正反转或停止，主轴齿轮箱的变速，切削液的开、关，卡盘的夹紧与松开，以及自动换刀装置机械手取刀、归刀等运动。

2）S 功能的实现。S 代码用来指定主轴转速。CNC 装置将 S 代码送入 PLC，经电平转换、译码、数据转换、限位控制和 D/A 转换，最后送给主轴电动机伺服系统，其中限位控制是在 S 代码对应的转速大于规定的最高转速时，限定最高转速。当 S 代码对应的转速小于规定的最低速度时，限制最低转速。

3）T 功能的实现。刀具功能 T 也由 PLC 实现，给自动换刀系统的管理带来了很大的方便。自动换刀控制方式有固定存取换刀方式和随机存取换刀方式，它们分别采用刀套编码制和刀具编码制。对于刀套编码的 T 功能处理过程是：CNC 装置送出 T 代码指令给 PLC，PLC 经过译码，在数据表内检索，找到 T 代码指定的新刀号所在的数据表的表地址，并与现行刀号进行判别比较，如不符合，则将刀库回转指令发送给刀库控制系统，直到刀库定位到新刀号位置时，刀库停止回转，并准备换刀。

（2）机床控制程序的设计流程　机床控制程序的设计流程如图 6-30 所示。

1）首先要确定所控制的机床与 PLC 之间的输入、输出信号。确定哪些机床信号（如按钮、行程开关、继电器触点、无触点开关的信号等）需要输入给 PLC，哪些信号需要从 PLC 输出给机床（如继电器线圈、指示灯以及其他的执行电路），从而计算出对于 PLC 的输入、输出线的数目。注意：从机床直接送至 NC 的信号线也应包括在从机床到 PLC 的输入线的数目中。

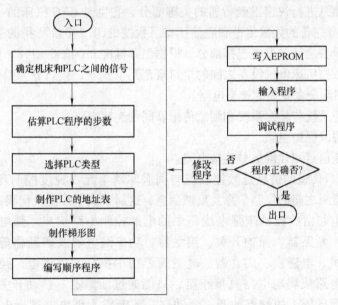

图 6-30　机床控制程序的设计流程

2）根据所控制的机床，估算出所要求的 PLC 的存储器的容量。存储器容量视机床的复杂程度而定。通常，数控车床约 1000 步，小型加工中心约 1500 步，复杂、大型的加工中心约 5000 步。

3）根据所确定的输入、输出线的数目和所估算的 PLC 存储器的容量，以及所选用的数控系统，选用适配的 PLC。

4）制作 PLC 的地址表。根据 PLC 所给定的地址范围，对每个与 PLC 控制有关的信号赋予专用的信号名和地址。凡是输入给 PLC 的信号（如从机床输入给 PLC 或从 NC 输入给 PLC）均称为 PLC 的输入，凡是从 PLC 输出的信号（如从 PLC 输出给机床或从 PLC 输出给 NC）均称为 PLC 的输出。根据这个原则可以制作出 PLC 的输入和输出地址表。另外，还可以制作出控制继电器地址表、计时器地址表、计数器地址表、数据地址表以及保持继电器地址表等。

5）画梯形图。根据 PLC 所指定的表达方式和对机床的控制要求，画出梯形图。

6）编与顺序程序。即用 PLC 的指令来描述梯形图的内容，以便于把梯形图上的顺序程序写入到存储器中。

7）写入顺序程序。写入顺序程序一般用编程器键盘输入。

8）在确认顺序程序写入无误后，把它写入到 EPROM 中。

9）把写有顺序程序的 EPROM 插到 PLC 板的指定位置上。

10）调试顺序程序，可以用模拟装置代替机床，根据机床的状态，用开关状态的"闭合"和"断开"来模拟机床的输入信号，用灯的亮或不亮来检查 PLC 的输出信号。

11）经过调试后，如果认为程序无误，则机床的控制程序的设计就完成了。如果程序有误，则应该修改程序后，再从第 7）步开始重复调试，直到程序无误为止。

6.1.7 CNC 系统的接口电路

1. 概述

接口是保证信息进行快速正确传递的关键部分，它也是 CNC 机床的一个组成部分。现代 CNC 系统都具有完备的数据传送和通信接口。数控机床"接口"指的是数控系统与机床及机床电气控制设备之间的电气连接部分。根据国际标准 ISO4336—1982（E）《机床数字控制　数控装置和数控机床电气设备之间的接口规范》的规定，接口分为四类：

第 I 类是与驱动命令有关的连接电路。

第 II 类是数控系统与检测系统和测量传感器间的连接电路。

第 III 类是电源及保护电路。

第 IV 类是通断信号和代码信号连接电路。

第 I、II 类接口传递的信息是数控系统与伺服驱动单元（速度控制环）、伺服电动机、位置检测和速度检测之间的控制信息及反馈信息，这属于数字控制及伺服控制。

第 III 类接口电路由数控机床强电线路中的电源控制电路构成。强电电路由电源变压器、控制变压器、断路器、保护开关、接触器、功率继电器及熔断器等连接而成，以便为辅助交流电动机、电磁铁、离合器、电磁阀等功率执行元件供电。强电电路不能与低压下工作的控制电路或弱电电路直接连接，只能通过断路器、热动开关、中间继电器等器件转换成在直流低压下的触点的开、合动作，才能成为继电器逻辑电路和 PLC 可接收的电信号。

第Ⅳ类开关信号和代码信号是数控系统与外部传送的输入/输出控制信号。当 CNC 系统带有 PLC 时，除极少数高速信号外，信号都通过 PLC 传送。第Ⅳ类接口信号根据其功能的必要性可以分为两类：必须信号和任选信号。必须信号指为了保护人身安全和设备安全，或为了操作、兼容性所必需有的信号，如"急停"、"进给保持"、"循环启动"、"NC 准备好"等。任选信号是在特定的数控系统和机床相配时才需要的信号，如"行程极限"、"JOG 命令"（手动连续进给）、"NC 报警"、"程序停止"、"复位"等。

CNC 系统接口电路的主要任务如下：

（1）电平转换和功率放大　由于数控系统内是 TTL 电平，要控制的设备或电路不一定是 TTL 电平，负载较大，因此要进行电平转换和功率放大。

（2）防止干扰引起误动作　要用光耦合器或继电器将 CNC 系统与机床电器之间的信号在电气上加以隔离。

（3）数/模和模/数转换　当采用模拟量传送时，在 CNC 系统和机床电气设备之间要接入数/模（D/A）和模/数（A/D）转换电路。

（4）防止信号畸变　信号在传输过程中，出于衰减、噪声和反射等影响会发生畸变，因此要根据信号类别及传输线质量，采取一定措施并限制信号的传输距离。

2. CNC 系统的 I/O 接口

对 CNC 系统而言，由机床（MT）向 CNC 系统传送的信号成为输入信号；由 CNC 系统向 MT 传送的信号称为输出信号。这些输入/输出的信号类型有：直流数字输入/输出信号，直流模拟输入/输出信号，交流输入/输出信号。其中应用最多的是直流数字输入/输出信号。直流模拟信号用于进给坐标轴和主轴的伺服控制，或其他接收，发送模拟信号的设备，交流信号用于直接控制功率执行器件。接收或发送模拟信号和交流信号需要专门的接口电路。在实际应用中，一般都采用独立型 PLC，并配置专门的接口电路才能实现。下面介绍应用最多的直流数字输入/输出接口电路。

（1）直流输入信号接口电路　输入接口是用于接收机床操作面板上的各种开关、按钮信号及机床上的各种限位开关信号。有以触点输入的接口电路和以电压输入的接口电路，如图 6-31 和图 6-32 所示。

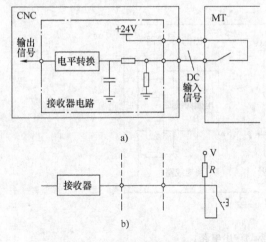

图 6-31　触点输入的接口电路

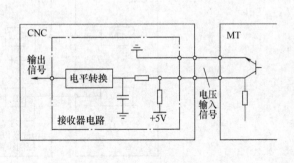

图 6-32　电压输入的接口电路

为了防止触点输入电路中的触点抖动，经常采用施密特电路或 R-S 触发器进行整形。

（2）直流输出信号接口电路　输出接口是将机床各种工作状态送到机床操作面板，把控制机床动作的信号送到强电箱，因此有继电器输出接口电路和无触点输出接口电路，如图 6-33 和图 6-34 所示。

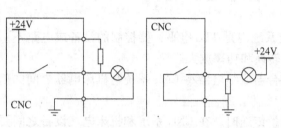

图 6-33　继电器输出接口电路

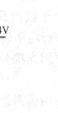

图 6-34　无触点输出接口电路

在输出接口电路中需要注意对驱动电路和负载器件的保护。

① 对继电器一类电感性负载，必须安装火花抑制电路。

② 对于电容性负载，应在信号输出负载线路中串联限流电阻，以确保负载承受的瞬时电流和电压被限制在额定值内。

③ 在用晶体管输出电流直接控制指示灯时，应设置保护电路以防止晶体管被击穿。

④ 当被驱动负载是电磁开关、电磁离合器、电磁阀线圈等交流负载时，或虽是直流负载，但工作电压或电流超过输出信号的工作范围时，应先用输出信号驱动小型中间继电器，然后用它们的触点接通强电线路的功率继电器或直接去激励这些负载（见图 6-35）。当 CNC 系统中的 PLC 本身具有交流输入/输出信号接口，或具有直流大负载驱动的专用接口时，输出信号就不必经中间继电器，可以直接驱动负载器件。

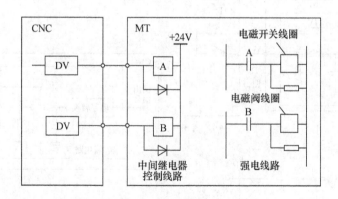

图 6-35　大负载驱动输出电路

3. CNC 系统的串行通信接口

随着数控机床的广泛应用及数控技术的不断发展，连接数控设备与上层计算机的 DNC 技术已成为实现 CAD/CAPP/CAM 一体化的纽带，也成为 FMS、CIMS 实现设计集成和信息集成的基本手段。DNC 由直接数字控制发展到分布式数字控制，其内涵和功能都有了扩展。前者主要功能是为了解决早期数控系统避免使用纸带下传 NC 程序，称为基本 DNC；后者除传送 NC 程序外，还具有系统状态采集和远程控制等功能，称为广义 DNC。

典型数控系统的 DNC 通信接口可以分为四类：经济型数控系统、无 RS232C 串行通信接口数控系统、有 RS232C 串行通信接口数控系统和有 DNC 通信接口数控系统。

目前使用的数控系统大多带有 RS232C 串行通信接口，通过 RS232C 接口可直接实现基本 DNC。要实现广义 DNC 的系统状态采集和远程控制功能，需要外接 DNC 通信接口板以增加 I/O 控制功能。

MAP 是美国 GM 公司研究和开发的应用于工厂车间环境的通用网络通信标准。目前它已成为工厂自动化的通信标准，被许多国家和企业所接受。MAP 的特点如下：

1）网络为总线结构，采用适于工业环境的网络访问方式。

2）采用了适应工业环境的技术措施，提高了可靠性。

3）具有较完善的、明确而针对性强的高层协议，以支持工业应用。

4）具有较完善的体系和互联技术，使网络易于配置和扩展。

5）专为 CIMS 需要开发的。

6.2 数控检测装置

6.2.1 概述

1. 对位置检测装置的要求

在数控机床中，数控装置是依靠指令值与位置检测装置的反馈值进行比较，来控制工作台运动的。位置检测装置是 CNC 系统的重要组成部分。在闭环系统中，它的主要作用是检测位移量，并将检测的反馈信号和数控装置发出的指令信号相比较，若有偏差，经放大后控制执行部件，使其向着消除偏差的方向运动，直到偏差为零。为提高数控机床的加工精度，必须提高测量元件和测量系统的精度。

数控机床对位置检测装置的要求如下：

1）受温度、湿度的影响小，工作可靠，能长期保持精度，抗干扰能力强。

2）在机床执行部件移动范围内，能满足精度和速度的要求。

3）使用维护方便，适应机床工作环境。

4）成本低。

2. 检测装置的分类

按工作条件和测量要求的不同，测量方式也有不同的划分方法。位置检测装置的分类见表 6-5。

表 6-5　位置检测装置的分类

位置检测装置	按检测方式分类	直接测量	光栅、感应同步器、编码盘
		间接测量	编码盘、旋转变压器
	按测量装置编码方式分类	增量式测量	光栅、增量式光电码盘
		绝对式测量	接触式码盘、绝对式光电码盘
	按检测信号的类型分类	数字式测量	光栅、光电码盘、接触式码盘
		模拟式测量	旋转变压器、感应同步器、磁栅

（1）直接测量和间接测量　测量传感器按形状可以分为直线型和回转型。

若测量传感器所测量的指标就是所要求的指标，即直线型传感器测量直线位移，回转型传感器测量角位移，则该测量方式为直接测量。

若回转型传感器测量的角位移只是中间量，由它再推算出与之对应的工作台直线位移，那么该测量方式为间接测量，其测量精度取决于测量装置和机床传动链两者的精度。

（2）增量式测量和绝对式测量　按测量装置编码的方式可以分为增量式测量和绝对式测量。

增量式测量的特点是只测量位移增量，即工作台每移动一个测量单位，测量装置便发出一个测量信号，此信号通常是脉冲形式。

绝对式测量的特点是被测的任一点的位置都由一个固定的零点算起，每一测量点都有一对应的测量值。

（3）数字式测量和模拟式测量

1）数字式测量以量化后的数字形式表示被测的量。数字式测量的特点是测量装置简单，信号抗干扰能力强，且便于显示处理。

2）模拟式测量是将被测的量用连续的变量表示，如用电压变化、相位变化来表示。

数控机床检测元件的种类很多，在数字式位置检测装置中，采用较多的有光电编码器、光栅等。在模拟式位置检测装置中，多采用感应同步器、旋转变压器和磁尺等。数字式的传感器使用方便可靠（如光电编码器和光栅等），因而应用最为广泛。

在数控机床上除位置检测外，还有速度检测，其目的是精确地控制转速。转速检测装置常用测速发电机、回转式脉冲发生器。

6.2.2　光栅

1. 光栅的结构和工作原理

光栅是一种最常见的测量装置，具有精度高、响应速度快等优点，光栅测量是一种非接触式测量。光栅利用光学原理进行工作，按形状可分为圆光栅和长光栅。圆光栅用于角位移的检测，长光栅用于直线位移的检测。光栅的检测精度较高，可达 $1\mu m$ 以上。

光栅是利用光的透射、衍射现象制成的光电检测元件，主要由光栅尺（包括标尺光栅和指示光栅）和光栅读数头两部分组成，如图 6-36 所示。通常标尺光栅固定在机床的运动部件（如工作台或丝杠）上，光栅读数头安装在机床的固定部件（如机床底座）上，两者随着工作台的移动而相对移动。在光栅读数头中，安装着一个指示光栅，当光栅读数头相对于标尺光栅移动时，指示光栅便在标尺光栅上移动。当安装光栅时，要严格保证标尺光栅和指示光栅的平行度以及两者之间的间隙（一般取 0.05mm 或 0.1mm）要求。

光栅尺是用真空镀膜的方法光刻上均匀密集线纹的透明玻璃片或长条形金属镜面。对于长光栅，这些线纹相互平行，各线纹之间的距离相等，称此距离为栅距。对于圆光栅，这些线纹是等栅距角的向心条纹。栅距和栅距角是决定光栅光学性质的基本参数。同一个光栅元件，其标尺光栅和指示光栅的线纹密度必须相同。

光栅读数头由光源、透镜、指示光栅、光敏元件和驱动电路组成，如图 6-36 所示。读数头的光源一般采用白炽灯。白炽灯发出的辐射光线经过透镜后变成平行光束，照射在光栅尺上。光敏元件是一种将光强信号转换为电信号的光电转换元件，它接收透过光栅尺的光强信号，并将其转换成与之成比例的电压信号。由于光敏元件产生的电压信号一般比较微弱，在长距离传送时很容易被各种干扰信号所淹没、覆盖，造成传送失真。为了保证光敏元件输出的信号在传送中不失真，应首先将该电压信号进行功率和电压放大，然后再进行传送。驱动电路就是实现对光敏元件输出信号进行功率和电压放大的电路。

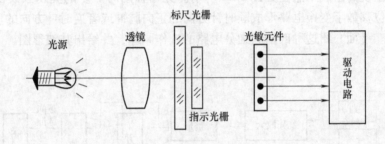

图 6-36　光栅读数头

如果将指示光栅在其自身的平面内转过一个很小的角度 β，使两块光栅的刻线相交，当平行光线垂直照射标尺光栅时，则在相交区域出现明暗交替、间隔相等的粗大条纹，称为莫尔条纹。由于两块光栅的刻线密度相等，即栅距 λ 相等，使产生的莫尔条纹的方向与光栅刻线方向大致垂直，其几何关系如图 6-37b 所示。当 β 很小时，莫尔条纹的节距 p 为

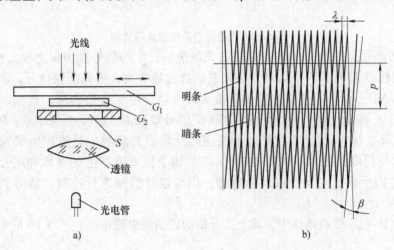

图 6-37　光栅的工作原理

$$p = \frac{\lambda}{\beta}$$

这表明，莫尔条纹的节距是栅距的 $1/\beta$ 倍。当标尺光栅移动时，莫尔条纹就沿与光栅移动方向垂直的方向移动。当光栅移动一个栅距 λ 时，莫尔条纹就相应准确地移动一个节距 p，也就是说，两者一一对应。因此，只要读出移过莫尔条纹的数目，就可知道光栅移过了多少个栅距。在制造光栅时栅距是已知的，所以光栅的移动距离就可以通过光电检测系统对移过的莫尔条纹进行计数处理后自动测量出来。

光栅的刻线为 100 条，即栅距为 0.01mm 时，人们是无法用肉眼来分辨的，但它的莫尔条纹却清晰可见。所以莫尔条纹是一种简单的放大机构，其放大倍数取决于两光栅刻线的夹角 β，如 $\lambda = 0.01$mm，$p = 5$mm，则其放大倍数为 $1/\beta = p/\lambda = 500$ 倍。这种放大特点是莫尔条纹系统的独具特性。莫尔条纹还具有平均误差的特性。

2. 光栅位移-数字变换电路

光栅测量系统的组成示意图如图 6-38 所示。光栅移动时产生的莫尔条纹由光电元件接收，然后经过位移数字变换电路形成顺时针方向的正向脉冲或者逆时针方向的反向脉冲，输入可逆计数器。下面介绍这种四倍频细分电路的工作原理，并给出其波形图。

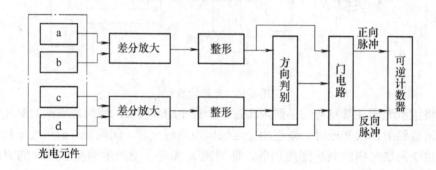

图 6-38 光栅测量系统组成示意图

如图 6-39a 所示 a、b、c、d 是四块硅光电池，产生的信号在相位上彼此相差 90°。a、b 信号是相位相差 180°的两个信号，送入差动放大器放大，得到正弦信号。将信号幅度放大到足够大。同理 c、d 信号送入另一个差动放大器，得到余弦信号。正弦、余弦信号经整形变成方波 A 和 B，信号 A 和 B 经反相得到信号 C 和 D，信号 A、B、C、D 再经微分变成窄脉冲 A′、B′、C′、D′，即在顺时针或逆时针每个方波的上升沿产生窄脉冲，如图 6-39b 所示。由与门电路把 0°、90°、180°、270°四个位置上产生的窄脉冲组合起来，根据不同的移动方向形成正向脉冲或反向脉冲，用可逆计数器进行计数，就可测量出光栅的实际位移。

在光栅位移-数字变换电路中，除上面介绍的四倍频电路以外，还有 10 倍频、20 倍频电路等。

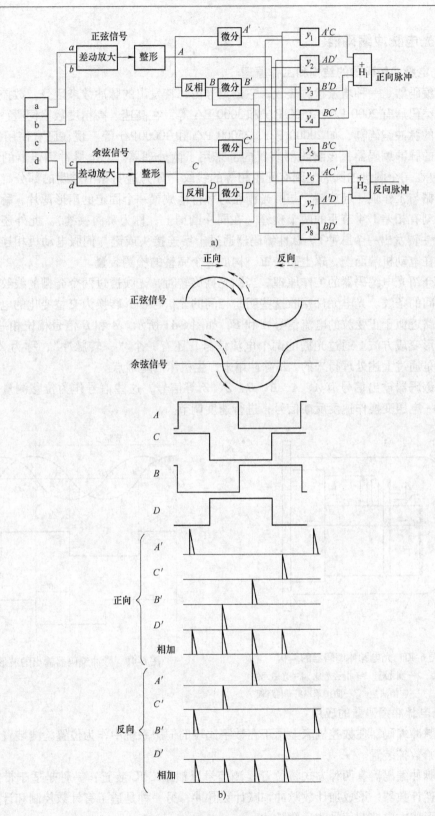

图 6-39 四倍频电路波形图

6.2.3　光电脉冲编码器

1. 光电脉冲编码器的结构和工作原理

脉冲编码器是一种增量检测装置，它的型号由每转发出的脉冲数来区分。数控机床上常用的脉冲编码器有 2000 P/r、2500 P/r 和 3000 P/r 等，在高速、高精度数字伺服系统中应用高分辨率的脉冲编码器，如 20000 P/r、25000 P/r 和 30000P/r 等。现在已有使用每转发 10 万个脉冲的脉冲编码器，该编码器装置内部采用了微处理器。光电脉冲编码器的结构如图 6-40 所示。在一个圆盘的圆周上刻有间距相等的线纹，分为透明和不透明的部分，称为圆光栅。圆光栅与工作轴一起旋转，与圆光栅相对平行地放置一个固定的扇形薄片，称为指示光栅，上面刻有相差 1/4 节距的两个狭缝（在同一圆周上，称为辨向狭缝）。此外还有一个零位狭缝（一转发出一个脉冲）。脉冲编码器通过十字连接头或键与伺服电动机相连，它的法兰盘固定在电动机端面上，罩上防护罩，构成一个完整的检测装置。

下面介绍光电编码器的工作原理。当圆光栅旋转时，光线透过两个光栅的线纹部分，形成明暗相间的条纹。光电元件接收这些明暗相间的光信号，并转换为交替变化的电信号。该信号为两路近似于正弦波的电流信号 A 和 B，如图 6-41 所示。A 和 B 信号相位相差 90°，经放大和整形变成方波。通过光栅的两个电流信号，还有一个"一转脉冲"，称为 Z 相脉冲，该脉冲也是通过上述处理得来的。A 脉冲用来产生机床的基准点。

脉冲编码器输出信号有 A、$\overline{A}$、B、$\overline{B}$、Z、$\overline{Z}$ 等信号，这些信号作为位移测量脉冲，并经过频率—电压变换作速度反馈信号，进行速度调节。

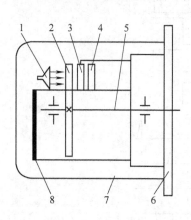

图 6-40　光电脉冲编码器的结构

1—光源　2—圆光栅　3—指示光栅　4—光敏元件
5—轴　6—连接法兰　7—防护罩　8—电路板

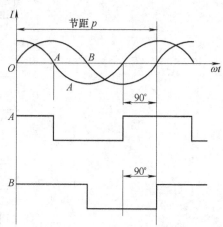

图 6-41　脉冲编码器输出的波形

2. 光电脉冲编码器的应用

光电脉冲编码器在数控机床上用于在数字比较的伺服系统中作为位置检测装置，将检测信号反馈给数控装置。

光电脉冲编码器有两种方式将位置检测信号反馈给 CNC 装置：一种是适于带加减计数要求的可逆计数器，形成加计数脉冲和减计数脉冲；另一种是适于有计数控制和计数要求的计数器，形成方向控制信号和计数脉冲。

在此，仅以第二种应用方式为例，通过给出该方式的电路图（见图6-42a）和波形图（见图6-42b）来简要介绍其工作过程。脉冲编码器的输出信号 A、$\overline{A}$、B、$\overline{B}$ 经差分、微分、与非门 C 和 D，由 RS 触发器（由1、2 与非门组成）输出方向信号，正走时为"0"，反走时为"1"，由与非门3 输出计数脉冲。

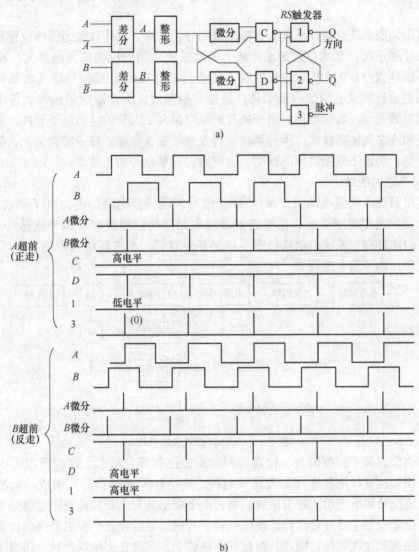

a)

b)

图 6-42 脉冲编码器的应用

正走时，A 脉冲超前 B 脉冲，D 门在 A 信号控制下，将 B 脉冲上升沿微分作为计数脉冲反向输出，为负脉冲。该脉冲经与非门3 变为正向计数脉冲输出。D 门输出的负脉冲同时又将触发器置为"0"状态，Q 端输出"0"，作为正走方向控制信号。

反走时，B 脉冲超前 A 脉冲。这时，由 C 门输出反走时的负计数脉冲，该负脉冲也由与非门3 反向输出作为反走时计数脉冲。不论正走、反走，与非门3 都为计数脉冲输出门。反走时，C 门输出的负脉冲使触发器置"1"，作为反走时方向控制信号。

6.3 数控伺服系统

6.3.1 概述

数控机床伺服系统是数控系统的重要组成部分,它是以机床移动部件的位置和速度为控制量的自动控制系统,又称位置随动系统、驱动系统、伺服机构或伺服单元。在数控机床中,伺服系统是数控装置和机床主机的联系环节,接收 CNC 装置插补器(由硬件或软件组成)发出的进给脉冲或进给位移量信息,经过变换和放大由伺服电动机带动传动机构,最后转化为机床的直线或旋转位移。由于伺服系统中包含了大量的电力电子器件,并应用了反馈控制原理和许多其他新技术,因此系统结构复杂、综合性强。在一定意义上,伺服系统的静、动态性能,决定了数控机床的精度、稳定性、可靠性和加工效率。

1. 伺服系统的组成

数控伺服系统由伺服电动机(M)、驱动信号控制转换电路、电力电子驱动放大模块、电流调解单元、速度调解单元、位置调解单元和相应的检测装置(如光电脉冲编码器 G)等组成。一般闭环伺服系统的结构如图 6-43 所示。这是一个三环结构系统,外环是位置环,中环是速度环,内环为电流环。

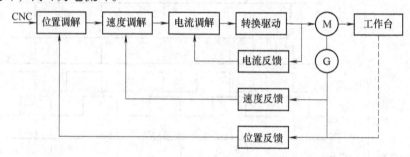

图 6-43 闭环伺服系统的结构

位置环由位置调节控制模块、位置检测和反馈控制部分组成。速度环由速度比较调节器、速度反馈和速度检测装置(如测速发电机、光电脉冲编码器等)组成。电流环由电流调节器、电流反馈和电流检测环节组成。电力电子驱动装置由驱动信号产生电路和功率放大器等组成。位置控制主要针对进给运动坐标轴,对进给轴的控制是要求最高的位置控制,不仅对单个轴的运动速度和位置精度的控制有严格要求,而且在多轴联动时,还要求各进给运动轴有很好的动态配合,才能保证加工精度和表面质量。

位置控制功能包括位置控制、速度控制和电流控制。速度控制功能只包括速度控制和电流控制,一般用于对主运动坐标轴的控制。

2. 对伺服系统的基本要求

伺服系统为数控系统的执行部件,不仅要求稳定地保证所需的切削力矩和进给速度,而且要准确地完成指令规定的定位控制或者复杂的轮廓加工控制。对伺服系统的基本要求如下:

(1)精度高 伺服系统的精度是指输出量能复现输入量的精确程度。作为数控加工,对定位精度和轮廓加工精度要求都比较高，定位精度一般允许的偏差为 0.01 ~ 0.001mm，甚至 0.1μm。轮廓加工精度与速度控制、联动坐标的协调一致控制有关。在速度控制中，要求较高的调速精度，及比较强的抗负载扰动能力，即对静态、动态精度要求都比较高。

（2）稳定性好 稳定是指系统在给定输入或外界干扰作用下，能在短暂的调节过程后，达到新的或者恢复到原来的平衡状态，使伺服系统有较强的抗干扰能力。稳定性是保证数控机床正常工作的条件，直接影响数控加工的精度和表面粗糙度。

（3）快速响应 快速响应是伺服系统动态品质的重要指标，它反映了系统的跟踪精度。为了保证轮廓切削的几何精度和小的加工表面粗糙度值，要求伺服系统跟踪指令信号的响应要快：一方面要求过渡过程（电动机从静止到额定转速）的时间要短；另一方面要求超调要小。这两方面的要求往往是矛盾的，实际应用中要采取一定措施，按工艺加工要求做出一定的选择。

（4）调速范围宽 调速范围 R_n 是指生产机械要求电机能提供的最高转速 n_{max} 和最低转速 n_{min} 之比。通常表示为

$$R_n = \frac{n_{max}}{n_{min}}$$

式中，n_{max} 和 n_{min} 一般是指额定负载时的转速，对于少数负载很轻的机械，也可以是实际负载时的转速。

在数控机床中，由于加工用刀具、被加工材质及零件加工要求的不同，伺服系统需要具有足够宽的调速范围。

伺服控制系统的总体控制效果由位置控制和速度控制一起决定（也包括电流控制）。对速度控制不过分地追求像位置控制那么大的控制范围，否则，速度控制单元将会变得相当复杂。这将提高成本，又将降低可靠性。

主轴伺服系统主要是速度控制，它要求低速（额定转速以下），恒转矩调速具有 1:（100 ~ 1000）的调速范围，高速（额定转速以上）恒功率调速具有 1:10 以上的调速范围。

（5）低速大转矩 机床加工的特点是，在低速时进行重切削。因此，要求伺服系统在低速时要有大的转矩输出。进给坐标的伺服控制属于恒转矩控制，在整个速度范围内都要保持这个转矩。主轴坐标的伺服控制在低速时为恒转矩控制，能提供较大转矩。在高速时为恒功率控制，具有足够大的输出功率。

伺服系统中的执行元件伺服电动机是一个非常重要的部件，应具有高精度、快反应、宽调速和大转矩的优良性能，尤其对进给伺服电动机要求更高。具体要求如下：

1）电动机从低速到高速范围内能平滑运转，且转矩波动要小。在最低转速（如 0.1r/min）或更低转速时，仍有平稳的速度而无爬行现象。

2）电动机应具有大的、较长时间的过载能力，以满足低速大转矩的要求。电动机能在数分钟内过载数倍而不损坏。

3）由于响应速度直接影响到系统的品质，为了满足快速响应的要求，即随着控制信号的变化，电动机应能在较短时间内达到规定的速度。因此，要求电动机必须具有较小的转动惯量，较大的转矩、尽可能小的机电时间常数和很大的加速度（400r/s² 以上），这样才能保证电动机在 0.2s 以内从静止起动到额定转速。

4）电动机应能承受频繁的起动、制动和正反转。

3. 伺服系统的分类

（1）按调节理论分类　可分为开环伺服系统、闭环控制系统和半闭环控制系统。

（2）按使用的执行元件分类

1）电液伺服系统。电液伺服系统的执行元件通常为电液脉冲马达和电液伺服马达，其前一级为电气元件，驱动元件为液动机和液压缸。电液伺服系统具有在低速下可以得到很高的输出转矩，以及刚性好、时间常数小、反应快和速度平稳等优点。然而，液压系统需要油箱、油管等供油系统，体积大。此外，还有噪声、漏油等问题。目前已被电气伺服系统代替。只有当具有特殊要求时，才采用电液伺服系统。

2）电气伺服系统。电气伺服系统的执行元件为伺服电动机，驱动单元为电力电子器件，操作维护方便，可靠性高。现代数控机床均采用电气伺服系统。电气伺服系统分为步进伺服系统、直流伺服系统和交流伺服系统。

①　直流伺服系统。直流伺服系统的进给运动系统采用大惯量宽调速永磁直流伺服电动机和中小惯量直流伺服电动机；主运动系统采用他励直流伺服电动机。大惯量直流伺服电动机具有良好的调速性能，输出转矩大，过载能力强。由于电动机自身惯量较大，容易与机床传动部件进行惯量匹配，所构成的闭环系统易于调整。中小惯量直流伺服电动机用减少电枢转动惯量的方法获得快速性。中小惯量电动机一般都设计成有高的额定转速和低的惯量，所以应用时，要经过中间机械减速传动来达到增大转矩和与负载进行惯量匹配的目的。直流电动机配有晶闸管全控桥（或半控桥）或大功率晶体管脉宽调制的驱动装置。该系统的缺点是电动机有电刷，限制了转速的提高，而且结构复杂，价格较贵。

②　交流伺服系统。交流伺服系统使用交流感应异步伺服电动机（一般用于主轴伺服系统）和永磁同步伺服电动机（一般用于进给伺服系统）。由于直流伺服电动机使用机械（电刷、换向器）换向，存在着一些固有的缺点，使其应用受到限制。20世纪80年代以后，由于交流伺服电动机的材料、结构、控制理论和方法均有突破性的进展，电力电子器件的发展又为控制与方法的实现创造了条件，使得交流驱动装置发展很快，目前已取代了直流伺服系统。该系统的最大优点是电动机结构简单，不需要维护，适合于在恶劣环境下工作。此外，交流伺服电动机还具有动态响应好、转速高和容量大等优点。

当今，交流伺服系统已实现了全数字化，即在伺服系统中，除了驱动级外，电流环、速度环和位置环全部数字化。全部伺服的控制模型、数控功能、静动态补偿、前馈控制、最优控制、自学习功能等均由微处理器及其控制软件高速实时地实现。其性能更加优越，已达到和超过直流伺服系统。

（3）按被控对象分类

1）进给伺服系统。进给伺服系统是指一般概念的位置伺服系统，它包括速度控制环和位置控制环。进给伺服系统控制机床各进给坐标轴的进给运动，具有定位和轮廓跟踪功能，是数控机床中要求最高的伺服控制。

2）主轴伺服系统。一般的主轴伺服系统只是一个速度控制系统，控制主轴的旋转运动，提供切削过程中的转矩和功率，完成在转速范围内的无级变速和转速调节。当主轴伺服系统要求有位置控制功能时（如数控车床类机床），称为C轴控制功能。这时主轴与进给伺服系统一样，为一般概念的位置伺服控制系统。

此外，刀库的位置控制是为了在刀库的不同位置选择刀具，与进给坐标轴的位置控制相比，性能要低得多，故称为简易位置伺服系统。

（4）按反馈比较控制方式分类

1）脉冲、数字比较伺服系统。该系统是闭环伺服系统中的一种控制方式。它将数控装置发出的数字（或脉冲）指令信号与检测装置测得的以数字（或脉冲）形式表示的反馈信号直接进行比较，以产生位置误差，达到闭环控制。

脉冲、数字比较伺服系统结构简单，容易实现，整机工作稳定，应用十分普遍。

2）相位比较伺服系统。在该伺服系统中，位置检测装置采用相位工作方式。指令信号与反馈信号都变成了某个载波的相位，通过两者相位的比较，获得实际位置与指令位置的偏差，实现闭环控制。

相位比较伺服系统适用于感应式检测元件（如旋转变压器、感应同步器）的工作状态，可以得到满意的精度。

3）幅值比较伺服系统。幅值比较伺服系统以位置检测信号的幅值大小来反映机械位移的数值，并以此信号作为位置反馈信号，一般还要进行幅值信号和数字信号的转换，进而获得位置偏差构成闭环控制系统。

在以上三种伺服系统中，相位比较和幅值比较系统从结构上和安装维护上都比脉冲、数字比较系统复杂和要求高，所以一般情况下，脉冲、数字比较伺服系统应用广泛。

4）全数字伺服系统。随着微电子技术、计算机技术和伺服控制技术的发展，数控机床的伺服系统已采用高速、高精度的全数字伺服系统，即由位置、速度和电流构成的三环反馈控制全部数字化，使伺服控制技术从模拟方式、混合方式走向全数字化方式。该类伺服系统具有使用灵活、柔性好的特点。数字伺服系统采用了许多新的控制技术和改进伺服性能的措施，使控制精度和品质大大提高。

6.3.2 伺服电动机

伺服电动机为数控伺服系统的重要组成部分，是速度和轨迹控制的执行元件。伺服系统的设计、调试与选用的电动机及其特性有密切关系，直接影响伺服系统的静、动态品质。在数控机床中常用的伺服电动机有：直流伺服电动机、交流伺服电动机、步进电动机和直线电动机等。直流伺服电动机具有良好的调速性能，在20世纪70、80年代的数控系统中得到了广泛的应用；交流伺服电动机由于结构和控制原理的发展，性能大大提高，从20世纪80年代末开始逐渐取代直流伺服电动机，是目前主要使用的电动机；步进电动机应用在轻载、负荷变动不大以及经济型数控系统中。直线电动机是一种很有发展前途的特种电动机，主要应用在高速、高精度的进给伺服系统中。这里重点介绍交流伺服电动机和直线电动机。

1. 交流伺服电动机及工作特性

在交流伺服系统中一般采用同步型交流伺服电动机和异步型交流伺服电动机。异步型交流伺服电动机结构简单，制造容量大，主要用在主轴驱动系统中；同步型交流伺服电动机可方便地获得与频率成正比的可变速度，可以得到非常硬的机构特性和很宽的调速范围，在电源电压和频度固定不变时，它的转速是稳定不变的，主要用在进给驱动系统中。

（1）永磁交流同步伺服电动机的结构和工作原理 交流同步伺服电动机分为励磁式、永磁式、磁阻式和磁滞式四种。前两种输出功率范围较宽，后两种输出功率小。各种交流同步伺服电动机的结构均类似，都由定子和转子两个主要部分组成。四种电动机的转子差别较大，励磁式同步伺服电动机转子结构较复杂，其他三种同步伺服电动机转子结构十分简单，磁阻式和磁滞式同步伺服电动机效率低，功率因数差。永磁式交流同步伺服电动机结构简单，运行可靠，效率高，所以在数控机床进给驱动系统中多数采用永磁交流同步伺服电动机。

1）永磁交流同步伺服电动机的结构。永磁交流同步伺服电动机由定子、转子和检测元件三部分组成。其结构如图 6-44 所示。电枢在定子上，定子具有齿槽，内有三相交流绕组，形状与普通交流感应电动机的定子相同。但采取了许多改进措施，如非整数节距的绕组、奇数的齿槽等。这种结构优点是气隙磁密度较高，极数较多。电动机外形呈多边形，且无外壳。转子由多块永磁铁和冲片组成，磁场波形为正弦波。转子结构中还有一类是有极靴的星形转子，采用矩形磁铁或整体星形磁铁。检

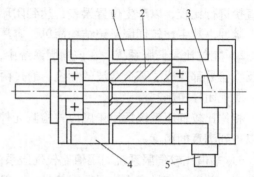

图 6-44　永磁交流同步伺服电动机的结构
1—定子　2—转子　3—脉冲编码器
4—定子三相绕组　5—接线盒

测元件（脉冲编码器或旋转变压器）安装在电动机轴上，它的作用是检测出转子磁场相对于定子绕组的位置。

2）永磁交流同步伺服电动机的工作原理和性能。

① 工作原理。永磁交流同步伺服电动机的工作原理很简单，与励磁式交流同步电动机类似，即转子磁场与定子磁场相互作用的原理。所不同的是，转子磁场不是由转子中激磁绕组产生，而是由转子永久磁铁产生的。具体是：当定子三相绕组通上交流电后，就产生一个旋转磁场，该旋转磁场以同步转速 n_s 旋转（见图 6-45）。根据磁极的同性相斥、异性相吸的原理，定子旋转磁极要与转子的永久磁铁磁极互相吸引住，并带着转子一起旋转。因此，转子也将以同步转速 n_s 与定子旋转磁场一起旋转。当转子轴上加有负载转矩之后，将造成定子磁场轴线与转子磁极轴线不一致（不重合），相差一个 θ 角，负载转矩变化，θ 角也变化。只要不超过一定界限，转子仍然跟定子以同步转速旋转。设转子转速为 n_0（单位为 r/min），则

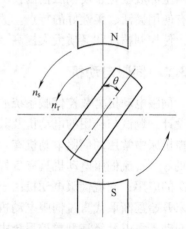

图 6-45　永磁交流同步伺服
电动机的工作原理

$$n_0 = n_s = 60f/p$$

式中　f——电源交流电频率（Hz）；
　　　p——转子磁极对数。

永磁交流同步电动机有一个问题是起动困难。这是由于转子本身的惯量以及定、转子磁场之间转速相差太大，使电动机在起动时，转子受到的平均转矩为零，因此不能自起动。解决这个问题不用加起动绕组的办法，而是在设计中设法减低转子惯量，以及在速度控制单元

中采取先低速后高速的控制方法等来解决自起动问题。

② 永磁交流同步伺服电动机的性能。永磁交流同步伺服电动机的性能用特性曲线和数据表来表示。最主要的是转矩-速度特性曲线，如图6-46所示。在连续工作区（Ⅰ区），速度和转矩的任何组合，都可连续工作。但连续工作区的划分受到一定条件的限制，划定条件有两个：一是供给电动机的电流是理想的正弦波；二是电动机工作在某一特定温度下。断续工作区（Ⅱ区）的范围更大，尤其在高速区，这有利于提高电动机的加、减速能力。

（2）交流主轴伺服电动机的结构和工作原理 交流主轴电动机与交流进给用伺服电动机不同。交流主轴电动机要提供很大的功率，如果用永久磁体，当容量做得很大时，电动机成本太高。主轴驱动系统的电动机还要具有低速恒转矩、高速恒功率的工况，因此，采用专门设计的笼型交流异步伺服电动机。

交流主轴伺服电动机从结构上分有带换向器和不带换向器两种。通常多用不带换向器的三相感应电动机。它的结构是定子上装有对称三相绕组，而在圆柱体的转子铁心上嵌有均匀分布的导条，导条两端分别用金属环把它们连在一起，称为笼型式转子。为了增加输出功率，缩小电动机的体积，采用了定子铁心在空气中直接冷却的办法，没有机壳，而且在定子铁心上做出了轴向孔以利通风。为此，在电动机外形上是呈多边形而不是圆形。电动机轴的尾部同轴安装有检测元件。交流主轴伺服电动机与普通交流异步电动机的比较如图6-47所示。

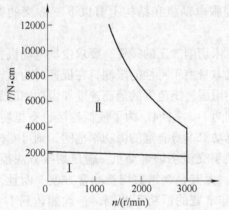
图6-46 永磁交流同步伺服电动机
的特性曲线

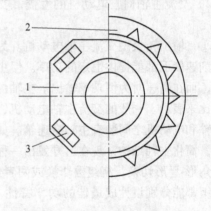
图6-47 交流主轴伺服电动机与普通
交流异步电动机的比较
1—交流主轴 2—普通交流异步电动机 3—通风孔

交流主轴伺服电动机的工作原理：当定子上对称三相绕组接通对称三相电源以后，由电源供给励磁电流，在定子和转子之间的气隙内建立起以同步转速旋转的旋转磁场，依靠电磁感应作用，在转子导条内产生感应电热。因为转子上导条已构成闭合回路，转子导条中就有电流流过，从而产生电磁转矩，实现由电能变为机械能的能量变换。

交流主轴伺服电动机的性能用特性曲线和数据表来表示。图6-48所示为交流主轴伺服电动机的功率-速度关系曲线。从图中曲线可见，交流主轴伺服电动机的特性曲线与直流主轴伺服电动机的特性曲线类似：在基本速度以下为恒转矩区域，而在基本速度以上为恒功率区域。但有些电动机，如图中所示那样，当电动机速度超过某一定值之后，其功率-速度曲线又往下倾斜，不能保持恒功率。对于一般主轴电动机，这个恒功率的速度范围只有1:3的

速比。另外，交流主轴电动机也有一定的
过载能力，一般为额定值的 1.2 ~ 1.5 倍，
过载时间则从几分钟到半个小时不等。

（3）交流伺服电动机的发展

1）永磁交流同步伺服电动机的发展。

① 新永磁材料的应用。第三代稀土
材料钕铁硼的矫顽力可达 $636 \times 10^3 \mathrm{A/m}$。
磁性能的提高，可使磁路尺寸比例发生很
大变化，从而缩小电动机体积。

② 永磁铁的结构改革。永磁交流同
步伺服电动机的永磁铁通常装在转子表

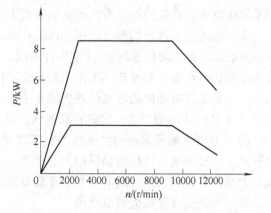

图 6-48　交流主轴伺服电动机的特性曲线

面，称为外装永磁电动机，还可将磁铁嵌在转子里面，称为内装永磁电动机。内装永磁交流
同步伺服电动机具有很多特点：电动机结构更牢固，允许在更高转速下运行；有效气隙小，
电枢反应容易控制，因此能实现恒转矩区和弱磁恒功率区的控制；可采用凸极转子结构
（纵轴感抗大于横轴感抗），靠磁场和磁阻效应两方面产生转矩。

③ 与机床部件一体化的电动机。如空心轴永磁交流同步伺服电动机，可使丝杠穿过空
心轴，有利于机电一体化设计。

2）交流主轴伺服电动机的发展。交流主轴伺服电动机在结构上有以下三方面的新发
展：

① 输出转换型交流主轴电动机。为了满足机床切削加工的需要，要求主轴电动机在任
何切削速度下都能提供恒定的功率。但主轴电动机本身由于特性的限制，在低速时为恒转矩
输出，而在高速时为恒功率输出。主轴的恒定特性用恒转矩范围的最高速度和恒功率时最高
速之比来表示。一般的交流主轴电动机，这个比例为 1:3 ~ 1:4。为了使低速区也有恒功率，
在主轴和电动机之间装有主轴变速箱。如果主轴电动机本身有宽的恒功率范围，则可省掉变
速箱，简化主轴结构，现在已开发出一种输出转换型交流主轴电动机。输出切换方法很多，
有三角形-星形切换、绕组数切换或两者组合切换。尤其是绕组数切换非常方便。而且，每
套绕组都能分别设计成最佳的功率特性，能得到非常宽的恒功率范围，一般能达到 1:8 ~
1:30。

② 液体冷却电动机。在电动机尺寸一定的条件下，输出功率受电动机发热的限制，为
此，必须解决发热的问题。一般采用风扇冷却的方法散热。如果采用液体（润滑油）强迫
冷却能在小体积条件下获得大的功率输出。液体冷却主轴电动机结构的特点是在电动机外壳
和前端盖中间有一个独特的油路通道，用强迫循环的润滑油经此来冷却绕组和轴承，使电动
机能在 20000 r/min 高速下连续运行。这类电动机功率范围也很宽。

③ 内装式主轴电动机。如果能将主轴与电动机制成一体，就可省去齿轮结构，使主轴
驱动简化。内装式主轴电动机的电动机轴就是主轴本身，而电动机的定子装在主轴头内。它
由三部分组成：空心轴转子、带绕组的定子和检测器。

2. 直线电动机

直线运动系统传统的驱动电动机为旋转电动机，经过机械转换装置将旋转运动变为直线
运动。目前数控机床进给运动的高效传动件仍然是滚珠丝杠，研究表明滚珠丝杠技术在 1g

加速度下，在卧式机床上可以可靠地工作，若加速度提高 0.5 倍则会出问题。一种替代技术是采用直线电动机技术。由于对直线运动高性能的要求，旋转电动机已不能满足要求。随着电机技术、材料科学和自动控制学科的发展，直线电动机的优越性越来越充分地体现出来。直线电动机用于数控伺服系统中，可以简化系统结构、提高定位精度、实现高速直线运动，乃至平面运动。

直线电动机可以认为是旋转电动机在结构上的一种演变，它可以看做将旋转电动机在径向剖开，然后将电动机沿着圆周展开成直线，这就形成了扁平型直线电动机。此外，上述直线电动机可以沿着和直线运动相垂直的方向卷成圆柱状（或管状），这就形成了管型直线电动机。

直线电动机由定子、动子（相当于旋转电动机的转子）组成，由于其结构的特殊性，使直线电动机的移动磁场存在"进口端"和"出口端"两个纵向边端，这两个纵向边端使气隙磁场更加扭曲，这种现象称为直线电动机的边缘效应。

直线电动机直接产生直线形式的机械运动（一维或二维），按其原理分为直线直流电动机、直线异步电动机、直线同步电动机、直线步进电动机和平面电动机等。目前，实用的平面电动机只限于平面步进电动机。

（1）直线直流电动机的工作原理和结构　永磁式直线直流电动机是常用的直线直流电动机，该电动机分为动圈式和动磁式两种。磁场固定，电枢线圈可移动，其结构形式和工作原理与扬声器相似，因此又称为音圈电动机。动磁式电动机为电枢线圈固定，磁场运动，适用于大行程的场合。

以动圈式直线直流电动机为例，其工作原理与永磁式直流电动机一样，即载流电枢线圈在永磁磁场中受力作用的原理。图 6-49 所示为动圈式直线直流电动机的结构简图。它属于管状结构形式，包括定子和动子两个主要部件。这种结构电动机的定子和动子气隙可以做得很小。它的力能指标能够达到旋转电动机的指标。动圈式又分长动圈和短动圈两种电枢结构。

长动圈式结构如图 6-49a 所示。该电动机电枢线圈的轴向长度比直线运动工作的行程长，故称为长动圈式直线电动机。此种电动机铜耗大，效率低，比推力均匀度较差，但永磁材料利用率高，电动机的体积小，质量轻。

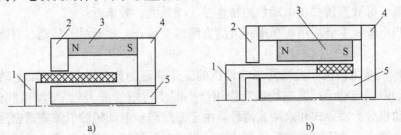

图 6-49　动圈式直线直流电动机的结构简图

a）长动圈式　b）短动圈式

1—动圈　2—前端板　3—磁钢　4—后端板　5—铁心

短动圈式结构如图 6-49b 所示。该电动机电枢线圈的轴向长度比直线运动工作的行程短，故称为短动圈式直线电动机。此种结构的电枢线圈长度利用率高，比推力均匀度较好。

但永磁材料利用率低。综合看，短动圈式直线电动机比长动圈式直线电动机性能好，用得较广。

直线直流电动机目前用于计算机外围设备、自动化仪器仪表、精密直流位移的机床、机器人以及制冷设备中。

（2）直线异步电动机的工作原理和结构　直线异步电动机的工作原理与旋转式异步电动机的工作原理一样，即定子合成旋转磁场（或合成移动磁场）与转子（或动子）的电流作用产生电磁转矩（或电磁力），使电动机旋转（或直线运动）。

直线异步电动机的结构包括定子、动子和直线运动支撑导轮三大部分。定子由定子铁心和定子绕组组成，它与交流电源相连产生移动磁场。动子有三种形式：第一种是磁性动子，由导磁材料制成，即起磁路作用，又作为笼型动子起导电作用；第二种动子是非磁性动子，只起导电作用，这种结构气隙较大，励磁电流大，损耗大；第三种是在动子导磁材料上面覆盖一层导电材料，覆盖层作为笼型绕组。这三种形式中，磁性动子结构最简单，动子既为导磁体又作为导电体，甚至可作为结构部件，应用较广。

直线异步电动机分为扁平型和管型结构。常用的为扁平型结构。该种类型又可分为单边和双边两种形式。为了保证在运动行程范围内，定子和动子之间有良好的电磁耦合，直线异步电动机定子和动子的铁心长度不等，扁平型直线异步电动机的定子制成长定子和短定子两种形式。长定子因成本高，很少采用。图 6-50 所示为单边型和双边型的两种短定子结构示意图。管型直线异步电动机的定子和动子的管筒可做成圆筒和矩形筒两种结构。

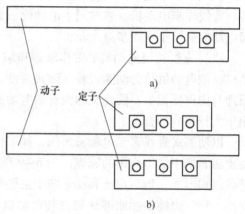

图 6-50　直线异步电动机短定子的结构
a）单边型　b）双边型

直线异步电动机的机械特性与旋转异步电动机的机械特性一样，随动子导电的电阻和气隙而变，其他特性也与旋转异步电动机相似。

由于直线异步电动机的特殊定子、动子结构，使电动机定子励磁电流分量较大，再加上气隙磁通密度很低，导致直线异步电动机的特性差、损耗大、效率低。

直线异步电动机主要应用在功率较大的直线运动场合，如起吊、传动、升降和驱动车辆等。

（3）直线同步电动机　直线同步电动机的工作原理与旋转单极式同步电动机一样，即定子合成移动磁场与动子行波磁场相互作用产生同步转矩（或力），带动负载作直线运动。直线同步电动机分为励磁式和永磁式两种。由于直线同步电动机的气隙磁通密度可以取得很大，因此其比推力、功率因数和效率都比直线异步电动机好。直线异步电动机应用的场合都可以用直线同步电动机取代，且效果要好。

（4）直线步进电动机

1）工作原理和结构。直线步进电动机是由旋转步进电动机演变而来的，它通常制成感应子式和磁阻式两种形式，感应子式直线步进电动机性能好，尺寸小，得到广泛应用。直线步进电动机是利用定子和动子之间气隙磁导的变化所产生的电磁力而工作的。图 6-51 所示感应子式两相（A、B）直线步进电动机的结构和工作原理。动子由永磁体、导磁磁极和励磁绕组组成。定子由带齿槽的反应导磁板等组成。

图6-51所示为直线步进电动机移动1/2齿距（t）的两种状态，移动一个齿距需四步（即四个脉冲）。第一个电脉冲加到A相绕组上，即A相绕组通正电流、B相绕组断电，导磁磁极的极弧a、a′增磁，极弧c、c′去磁，使动子向右移动t/4。第二个电脉冲加到B相绕组上，即B相绕组通正电流、A相绕组断电，导磁磁极的极弧b、b′增磁，极弧d、d′去磁，使动子继续向右移动t/4。第三个电脉冲加到A相绕组上，即A相绕组通正电流、B相绕组断电，导磁磁极的极弧c、c′增磁，极弧a、a′去磁，使动子又向右移动t/4。第四个电脉冲加到B相绕组上，即B相绕组通正电流、A相绕组断电，导磁磁极的极弧d、d′增磁，极弧b、b′去磁，使动子又向右移动t/4，这时直线步进电动机累计移动量为一个齿距，直线步进电动机的工作状态恢复到原始状态。若通电脉冲继续按上述A、B相绕组轮流通电，直线步进电动机动子将不断向右移动。控制通电脉冲的数量和频率，就可以得到不同的位移量和速度。

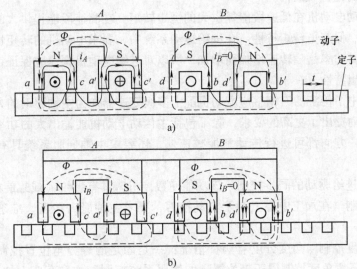

图6-51 感应子式直线步进电动机的原理

上述直线步进电动机的步距（一个电脉冲对应的位移量）为1/4齿距。若要获得较小的步距，需将导磁磁极的极弧做成均匀多齿槽的形式，定子的齿槽尺寸也应与动子极弧齿槽尺寸一样。直线步进电动机还有三相、四相等结构。

2）特性和参数。直线步进电动机的静动态特性与参数和旋转步进电动机的情况一样，两者的机械参数有类似的等效关系。如直线步进电动机的推力、直线步距和动子质量对应旋转步进电动机的转矩、步距角和转子转动惯量。其他特性和参数也都类似，只是旋转步进电动机有精密的支承轴承，而直线步进电动机没有，一个好的解决办法是采用气浮和流体支承，从而减小振动和噪声。

直线步进电动机使用较广，如用在数控绘图仪、记录仪，数控刻图机，数控激光剪裁机，集成电路测量制造等设备上。

（5）平面步进电动机 平面步进电动机是由两个互相垂直运动的直线步进电动机组合而构成的。它具有X、Y两个坐标轴，能在平面内各个方向运动。其原理、结构和特性可参考直线步进电动机。平面步进电动机结构简单，性能好，成本低，在数控设备上得到较广泛的应用。

6.3.3 速度控制

速度控制系统是数控伺服系统中的重要组成部分，它由速度控制单元、伺服电动机、速度检测装置（由速度传感器、信号处理电路和软件组成）等构成。速度控制主要是完成对伺服电动机的调速和稳速。

数控机床的驱动系统由主运动和进给运动组成。进给驱动和主轴驱动有很大差别。

进给运动驱动电动机的功率与主运动电动机的功率相比较小，但是数控机床上加工零件的尺寸和几何精度主要靠进给运动的准确度来保证，进给运动系统不但有速度控制功能，还要有位置控制功能。所以对进给运动系统要求更为严格。无论是进给运动还是主运动，都有调速的要求。调速的方法很多，有机械的、液压的和电气的，但以电气方法调速最有利于实现自动化，并可简化机械结构。

主运动的驱动电动机在低速段能提供大的恒定转矩，在高速段能提供大的恒定功率，即具有高速恒功率、低速恒转矩特性。在进给运动系统中，要求电动机的转矩恒定，不随转速改变而变化，而其功率是随转速增加而增加，所以对进给电动机调速应保证在整个速度范围内具有恒转矩输出特性。

主运动系统中，传统的三相感应电动机配上多级变速器作为主轴驱动的方式已不能满足要求。对主轴驱动提出了更高的要求，除了包括主传动电动机能输出大的功率和转矩、主轴的两个转向中任一方向都可进行传动和加减速外，还要求主轴伺服系统具有下面的控制功能：

（1）主轴与进给驱动的同步控制　该功能使数控机床具有螺纹（或螺旋槽）加工能力。

（2）准停控制　在加工中心上为了自动换刀，要求主轴能高精度、准确地进行位置停止。

（3）角度分度控制　角度分度有两种情况：一是固定的等分角位置控制，二是连续的任意角度控制。任意角度控制属于带位置环的伺服系统控制，如在车床上加工端面螺旋槽，在圆周面加工螺旋槽等均需连续的任意角度控制，这时主轴坐标具有了进给坐标的功能，称为 C 轴控制功能。使主轴具有位置控制功能必需选用带有 C 轴控制的主轴控制系统，也可以用大功率的进给伺服系统代替主轴伺服系统。

（4）恒线速度控制　为了保证端面加工的表面质量，要求主轴具有恒线速度切削功能。

1. 交流进给运动的速度控制

（1）交流伺服电动机的调速方法　由电动机学知，交流电动机转速公式为

$$n = \frac{60f_1}{p} \ (1-s)$$

式中　f_1——定子电源频率；

　　　p——磁极对数；

　　　s——转差率。

对于主运动系统经常采用交流异步电动机，如靠改变转差率调速时，因低速转差率大，转差损耗功率也大，故效率低，而绕线电动机的串极调速得到了较好的应用。变极对数调速

只能产生两种或三种速度，不可能做到无级。变频调速从高到低都可以保持有限的转差率，故具有高效率、宽范围和高精度的调速特性。

对于进给系统，经常采用交流同步电动机，这种电动机没有转差率，则电动机转速公式变为

$$n = \frac{60f_1}{p}$$

从式中可看出只能用变频调速。变频调速是交流同步伺服电动机有效的调速方法。

变频调速的主要环节是为交流电动机提供变频变压电源的变频器。变频器可分为交-直-交变频器和交 – 交变频器两大类。交-直-交变频器是先将电网电源输入到整流器，经整流后变为直流，再经电容或电感或由两者组合的电路滤波后供给逆变器（直流变交流），输出电压和频率都可变的交流电。交-交变频器不经过中间环节，直接将一种频率的交流电变换为另一种频率的交流电。

目前用得最多是交-直-交变频器。变频器中的逆变器可分为电压型和电流型两种。在电压型逆变器中，电路的作用是将直流电压切换成等效正弦的一串方波电压。所用的器件多为大功率晶体管、或门极关断 GTO（Gate Turn Off Thrustersms）晶闸管和绝缘栅双极晶体管等。在脉冲宽度调制 PWM（Pulse Width Modulation）变频器中，通常采用二极管桥式整流器，其输出的直流电压是恒定的，然后经脉宽调制得到可调的输出电压（变频、变压）。在电流型逆变器中，直流电流被切换成一串方波电流供给交流电动机，由于电感影响，功率元件一般采用晶闸管，适用于大功率场合。

数控进给驱动中，针对永磁同步电动机，主要采用来自同步控制变频调速系统。

（2）正弦脉宽调制（Sinusoidal PWM）变压变频器　正弦脉宽调制（SPWM）是一种最基本的，也是应用最广的调速方法。图 6-52 所示为 SPWM 交-直-交变压变频器的原理框图，图中整流器 UR 是不可控的，它的输出电压经电容滤波后形成恒定幅值的直流电压，加在逆变器 UI 上。逆变器的功率开关器件采用全控器件（电力晶体管 BJT 和绝缘栅双极晶体管 IGBT），按一定规律控制其导通或断开，使输出端获得一系列宽度不等的矩形脉冲电压波。在这里，通过改变脉冲宽度可以控制逆变器输出交流基波（正弦波）的幅值，通过改变调制周期可以控制输出频率。

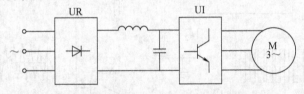

图 6-52　SPWM 交-直-交变压变频器的原理框图

SPWM 正弦波变压变频器的特点是：

1）主电路只有一组可控的功率环节，简化了结构。

2）采用了不可控整流器，使电网功率因数接近于 1，且与输出电压无关。

3）逆变器同时实现调频与调压，系统的动态响应不受中间直流环节滤波器参数的影响。

4）可获得更接近于正弦波的输出电压波形。

正弦脉宽调制（SPWM）的原理是调制出与正弦波等效的一系列等幅不等宽的矩形脉冲

波形，如图 6-53 所示。等效的原则是各矩形脉冲的面积与正弦波下的面积相等或成比例。如果把一个正弦半波（单极性）分作 n 等分，然后把每一等分的正弦曲线下所包围的面积都用一个与此面积相等的矩形脉冲代替，矩形脉冲的幅值不变，各脉冲的中点与正弦波每一等分的中点相重合。这样由 n 个等距、等幅、不等宽（中间脉冲宽、两边脉冲窄，脉宽按正弦规律变化）的矩形脉冲所组成的波形就与正弦波的半周期等效，称为 SPWM 波形。同样正弦波的负半周也可以用相同的方法与一系列负脉冲波等效。正、负半周都进行调制，称为双极性。

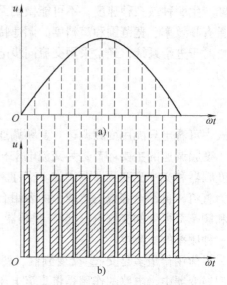

图 6-53　与正弦波等效的等幅
不等宽矩形脉冲波

单相双极性 SPWM 波变频器调制原理电路如图 6-54 所示，该电路用正弦波（U_1，称为控制波）控制，三角波（U_t，称为载波）调制，能调制出等效的正弦波。以上半周为例，当控制电压 U_1（速度调节器的输出）高于三角波电压 U_t 时，比较器输出电压 U_0 为"高"电平，否则输出"低"电平。只要正弦控制波 U_1 的最大值低于三角波的幅值，比较器的输出 U_0 就为等幅不等宽的 SPWM 脉宽调制波（见图 6-55）。

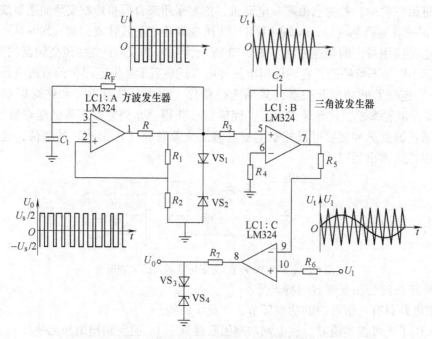

图 6-54　单相双极性 SPWM 波变频器调制电路

三相 SPWM 调制时，三角波 U_t（载波）共用，每相都有一个输入正弦信号和 SPWM 调制器，其输出调制波分别为 U_{0a}、U_{0b}、U_{0c}。输入的三相正弦信号相位相差 120°，其幅值和频率是可调的。从而可改变输出的等效正弦波，以达到控制的目的。

SPWM 调制波经功率放大才能驱动电动机。图 6-56 所示为双极性 SPWM 变频器功率放大主回路。图中左侧为桥式整流器，由六个整流二极管 VD$_1$ ~ VD$_6$ 组成。将工频交流电变成直流恒值电压，给图中右侧逆变器供电。逆变器由 VT$_1$ ~ VT$_6$ 六个全控式功率开关器件和六个续流二极管 VD$_7$ ~ VD$_{12}$ 组成。等效正弦脉宽调制波 U_{0a}、U_{0b}、U_{0c} 送入 VT$_1$ ~ VT$_6$ 的基极，则逆变器输出脉宽按正弦规律变化的等效矩形电压波，经过滤波变成正弦交流电用来驱动交流伺服电动机。三相输出电压（或电流）相位上相差 120°。三相双极性 SPWM 等效正弦交流电波形

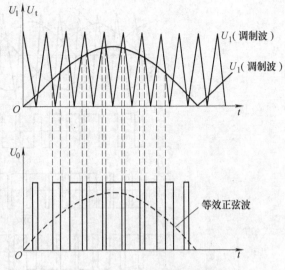

图 6-55　单相上半周 SPWM 调制波形

如图 6-57 所示。其中，图 6-57a 所示为三相调制波与双极性三角载波；图 6-57b、c、d 所示为逆变器输出的等效于正弦交流电的脉宽电压波；图 6-57e 所示为逆变器输出的线电压波形。

上述 SPWM 脉宽调制波的宽度可以严格用数字计算，故数字变频调速是很容易实现的。

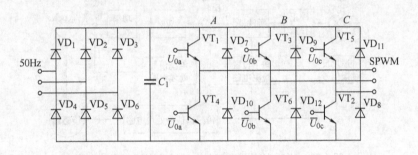

图 6-56　双极性 SPWM 功率放大主回路

2. 交流进给驱动的速度控制

交流进给驱动系统采用永磁交流同步伺服电动机。变频调速适用于数控机床进给驱动的交流同步伺服电动机速度控制。随着变频调速技术的发展，使阻碍同步电动机广泛应用的问题迎刃而解，如起动、振荡和失步问题，频率平滑可调以及频率闭环控制都得到了圆满解决。同步电动机的转速就是旋转磁场的转速，其转差恒等于零，没有转差率。永磁交流同步伺服电动机速度控制系统框图如图 6-58 所示。该系统包括了速度环、电流环、正弦脉宽调制变频器和功率放大三相桥式电路等。

3. 交流主轴驱动的速度控制

交流主轴驱动系统采用交流感应异步电动机。异步电动机的调速方法很多。其中，变频调速最适用于数控机床主运动驱动的速度控制。只要改变频率 f 就可实现调速。交流异步电动机变频调速控制常用电压/频率（U/f）控制和矢量变换控制。

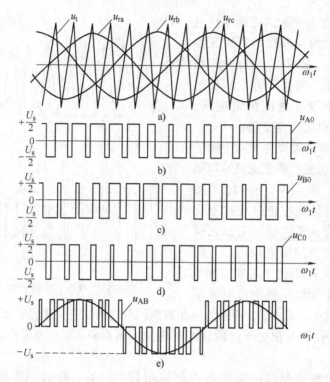

图 6-57　三相双极性 SPWM 等效正弦交流电波形

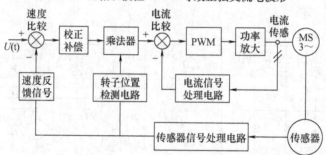

图 6-58　永磁交流同步伺服电动机速度控制系统框图

在实际调速时，单纯改变频率是不够的。当定子三相绕组通以三相交流电时，将建立起旋转磁场，其主磁通为 Φ_m。旋转磁场以同步速度切割定子绕组，则在每相绕组感应电势为

$$E_1 = 4.44 f_1 k_1 w_1 \Phi_m \approx u_1$$

式中　　$k_1 w_1$——定子每相绕组等效匝数；

Φ_m——每极磁通量；

u_1——定子相电压；

f_1——定子频率。

所以

$$\Phi_m = \frac{u_1}{4.44 f_1 k_1 w_1}$$

由上式可知，在变频调速中，要保持定子电压 u_1 不变，则主磁通 Φ_m 大小将会发生变化。电动机中 Φ_m 值通常是在工频额定电压的运行条件下确定的，为了充分地利用电动机铁心，

都把磁通量选在接近磁饱和的数值上，因此，调速过程中，如果频率从工频往下调节，则 Φ_m 上升，将导致铁心过饱和而使励磁电流迅速上升，铁心过热，功率因数下降，电动机带负载能力降低。因此，必须在降低频率的同时，降低电压，以保持 Φ_m 不变，这就是所谓的恒磁通变频调速中的"协调控制"。

变频调速可以在额定频率即（基频）以下和以上调速，有下面几种控制方式：

（1）基频以下调速

1）恒转矩调速（又称比例调速控制）。交流异步电动机转矩的精确表达式较复杂，但电磁转矩 T 的物理表达式为

$$T = C_T \Phi_m I_2 \cos\phi_2$$

式中　C_T——转矩常数；

　　　I_2——折算到定子上的转子电流；

　　　$\cos\phi_2$——转子电路功率因数。

由上式可知，T 与 Φ_m、I_2 成正比，要保持 T 不变，则需 Φ_m 不变，即要求

$$u_1/f_1 = 常数$$

此时的机械特性曲线族如图 6-59 所示。由图可见，这些特性曲线的线性段基本平行，类似直流电动机的调压特性，最大转矩随着 f_1 下降而减小。这是因为 f_1 高时，u_1 值大，此时定子电流在定子绕组中造成的压降与 u_1 相比，所占比例很小，可以认为 u_1 近似于定子绕组中感应电势 E_1。当 f_1 很低时，u_1 值小，则定子绕组压降所占比例大，E_1 与 u_1 相差很大，所以 Φ_m 减小，从而使 T_m 下降。

2）恒最大转矩（T_m）调速。该种调速控制也称为恒磁通控制。为了在低速时保持 T_m 不变，就必须使 $E_1/f_1 = 常数$，即采取 E_1、f_1 的协调控制。然而，绕组中感应电势难以直接控制，亦采用随转速的降低，定子电压要适当提高，以补偿定子绕组电阻引起的压降。恒 T_m 调速的机械特性如图 6-60 所示。从图中可见，低速时最大转矩得到了提高，与高速时最大转矩一样。

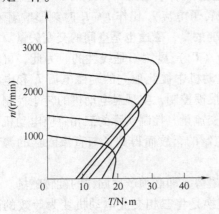

图 6-59　恒转矩调速特性曲线族

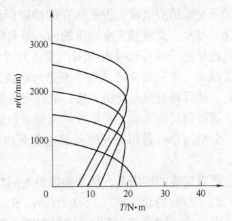

图 6-60　恒 T_m 调速特性曲线

（2）基频以上调速　基频以上调速也称为恒功率调速。为了扩大调速范围，可以使 f_1 大于额定频率，得到大于额定值的转速。由于定子电压不许超过额定电压，因此 Φ_m 将随着 f_1 的升高而降低。这时，相当于在额定转速以上时，随着转速的升高，转矩逐渐减小，特性变软。近似恒功率的调速特性如图 6-61 所示。

此外，还有恒电流调速控制，该类型也属于恒转矩控制，但由于恒电流的限制，过载能力低，只适用于负载变化不大的场合。

从以上对变频调压调速的原理分析可见，变频调速的特性为非线性。这是因为当控制 Φ_m 为恒定时，转子漏磁场储能的影响造成了机械特性的非线性。

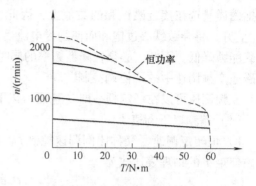

图 6-61 恒功率调速特性曲线

4. 交流伺服电动机的矢量控制

矢量控制理论从原理上解决了交流电动机在伺服系统中的控制方法问题。交流伺服电动机的矢量控制既适用于感应异步电动机（主运动），也适用于同步电动机（进给运动）。

（1）交流感应异步电动机的矢量控制　在伺服系统中，直流伺服电动机能获得优良的动态与静态性能，其根本原因是被控量只有电动机磁场 Φ 和电枢电流 I_a，且这两个量是独立的，如果完满地补偿了电枢反应，两个量互不影响。此外，电磁转矩（$M = C_M \Phi I_a$）与磁通 Φ 和电枢电流 I_a 分别成正比关系，控制简单，性能为线性。如果能够模拟直流电动机，求出交流电动机与之对应的磁场和电枢电流，分别而独立地加以控制，就会使交流电动机具有与直流电动机相似的优良特性。为此，必须将三相交变量（矢量）转换为与之等效的直流量（标量），建立起交流电动机的等效数学模型，然后按直流电动机的控制方法对其进行控制。

1）矢量变换的基本思想。伺服驱动电动机的控制，实质是转矩的控制。在交流感应电动机中，转矩 T 为

$$T = C_M \Phi I_2 \cos\phi_2$$

式中，磁通 Φ 是矢量，它是由定子电流 I_1 与转子电流 I_2 合成电流 I_0 产生的。与直流电动机相比，交流感应电动机没有独立的励磁回路。若把转子电流 I_2 比作 I_a，I_2 时刻影响着 Φ 的变化。其次，交流感应电动机的输入量是随时间交变的量，磁通也是空间的交变矢量。如果仅仅控制定子电压和电流频率，其输出特性（$n = f(T)$）显然不是线性的。为此，可利用等效概念，将三相交流输入电流变为等效的直流电动机中彼此独立的励磁电流 I_f 和电枢电流 I_a，然后和直流电动机一样，通过对这两个量的反馈控制，实现对电动机的转矩控制。最后，通过相反的变换，将等效的直流量还原为三相交流量，控制实际的三相感应电动机。由于是分别对励磁量和等效的电枢电流量进行独立控制的，故而得到了与直流同样的调节特性。

等效变换的准则是，使变换前后有同样的旋转磁势，即必须产生同样的旋转磁场。

2）三相/两相变换（A、B、C/α、β）。这种变换是将三相交流电动机变为等效的两相交流电动机。图 6-62a 所示为三相交流电动机中彼此相差空间角度 120°的三个定子绕组，分别通以时间相差 120°电角的三相平衡交流电流 i_A、i_B 和 i_C，于是在定子上产生以同步角速度 ω_0 旋转的磁场矢量 Φ。应用三相/二相的数学变换公式，将其化为两相交流绕组的等效交流磁场。该两相绕组 α、β（见图 6-62b）按空间相差 90°布置，分别通以时间相差 90°的平衡电流 i_A 和 i_B，则产生的空间旋转磁场与三相绕组 A、B、C 产生的旋转磁场一致。其磁势为

（见图 6-63）

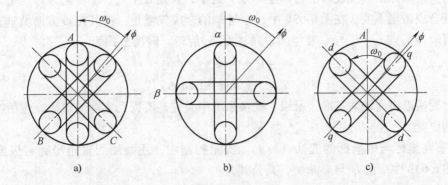

图 6-62　交流电动机三相/二相直流电动机变换

$$F_\alpha = F_A - F_B\cos 60° - F_C\cos 60° = F_A - \frac{1}{2}F_B - \frac{1}{2}F_C \left.\right\}$$

$$F_\beta = F_B\sin 60° - F_C\sin 60° = \frac{\sqrt{3}}{2}F_B - \frac{\sqrt{3}}{2}F_C$$

按照磁势与电流成正比的关系，可求得对应的电流 i_α 与 i_β 为

$$i_\alpha = i_A - \frac{1}{2}i_B - \frac{1}{2}i_C \left.\right\}$$

$$i_\beta = \frac{\sqrt{3}}{2}i_B - \frac{\sqrt{3}}{2}i_C$$

除磁势的变换外，变换中用到的其他物理量，只要是三相平衡量与两相平衡量等效，则转换方式相同。这样就将三相电动机转换为二相交流电动机，如图 6-63b 所示。

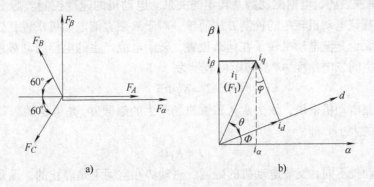

图 6-63　三相交流磁势的变换

3）矢量旋转变换。将三相电动机转化为两相电动机后，还需将两相交流电动机变换为等效的直流电动机，如图 6-62c 所示。在直流电动机中，如果电枢反应得以完全补偿，励磁磁势与电枢磁势正交。若设图 6-62c 中 d 为励磁绕组，通以励磁电流 i_d；q 为电枢绕组，通以电枢电流 i_q，则 i_d 产生固定幅度的磁场 Φ，在定子上以 ω_0 角速度旋转。这样就可看成是

直流电动机了。将两相交流电动机转化为直流电动机的变换，实质就是矢量向标量的转换。将静止的直角坐标系看成旋转的直角坐标系。这里，就是要把 i_α、i_β 转化为 i_d 与 i_q，转化条件是保证合成磁场不变。在图 6-63b 中，i_α 与 i_β 的合成矢量是：将其在 ϕ 方向及垂直方向投影，即可求得 i_d 与 i_q。i_d 与 i_q 在空间以角速度 ω_0 旋转。转换公式为

$$\left.\begin{array}{l} i_d = i_\alpha + \cos\phi + i_\beta\sin\phi \\ i_q = -i_\alpha\sin\phi + i_\beta\cos\phi \end{array}\right\}$$

以上变换以磁通轴为基准，所以，变换系统中关键是要得到实际的磁通，包括幅度及其在空间的位置。

4）直角坐标与极坐标的变换（k/p）。矢量控制中，还要用到直角坐标与极坐标的变换。在图 6-63b 中，由 i_d 与 i_q 求 i_1，其公式为

$$\left\{\begin{array}{l} i_1 = \sqrt{i_d^2 + i_q^2} \\ \tan\theta = \dfrac{i_q}{i_d} \end{array}\right.$$

根据矢量变换原理可组成矢量控制的 PWM 变频调速系统。

（2）交流永磁同步电动机的矢量控制

1）基本原理。在直流电动机中，无论转子在什么位置，转子电流所产生的电枢磁动势总是和定子磁极产生的磁场成电角度 90°，因而它的转矩与电枢电流成简单的正比关系。交流永磁同步电动机的定子有三相绕组，转子为永久磁铁构成的磁极，同轴连接着转子位置编码器检测转子磁极相对于定子各绕组的相对位置。该位置与转子角度的正弦函数关系联系在一起。位置编码器和电路结合，使得三相绕组中流过的电流和转子位置转角成正弦函数关系，彼此相差电角度 120°。三相电流合成的旋转磁动势在空间的方向总是和转子磁场成电角度 90°（超前），产生最大转矩，如果能建立永久磁铁磁场、电枢磁动势及转矩的关系，在调速过程中，用控制电流来实现转矩的控制，这就是矢量控制的目的。

2）永久磁铁磁场、电枢磁动势及转矩的关系。电动机的速度控制实际上是通过转矩的变化实现的。直流电动机转矩的控制方法简单，对于永磁直流电动机来说，仅仅改变电枢电流就可实现。无论直流电动机转子在什么位置，转子电流产生的电枢磁动势总是和定子磁极产生的磁场在空间成电角度 90°。转矩可表示为

$$T = K'_T \Phi_r i$$

对一般直流电动机来说，认为永久磁铁磁场产生的磁通 Φ_r 是恒定的，只要改变电流就可以改变转矩的大小。即

$$T = K_T i$$

与直流电动机不同，交流电动机的磁通、磁动势在空间不是静止的，而是以同步速度在空间旋转，它们的大小和之间的夹角是变化的。永磁同步电动机磁场定向示意图及矢量关系如图 6-64 所示。

其三相绕组电流可表示为

$$\left.\begin{array}{l} i_A = i_m\cos\,(\omega t + \phi) \\ i_B = i_m\cos\,(\omega t + \phi - 120°) \\ i_C = i_m\cos\,(\omega t + \phi + 120°) \end{array}\right\}$$

式中 ω——转子转动的角频率；

ϕ——初相角。

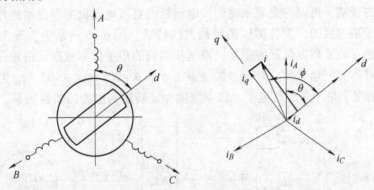

图 6-64 交流永磁同步电动机磁场定向示意图及矢量关系

同步电动机在正常运行时，转速是恒定转速。故可将三相绕组的电流写成空间位置的函数，即

$$\left.\begin{array}{l} i_A = i_m \cos \ (\theta + \phi) \\ i_B = i_m \cos \ (\theta + \phi - 120°) \\ i_C = i_m \cos \ (\theta + \phi + 120°) \end{array}\right\}$$

式中，$\theta = \omega t$。

三相电流形成一个同步旋转的合成电枢磁动势。在稳态下合成磁动势与 ϕ_r 之间夹角不变。为此，将三相变为两相，设 d 轴与转子中心线一致，q 轴与 d 轴在空间相差 90°。将电流分解成沿 d、q 轴的两个分量为

$$\begin{pmatrix} i_d \\ i_q \end{pmatrix} = \frac{2}{3} \begin{pmatrix} \cos\theta & \cos \ (\theta - 120°) & \cos \ (\theta + 120°) \\ -\sin\theta & -\sin \ (\theta - 120°) & -\sin \ (\theta + 120°) \end{pmatrix} \begin{pmatrix} i_A \\ i_B \\ i_C \end{pmatrix}$$

进行适当的三角运算，i_d 和 i_q 分别为

$$\left.\begin{array}{l} i_d = i_m \cos\phi \\ i_q = i_m \sin\phi \\ i = i_m \end{array}\right\}$$

从上式可看出初始角 ϕ 也是合成磁动势与 d 轴的夹角，等于 d 轴与 A 相绕组轴线重合时的 A 相电流的相角。所产生的转矩为

$$T = K_T \ [\ (\Phi_r + \Phi_d) \ i_q + \Phi_q i_d]$$

式中，Φ_d、Φ_q 为 i_d、i_q 在轴 d 和轴 q 方向引起的磁通。

上式又可写成

$$T = K'_T \Phi_r i \sin\phi$$

可以看出，当 ϕ 等于 90°时，转矩达到最大值，即

$$T = K'_T \Phi_r i$$

把 Φ_r 看成常量，则

$$T = K_T i$$

当 ϕ 等于 90°时，空间合成电流只有 q 轴分量 i_q，而 d 轴上的分量 i_d 则为零。

经过上面的变换，可以将交流永磁同步电动机像直流电动机那样简单地用控制电流幅值就可达到控制转矩的目的，而且可以得到最大的转矩。图 6-65 所示为实现上述控制的原理图。电动机同轴安装了角度位置传感器，根据检测到的角度位置数据，位置三角函数电路产生相应的三相对称的三角函数。θ_1 与 θ 的关系为 $\theta_1 = \theta + 90° = \omega t + 90°$。$k_m$ 为输入的转矩参考信号，一般情况下是一个电压电平。该系统能保证转矩与电流的线性关系。

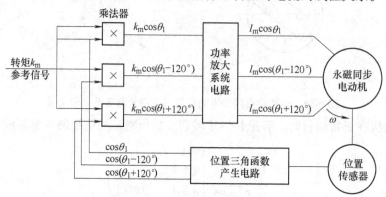

图 6-65　交流永磁同步伺服电动机矢量控制系统原理图

6. 3. 4　位置控制

位量控制是伺服系统的重要组成部分，它是保证位置精度的环节。作为一个完整概念，位置控制包括：位置控制环、速度控制环和电流控制环，具有位置控制环的系统才是真正完整意义的伺服系统。数控机床进给系统就是包括了三环控制的伺服系统。

位置控制按结构分为开环控制和闭环控制两类；按工作原理分为相位控制、幅值控制和数字控制等。开环控制用于步进电动机为执行件的系统中，其位置精度由步进电动机本身保证；相位控制和幅值控制是早期直流伺服系统中使用的将控制信号变成相位（或幅值），并进行比较的模拟控制方法，现在已经不使用。下面主要介绍闭环数字伺服系统的位置控制。

1. 位置控制的基本原理

位置控制环是伺服系统的外环，它接收数控装置插补器每个插补采样周期发出的指令，作为位置环的给定。同时还接收每个位置采样周期测量反馈装置测出的实际位置值，然后与位置给定值进行比较（给定值减去反馈值）得出位置误差，该误差作为速度环的给定。实际上，根据伺服系统各环节增益（放大倍数）、倍率及其他要求，对位置环的给定、反馈和误差信号还要进行处理。从完整意义来看，位置控制包括的速度环和电流环的给定、反馈和误差信号也都需要处理。

现代全数字伺服系统中，不进行 D/A 转换。位置环、速度环和电流环的给定信号、反馈信号、误差信号，以及增益和其他控制参数，均由系统中的微处理器进行数字处理。这样可以使控制参数达到最优化，因而控制精度高，稳定性好。同时对实现前馈控制、自适应控制、智能控制等现代先进控制方法都是十分有利的。

2. 数字脉冲比较位置控制伺服系统

（1）数字脉冲比较位置控制系统的组成　数字脉冲比较是构成闭环和半闭环位置控制的一种常用方法。在半闭环伺服系统中，经常采用由光电脉冲编码器等组成的位置检测装置；在闭环伺服系统中，多采用光栅及其电路作为位置检测装置。通过检测装置进行位置检测和反馈，实现脉冲比较。图6-66所示为数字脉冲比较位置控制的半闭环伺服系统。该系统中位置环包括：光电脉冲编码器、脉冲处理电路和比较器环节等。

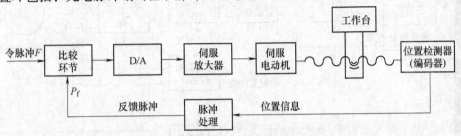

图6-66　数字脉冲比较位置控制的半闭环伺服系统

（2）位置环的工作原理　位置环的工作按负反馈、误差原理工作。有误差就运动，没误差就停止。具体如下：

1）静止状态时，指令脉冲 $F=0$，工作台不动，则反馈脉冲 P_f 为零，经比较器，得误差（也称偏差）$e=F-P_f=0$。即速度环（在图中伺服、放大器环节中）给定为零，伺服电动机不转，工作台仍处于不动静止状态。

2）指令为正向脉冲时，$F>0$，工作台在没有移动之前，反馈脉冲 P_f 仍为零，经比较器比较，$e=F-P_f>0$，则速度控制系统驱动电动机转动，使工作台向正向进给，随着电动机的运转，检测出的反馈脉冲信导通过采样进入比较器，按负反馈原理，误差减小。如没有滞后，一个插补周期给定和反馈脉冲应该相等，但误差一定存在，有误差就运动。当误差为零时，工作台达到指令所规定的位置。如按插补周期不断地给指令，工作台就不断地运动。误差为一个稳定值时，工作台为恒速运动。加速时，指令值由零不断增加，误差也不断加大，使工作台加速运动。减速时因误差逐渐减小，使工作台减速运动。

3）指令为负向脉冲时，$F<0$，其控制过程与指令为正向脉冲时类似，只是此时 $e=F-P_f<0$，使工作台向反向进给。

4）比较器输出的位置偏差信号是一个数字量，对于模拟控制的速度环要进行 D/A 转换，才能变为模拟给定电压，使速度控制环工作。

3. 全数字控制伺服系统

随着计算机技术、电子技术和现代控制理论的发展，数控伺服系统向着交流全数字化方向发展。交流系统取代直流系统，数字控制取代模拟控制。全数字数控是用计算机软件实现数控的各种功能，完成各种参数的控制的。在数控伺服系统中，主要表现在位置环、速度环和电流环的数字控制。现在，不但位置环的控制数字化，而且速度环和电流环的控制也全面数字化。数字化控制发展的关键是依靠控制理论及算法、检测传感器、电力电子器件和微处理器功能等的发展。

图6-67所示为全数字控制伺服系统的原理图。图中，电流环、位置环均设有数字化测量传感器；速度环的测量也是数字化测量，它是通过位置测量传感器测出（这是一种常用方法，如使用脉冲编码器就能做到两用）。从图中还可以看到，速度控制和电流控制是由专

用 CPU（见图中"进给控制"框）完成的。位置反馈、比较等处理工作通过高速通信总线由"位控 CPU"完成。其位置偏差再由通信总线传给速度环。此外，各种参数控制及调节、正弦脉宽调制变频器的矢量变换控制等也由微处理器实现。

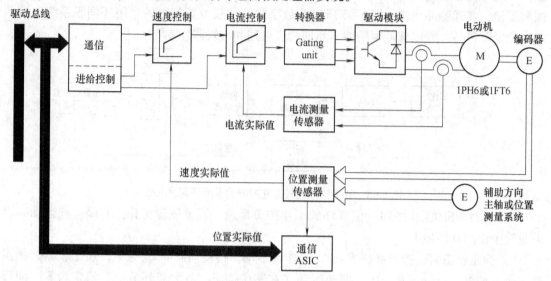

图 6-67　全数字控制伺服系统

复 习 题

6.1　简述 CNC 装置的工作过程及主要功能。

6.2　CNC 装置的单微处理机硬件结构由几部分组成？这种结构有什么特点？

6.3　CNC 装置的多微处理机硬件结构由几种功能模块组成？该结构有什么特点？

6.4　开放式数控系统的基本特征是什么？

6.5　CNC 装置的软件由哪几部分组成？CNC 装置的软件结构有何特点？

6.6　加工第一象限直线 OE，起点 O（0，0），终点 E（5，7），采用逐点比较法插补，试写出插补计算过程并绘制插补轨迹。

6.7　何谓刀具长度补偿？何谓刀具半径补偿？

6.8　CNC 系统的接口分为哪几类？接口电路的主要任务是什么？

6.9　数控机床中的 PLC 的功能是什么？

6.10　数控机床对位置检测装置有何要求？怎样对位置检测装置进行分类？

6.11　简述光栅的构成和工作原理。

6.12　简述光电脉冲编码器的构成和工作原理。

6.13　伺服系统的组成包括哪些部分？对伺服系统的基本要求是什么？

6.14　伺服系统的分类有哪些？

6.15　说明交流进给、主轴伺服电动机的工作原理及特性曲线。

6.16　交流驱动的速度控制方法有哪些？

参 考 文 献

[1]   罗学科，赵玉侠. 典型数控系统及其应用 [M]. 北京：化学工业出版社，2006.

[2]   杨克冲，陈吉红. 郑小年. 数控机床电气控制 [M]. 武汉：华中科技大学出版社，2005.

[3]   李恩林. 数控技术原理及应用 [M]. 北京：国防工业出版社，2006.

[4]   董玉红. 数控技术 [M]. 哈尔滨：哈尔滨工业大学出版社，2004.

[5]   郁鼎文，陈恳. 现代制造技术 [M]. 北京：清华大学出版社，2006.

[6]   王隆太. 现代制造技术 [M]. 北京：机械工业出版社，2005.

[7]   叶蓓华. 数字控制技术 [M]. 北京：清华大学出版社，2002.

[8]   杜君文，邓广敏. 数控技术 [M]. 天津：天津大学出版社，2002.

[9]   王永章，杜君文，程国全. 数控技术 [M]. 北京：高等教育出版社，2001.

[10]   吴祖育，秦鹏飞. 数控机床 [M]. 3版. 上海：上海科学技术出版社，2002.

[11]   朱晓春. 数控技术 [M]. 北京：机械工业出版社，2003.

[12]   李佳. 数控机床及应用 [M]. 北京：清华大学出版社，2002.

[13]   王睿鹏. 数控机床编程与操作 [M]. 北京：机械工业出版社，2009.